Winfried Lamersdorf

Datenbanken
in verteilten Systemen

Konzepte, Lösungen, Standards

Winfried Lamersdorf

Datenbanken in verteilten Systemen

Konzepte, Lösungen, Standards

Die Deutsche Bibliothek – CIP-Einheitsaufnahme

Lamersdorf, Winfried:
Datenbanken in verteilten Systemen: Konzepte,
Lösungen, Standards / Winfried Lamersdorf. –
Braunschweig; Wiesbaden: Vieweg, 1994
    (Datenbanksysteme)

ISBN 978-3-528-05467-0   ISBN 978-3-322-86831-2 (eBook)
DOI 10.1007/978-3-322-86831-2

Das in diesem Buch enthaltene Programm-Material ist mit keiner Verpflichtung oder Garantie irgendeiner Art verbunden. Der Autor, die Herausgeber und der Verlag übernehmen infolgedessen keine Verantwortung und werden keine daraus folgende oder sonstige Haftung übernehmen, die auf irgendeine Art aus der Benutzung dieses Programm-Materials oder Teilen davon entsteht.

Druck und buchbinderische Verarbeitung: Lengericher Handelsdruckerei, Lengerich
Gedruckt auf säurefreiem Papier

Vorwort

Allgemein verfügbare *Workstations,* schnelle, zuverlässige und weit verbreitete *Kommunikationsnetze* sowie die *arbeitsteilige Zusammenarbeit* von Menschen und Maschinen an unterschiedlichen Orten der Welt haben zu dem aktuell großen Interesse an offenen *verteilten Systemen* und deren Anwendung geführt. Neben traditionellen, meist zentralistischen Rechnerarchitekturen und modernen, verteilten Systemen spielen dabei in der Praxis verteilte *Client/Server*-Umgebungen eine zunehmend wichtige Rolle.

Auf dem Hintergrund offener Kooperationsformen dezentraler Rechner bekommt auch der Einsatz von *Datenbanken in verteilten Systemen* eine immer größere Bedeutung. Gerade dafür bildet die Client/Server-Architektur eine gut geeignete technische Grundlage. Sie erlaubt es, die Vorteile leistungsfähiger, zentraler (Host-) Datenbankdienstanbieter mit denen relativ billiger, vernetzter Arbeitsstationen (wie z.B. PCs, Workstations) zu kombinieren: Viele verschiedene lokale Anwendungen *(Klienten)* können so über bestehende Kommunikationsverbindungen auch auf externe Datenbanken *(Server)* zugreifen und diese gemeinsam nutzen. Voraussetzung für offene verteilte Client/Server-Kooperationen sind jedoch geeignete *Kommunikationsdienste und -protokolle,* die den Zugriff auf Datenbanken über Rechnernetze ermöglichen und angemessen - d.h. auf die speziellen Erfordernisse der Anwendung zugeschnitten - unterstützen.

Realistische verteilte Systeme sind in der Regel *heterogen,* d.h. aus einer Vielzahl unterschiedlicher Komponenten wie Hard- und Software, Teilnetze, Betriebs- und Datenbankverwaltungssysteme etc. zusammengesetzt. Zur Gewährleistung systemweiter *Interoperabilität* sowie nach Möglichkeit auch von Software-*Portabilität* werden deshalb herstellerübergreifend vereinbarte, also *standardisierte* Kommunikationsdienste, Schnittstellen und Protokolle benötigt. Im Rahmen des ISO/OSI-Referenzmodells für die Kommunikation in offenen Systemen wurden so gerade - speziell für den "Fernzugriff auf Datenbanken in offenen Rechnernetzen" (engl.

Remote Database Access, RDA) - solche Kommunikationsdienste und -protokolle international spezifiziert und standardisiert.

Nach kurzer Klassifikation und Darstellung von Techniken zur Unterstützung des Fernzugriffs auf Datenbanken in Rechnernetzen gibt das vorliegende Buch eine Übersicht über Konzepte und Lösungsansätze wichtiger Probleme der *Datenkommunikation* und der *verteilten Verarbeitung* in offenen Systemen. Dabei werden vor allem Fragen einer Kommunikationsunterstützung für den *Fernzugriff auf Datenbanken in offenen Rechnernetzen* behandelt. Speziell werden der ISO/OSI-Standard für den *Remote Database Access (RDA),* seine wichtigsten Teilkomponenten (z.B. zum Aufruf *entfernter Prozeduren* oder zur *verteilten Transaktionsverwaltung)* sowie Bezüge zu verschiedenen anderen aktuellen Standardisierungsbemühungen auf diesem Gebiet (wie z.B. von X/Open, SQL Access, OSF DCE, IBM DRDA) vorgestellt und erläutert.[*]

Weite Teile der Darstellung der internationalen Standardisierungsaktivitäten beruhen auf langjähriger und aktiver Mitarbeit des Autors bei der Entwicklung des RDA-Standards in den entsprechenden internationalen Normungsgremien von ECMA, DIN und ISO - vor allem als Mitarbeiter des "Europäischen Zentrums für Netzwerkforschung" der IBM in Heidelberg aber auch als Mitglied des Fachbereiches Informatik der Universität Hamburg.

Für die gute Zusammenarbeit bei dieser Arbeit sei den Kollegen, Doktoranden, Mitarbeitern und Studenten - ebenso wie den Teilnehmern an Vorlesungen, Seminaren und Tutorien zu diesen Themen - gedankt. Besonders hervorzuheben ist die Unterstützung durch die wissenschaftlichen Mitarbeiter Michael Merz und Kay Müller während des Entstehens dieses Buches am Fachbereich Informatik der Universität Hamburg.

Hamburg, im September 1994   Winfried Lamersdorf

---

[*] Wer Umfang und Lesbarkeit der Original-Standard-Dokumente kennt, wird den Wert einer zusammenfassenden Darstellung zu schätzen wissen!

Inhaltsverzeichnis

1 Einführung 1

  1.1 Stand der Technik 2

  1.2 Aufgabenstellung 4

  1.3 Inhaltsüberblick 7

2 Datenverwaltung in verteilten Systemen 11

  2.1 Historische Entwicklung 11

  2.2 Systemarchitekturen 14

    2.2.1 Elementare Systemkomponenten 14

    2.2.2 Alternativen der Datenverwaltung in Rechnernetzen 16

      2.2.2.1 Zentralisierte Datenbanksysteme 16

      2.2.2.2 TP-Monitore 18

      2.2.2.3 Verteilte Datenbanken 20

      2.2.2.4 Client/Server-Architektur 23

  2.3 Zugriff auf Datenbanken in Rechnernetzen 25

3 Kommunikation und Kooperation in verteilten Systemen 29

  3.1 Charakteristika verteilter Systeme 29

  3.2 Ziele verteilter Programmierung 33

3.3 Kommunikation in verteilten Systemen 37

    3.3.1 Elementare Kommunikationstechniken 37

    3.3.2 Kommunikationsunterstützung für verteilte Anwendungen 40

3.4 Kooperation in offenen Umgebungen 44

    3.4.1 Kooperationsalternativen 45

    3.4.2 Elementare Kooperationstechniken 47

4 Aufruf entfernter Prozeduren 51

4.1 Struktur des 'Remote Procedure Call' (RPC) 51

4.2 Charakteristika des RPC 55

4.3 RPC-Varianten 60

    4.3.1 Zustandslose und zustandsbehaftete RPC-Server 60

    4.3.2 Adressierung von RPC-Diensten in Netzen 63

    4.3.3 ISO/OSI-'Remote Operations' (ROSE) 64

4.4 Implementierungen von Diensterbringern in verteilten Systemen 66

5 Transaktionsverwaltung in verteilten Systemen 69

5.1 Transaktionsbegriff und Transaktionseigenschaften 70

5.2 Transaktionsverwaltung in verteilten Umgebungen: TP-Monitore 74

    5.2.1 Grundfunktionen von TP-Monitoren 74

    5.2.2 Architektur von TP-Monitoren 78

5.3 Kommunikationsunterstützung für verteilte Transaktionen 82

    5.3.1 Verteilte Transaktionen 82

    5.3.2 Kommunikationsunterstützung 84

    5.3.3 Zwei-Phasen-Commit-Protokoll (2PC) 88

5.3.4 Zur Bewertung des 2PC-Protokolls 93

6 ISO/OSI-Fernzugriff auf Datenbanken in offenen Rechnernetzen 99

6.1 Einleitung 99

6.2 ISO/OSI-'Remote Database Access' (RDA) 101

    6.2.1 Überblick 101

    6.2.2 Historische und organisatorische Entwicklung 105

    6.2.3 RDA-Architektur und Kommunikationsmodell 106

6.3 RDA-Dienst 112

    6.3.1 Einführende Übersicht 112

    6.3.2 RDA-Dienstgruppen 116

    6.3.3 Dialog- und Ressourcen-Verwaltung 118

    6.3.4 Transaktionsverwaltung und Kontrolle 122

    6.3.5 Datenbanksprachdienste 125

6.4 RDA-Protokoll 129

    6.4.1 Protokollaufbau und Namenskonventionen 129

    6.4.2 RDA-Protokolldateneinheiten 131

    6.4.3 Reihenfolgeregelungen für PDUs 135

    6.4.4 'RDA Server Execution Rules' 138

7 RDA in der ISO/OSI-Anwendungsebene 141

7.1 ISO/OSI-Anwendungsdienste 143

    7.1.1 'Association Control Service Element' (ACSE) 144

    7.1.2 'Remote Operations' (ROSE) 145

7.2 Transaktionsunterstützung im ISO/OSI-RDA 148

7.2.1 'Commitment, Concurrency, and Recovery' (CCR)......................148

7.2.2 'Distributed Transaction Processing' (TP)......................149

    7.2.2.1 Dialogverwaltung 151

    7.2.2.2 Kommunikationskontrolle 152

    7.2.2.3 Reihenfolgeregelung für Transaktionsfolgen...................152

    7.2.2.4 Unterstützung für verteilte Transaktionen........................152

7.3 RDA in der ISO/OSI-Architektur der Anwendungsebene........................156

    7.3.1 Struktur der ISO/OSI-Anwendungsebene 156

    7.3.2 RDA-'Basic Application Context'..158

    7.3.3 RDA-'TP Application Context'..160

7.4 Ausblick auf die weitere Entwicklung..163

    7.4.1 Anmerkungen zu ersten RDA-Implementierungen.......................163

    7.4.2 Aktueller Status des RDA..167

8 Weitere Standards zum Zugriff auf Datenbanken in Netzen..171

8.1 Standardisierte Programmierschnittstellen..171

8.2 Schnittstellenstandards für Datenzugriff und verteilte Transaktionsverwaltung in Netzen 173

    8.2.1 Standardisierung von Schnittstellen zum Datenzugriff in Rechnernetzen..173

    8.2.1.1 Zur 'SQL Access Group' (SAG) 174

    8.2.1.2 ISO/SQL-'Call Level Interface' (CLI)................................176

    8.2.1.3 'Open Database Connectivity' (ODBC)............................179

    8.2.1.4 CLI-Programmierbeispiel..181

    8.2.2 Standardisierte Transaktionsschnittstellen.....................................184

    8.2.2.1 X/Open-'Distributed Transaction Processing' (DTP) 184

    8.2.2.2 Die X/Open-DTP-TX- und -XA-Schnittstellen....................186

8.3 'Distributed Relational Database Architecture' (DRDA) von IBM............191

    8.3.1 DRDA-Architekturvarianten...193

        8.3.1.1 'Remote Unit of Work' (Level 1)............................193

        8.3.1.2 'Distributed Unit of Work' (Level 2).....................194

        8.3.1.3 'Database Directed Distributed Unit of Work' (Level 3)...195

        8.3.1.4 'Distributed Request' (Level 4).............................196

    8.3.2 Datenbankzugriff in integrierten IBM/SNA- und ISO/OSI-Netzen...197

9 Systemtechnische Unterstützung verteilter Anwendungen in offenen Umgebungen.........................203

    9.1 Entwicklungsstand und weitergehende Ziele............................203

    9.2 Verwandte Standardisierungsprojekte im Bereich offener verteilter Systeme...208

        9.2.1 'Open Distributed Processing' (ODP)............................208

        9.2.2 'Object Management Group' (OMG)............................210

        9.2.3 'Distributed Computing Environment' (DCE)...................213

        9.2.4 Integrationsmöglichkeiten.......................................216

    9.3 Vermittlung und Verwaltung von Diensten in offenen verteilten Systemen...217

        9.3.1 ISO/ODP-'Trader'...218

        9.3.2 Das Forschungsprojekt COSM/TRADE.........................221

            9.3.2.1 'Common Open Service Market' (COSM).............224

            9.3.2.2 'TRAding and CoorDination Environment' (TRADE).......225

10 Literaturverzeichnis...229

1 Einführung

Ziel des vorliegenden Buches ist es, den an aktuellen Aufgabenstellungen der Informatik interessierten Lesern aus Anwendungsentwicklung und Forschung in Hochschule und Praxis Probleme, Grundkonzepte und Lösungsansätze des Einsatzes von *Datenbanken in Rechnernetzen* im Zusammenhang der internationalen *Standardisierung verteilter Systeme* vorzustellen und zu erläutern. Hauptthema ist dabei der *Fernzugriff auf Datenbanken* (engl. *Remote Database Access, RDA)* in offenen Systemen, d.h. die Standardisierung von Kommunikationsmechanismen für den Zugriff auf entfernte Datenbanken in verteilten Client/Server-Umgebungen. Ein erster RDA-Standard wurde in den vergangenen Jahren in weltweiter internationaler Kooperation vieler Software-Hersteller und -Anwender von der "Internationalen Standardsorganisation" (engl. 'International Organization for Standardization', ISO) im Rahmen des "Referenzmodells für offene Systeme" (engl. 'Open System Interconnection', OSI) erarbeitet und Ende 1993 fertiggestellt und beschlossen.

Vor der Vorstellung des RDA und der damit zusammenhängenden Standardisierungsprojekte werden in den einführenden Kapiteln dieses Buches zunächst die verwendeten *Grundkonzepte und Mechanismen der Kooperation und Kommunikation in verteilten Systemen* zusammengefaßt. Dadurch kann sich die Darstellung der einzelnen Kommunikations- und Schnittstellenstandards auf das darin wesentlich Neue beschränken und so das nicht immer einfache Verständnis der ihnen zugrunde liegenden, oft in langjähriger - auch kontroverser - internationaler Gremienarbeit erstellten Original-Standarddokomente erleichtern.

Neben dem eigentlichen RDA werden also auch eine Reihe *verwandter Standardisierungsprojekte* aus dem Bereich heterogener verteilter Systeme beschrieben: z.B. Standards zur Kommunikationsunterstützung des Aufrufes entfernter Prozeduren, zur Kontrolle verteilter Transaktionen, zur Spezifikation von Schnittstellen von Software-Komponenten zum Zugriff auf Datenbanken in offenen Rechnernetzen, für allgemeine herstellerübergreifende Betriebssystemplattformen sowie zur Unterstützung von Dienstzugriff und zur Dienstvermittlung in offenen verteilten Umgebungen. Abschließend werden einige aktuelle *Forschungsarbeiten* auf diesem Gebiet erwähnt.

1.1   Stand der Technik

Datenbanken und Informationssysteme haben sich inzwischen sowohl technisch als auch im praktischen Einsatz in vielen Anwendungsbereichen von rechnergestützten Informationssystemen weitgehend etabliert. Dabei werden meist große, oft teure und aufwendig zusammengestellte, laufend erweiterte und aktualisierte Datenbestände für vielfältige Anwendungen in entsprechenden Datenbankverwaltungssystemen effizient gespeichert, verwaltet, organisiert und den Benutzern zur weiteren Verarbeitung angeboten. Oft stellen Datenbanken und Informationssysteme ganz wesentliche, wertvolle und in vielen Fällen für den Unternehmenserfolg auch kritische Ressourcen dar.

Aufwand und *Kosten* für Erstellung, Aktualisierung, Erweiterung und laufenden Betrieb von Informationssystemen lassen sich oft nur dadurch rechtfertigen, daß sowohl der Nutzen der auf diese Weise effizient zugänglichen Informationen als auch die Kosten der entsprechend aufwendigen Datenverwaltung über einen möglichst großen Kreis von Benutzern aufgeteilt werden. Zusätzliche Bedeutung erhält die *gemeinsame* Speicherung und Verwaltung großer Datenmengen in effizient organisierten und darauf besonders spezialisierten Rechnersystemen zu Zeiten eines rapiden Fortschritts der *Kommunikationstechnologie*: Einerseits kann heute über verschiedenartige Netzverbindungen prinzipiell der Nutzen solcher Datensammlungen nicht nur den lokal angeschlossenen, sondern auch allen anderen, über irgendein (oder auch mehrere) Kommunikationsnetz(e) indirekt erreichbaren Partnern zugänglich gemacht werden. Andererseits können in verteilten Umgebungen aber auch die Kosten der Datenhaltung von einer großen Anzahl von potentiellen Nutzern gemeinsam getragen werden.

So werden inzwischen Einsatz und Entwicklung moderner Informationssysteme immer mehr auch von den rapide zunehmenden Möglichkeiten und den damit wachsenden Benutzeranforderungen *verteilter* Systemumgebungen auf der Basis immer weiter verbreiteter *Rechnernetze* beeinflußt und geprägt. Grundsätzlich ermöglichen derartige Netze den an ihnen angeschlossenen Teilnehmern den Zugang zu einer Vielzahl von Rechnerknoten und damit auch zu den auf diesen angebotenen vielfältigen Funktionen und Diensten. Somit bieten offene Rechnernetze ihren Nutzern die Vielfalt und Möglichkeiten eines prinzipiell kaum beschränkten, *offenen Marktes an Diensten* [MeLa93] und damit auch ganz neuartige Voraussetzungen für eine arbeitsteilige Realisierung von dezentralen und datenintensiven Anwendungen in offenen und verteilten Rechnernetzumgebungen.

1990 kam eine in den USA durchgeführte *Untersuchung* von führenden Repräsentanten aus Industrie und akademischer Forschung im Bereich von Datenbanken und Informationssystemen [SSU90] zu dem Ergebnis, daß für die Datenbankforschung und Entwicklung des kommenden (d.h. jetzigen) Jahrzehntes die *Integration von verteilten, heterogenen Datenbanken in* offene Umgebungen von *Rechnernetzen* eines von zwei dominierenden Themen darstellt. Dabei ist insbesondere die Integration von weitgehend autonomen Datenbeständen in derartige Umgebungen von praktischer Bedeutung.

Beispiele für die Notwendigkeit der Integration von autonom entwickelten Teildatenbeständen und deren "Interoperabilität" finden sich in verteilten kollaborativen Anwendungen wie z.B. organisationsübergreifenden Projekt- oder 'Inter-Company'-Datenbanken (z.B. beim Einbeziehen von Zulieferern bereits beim Entwurf und der Realisierung komplexer Fertigungsobjekte). Derartige, an sich unabhängig voneinander entwickelte und genutzte verteilte Datenbanken und Informationssysteme sind im allgemeinen *heterogen*; d.h. sie bestehen typischerweise aus einer Vielzahl von zunächst autonomen, in der Regel unterschiedlichen Rechnerknoten, Kommunikationsverbindungen, Betriebssystemen und Anwendungsdiensten etc. Alle diese Systemkomponenten wirken zur Erfüllung von gemeinsamen Aufgaben - z.T. nur von Fall zu Fall - zusammen und erfordern zudem oft eine weit gehende *Interoperabilität* der beteiligten Rechnerknoten.

Basis für die Interoperabilität in verteilten Systemen ist eine gemeinsam vereinbarte (d.h. *standardisierte)* Kommunikationsunterstützung, die überhaupt erst eine Zusammenarbeit unterschiedlicher Knoten in offenen Rechnernetzen möglich macht. Notwendige Voraussetzung für jede Art von *Kooperation* in derartigen Umgebungen sind ebenfalls "standardisierte" Kooperationsformen, die festlegen, auf welche Weise die Kooperationspartner bei der Lösung von gemeinsamen Aufgaben zusammenwirken. So erfordern offene verteilte Informationssysteme zusätzlich z.B.

problemadäquate (d.h. z.B. die Autonomie der Teilknoten weitgehend bewahren-
de) anwendungsspezifische Integrationsformen der Teildatenbestände sowie geeignete Antworten auf Fragen der (auch semantischen) Konsistenzsicherung, der
Datensicherheit oder auch des stufenweisen Wachstums *(Scaling)* derartiger Systeme in der Praxis.

Für effiziente Realisierungen offener datenintensiver verteilter Anwendungen ist die
Verfügbarkeit von geeigneten *generischen Systemdiensten,* -protokollen und -funk-
tionen eine wesentliche Voraussetzung. Diese Dienste unterstützen einen modularen Aufbau von verteilten Anwendungen auf der Basis bereits irgendwo im Netz
vorhandener Komponenten möglichst weitgehend und für den Anwendungsprogrammierer komfortabel. Dabei ist durch die enge Verflechtung solcher Systemdienste z.B. mit klassischen Datenbank- und Betriebssystemen ein geordnetes Zusammenwirken von Techniken aus den Bereichen "Datenbanken und Informationssysteme", "Betriebssysteme" sowie "Kommunikation und Verteilte Systeme" von besonderer Bedeutung. Die *Integration* verschiedenartiger Techniken zur Unterstützung offener verteilter datenintensiver Anwendungen ist daher Gegenstand der
Forschung sowohl im Bereich moderner Datenbank- und Informationssysteme als
auch von Betriebssystemen sowie von Kommunikations- und verteilten Systemen
[Lame94]. Das vorliegende Buch behandelt in diesem Zusammenhang vor allem
die Unterstützung des *Zugangs zu autonomen Datenbanken* in offenen Rechnernetzen durch Mechanismen der *Kommunikation in offenen Systemen* sowie durch
grundlegende Kooperationstechniken allgemeiner *verteilter Systeme.*

1.2   Aufgabenstellung

Zur effizienten Realisierung verteilter datenintensiver Anwendungsprogramme der
Zukunft werden damit in diesem Buch vor allem Fragen einer angemessenen *systemtechnischen Unterstützung* der oben beschriebenen Klasse von modernen
offenen Rechneranwendungen behandelt. Die dafür notwendigen Mechanismen
bauen zunächst auf bereits vorhandenen (Betriebs-) Systemdiensten und -funk-
tionen (einschließlich anwendungsunabhängiger, zuverlässiger und offener Kommunikationsdienste) auf, sollen aber auch bereits bestehende Systemdienste
weitgehend integrieren.

Angestrebt wird dabei auf der einen Seite eine einfache Verwendung und "nahtlose" Einbettung bereits verfügbarer Dienste und Funktionen in lokal vorhandenen "offenen" (Betriebs-) Systemumgebungen, auf der anderen aber auch eine problemadäquate und anwendungsnahe Unterstützung der durch die Offenheit, Verteilung und Datenintensivität zur eigentlichen Aufgabenstellung der Anwendung hinzukommenden Probleme. Wichtigstes Ziel hierbei ist es, dem Anwendungsprogrammierer (also z.B. dem Nutzer einer externen Datenbank) einen "komfortablen" Kommunikationsdienst anzubieten, der ihn von vielen mit Verteilung und Kommunikation zusammenhängenden Problemen und Fehlerfällen so weit es geht entlastet. Als Randbedingung ist dabei zu beachten, daß jeder an einer derartigen Kooperation beteiligte Partner - so weit es die gleichzeitige Ausnutzung der Vorteile der Kooperation erlaubt - die eigene lokale *Autonomie* (d.h. die selbständige Verfügungsmöglichkeit über "seine" Daten) weitgehend bewahren kann.

Die Summe der für die Erfüllung dieser Aufgaben zu realisierenden (System-) Dienste und Funktionen wird - entsprechend ihrer Lage *zwischen* Anwendungsprogramm und Betriebssystemunterstützung in einer Hierarchie von Software-Abstraktionen von der Maschine hin zur Endanwendung - im amerikanischen auch als *Middleware* bezeichnet (vgl. z.B. [Bern93]). Im Rahmen dieses Buches wird jedoch dafür der deutschsprachige Begriff der *Systemtechnik* verwendet. Er bezeichnet in diesem Zusammenhang eine einheitliche, *generische* Systemunterstützung für eine große Zahl von ähnlichen Anwendungen auf der Basis bestehender Betriebssystem- sowie Kommunikationssystemdienste (siehe Abbildung 1-1).

Der Hauptteil dieses Buches beschäftigt sich also mit *anwendungsnahen* Kommunikationsdiensten zur Unterstützung der Datenverwaltung in verteilten Systemen. Deshalb wird unter den hier verwendeten *elementaren* Kommunikationsdiensten pauschal die Integration aller (direkt oder indirekt) erreichbaren Netze und damit realisierten Kommunikationsverbindungen zusammengefaßt. Vorausgesetzt wird weiterhin, daß zusammengesetzte Netze in der Regel *heterogen* sind, d.h. daß die Kommunikationstechniken auf der Basis allgemein akzeptierter Kommunikations- (Dienst- und Protokoll-) *Standards* realisiert sind. Eine Abstraktion von den dabei prinzipiell möglichen Unterschieden z.B. im Netzzugang, im Protokoll oder in lokalen Eigenheiten der von einzelnen Herstellern angebotenen Kommunikationsdienste kann durch die Verwendung gemeinsamer (nur funktional oder auch syntaktisch spezifizierter) Kommunikations*dienstschnittstellen* (z.B. gemäß Vorgaben

von X/Open, ISO/OSI oder durch betriebssystemnahe Kommunikationsdienste wie
TCP/IP) erreicht werden.

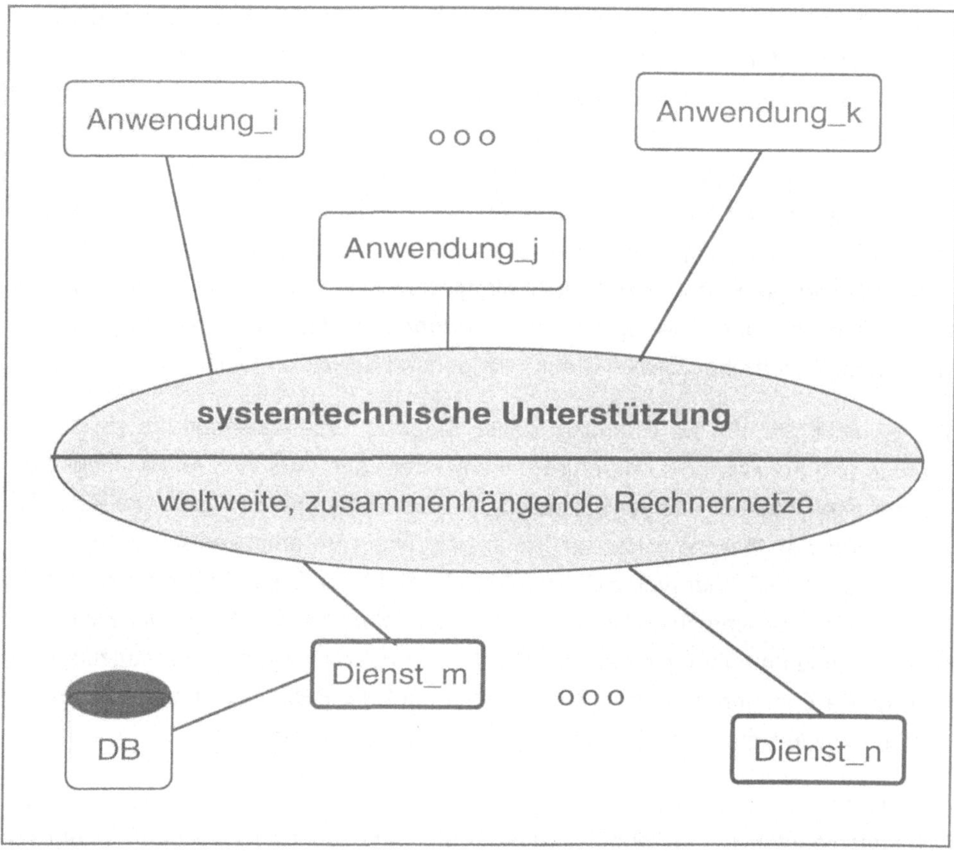

Abb. 1-1:   Systemarchitektur für die Realisierung verteilter datenintensiver Anwendungen in offenen Rechnernetzen

Ziel der beschriebenen systemtechnischen Dienste und Funktionen ist es damit,
durch Abstraktion von lokalen *Betriebssystemfunktionen* einheitliche Systemschnittstellen für die komfortable und problemadäquate Entwicklung von Anwendungsprogrammen zu realisieren. Dabei sollen lokale Unterschiede der darunter
liegenden (und im allgemeinen heterogenen) Betriebssystemstrukturen vor den
Anwendungs- oder Systemprogrammierern weitgehend verborgen bleiben.

1.3 Inhaltsüberblick

Kapitel 2 des vorliegenden Buches gibt zunächst einen vergleichenden Überblick über grundsätzliche *Alternativen von Systemarchitekturen* für die Datenverwaltung in verteilten Umgebungen und grenzt sie konzeptionell gegeneinander ab. Ziel dabei ist es, die Eigenheiten der aktuell (aus technischen und organisatorischen Gründen) bevorzugten *Client/Server-Architektur* für den "Fernzugriff auf Datenbanken" (RDA) gegenüber den in der Vergangenheit stärker betonten anderen Ansätzen der Datenverwaltung in verteilten Systemen herauszustellen und zu beschreiben. In den drei darauf folgenden Kapiteln (Kapitel 3 bis 5) werden dann grundlegende, im Zusammenhang mit der Datenverwaltung in verteilten Systemen wesentliche Konzepte aus dem Bereich der allgemeinen *verteilten Systeme* vorgestellt und erläutert, soweit sie für die anschließenden Teile des Buches von Bedeutung sind.

Kapitel 3 stellt einige wichtige Eigenschaften und Konzepte der *Kommunikation und Kooperation* in verteilten Systemen vor. Kapitel 4 geht anschließend speziell auf Grundstruktur, Charakteristik und einige Varianten des *Aufrufs entfernter Prozeduren* (engl. *Remote Procedure Call,* RPC) als wichtigstem anwendungsnahen Kooperationsparadigma und -mechanismus heutiger verteilter Systeme ein. Über den Aufruf einzelner externer Operationen hinaus sollen aber bei der Datenverwaltung in verteilten Systemen auch Zugriffe auf *mehrere,* autonom verwaltete Datenbestände an unterschiedlichen Orten offener verteilter Netzumgebungen in einer Client/Server-Architektur vom "System" (d.h. insbesondere von erweiterten, benutzernahen Kooperations- und Kommunikationsdiensten) unterstützt werden. Dazu werden auch in verteilten Umgebungen (verteilte) *Transaktionen* benötigt, die eine wesentliche Grundlage für die Koordination von Teildiensten an unterschiedlichen Orten im Netz bilden. Daher ist die Kommunikationsunterstützung für verteilte Transaktionen in offenen Umgebungen integraler Bestandteil des ISO/OSI-RDA und wird dementsprechend auch - unter Betonung der dabei anfallenden Kommunikationsaufgaben - in Kapitel 5 einführend behandelt.

Ausgehend von Grundkonzepten der Kommunikation in offenen Systemen sind damit alle wesentlichen konzeptionellen Voraussetzungen geschaffen, um im Hauptteil des Buches (Kapitel 6 und 7) schließlich speziell den Vorschlag der ISO zur Unterstützung des Zugriffs auf entfernte Datenbanken in offenen Rechnernetzen (ISO/OSI *Remote Database Access,* RDA) vorzustellen. Ein derartiger Standard ist gerade durch Kooperation von Forschung und Herstellern in den entsprechenden internationalen Standardisierungsgremien in einer ersten Version als internationaler Standard spezifiziert und beschlossen worden. Dabei liegt der Hauptaugenmerk des RDA (wie auch der dieses Buches) auf Fragen einer Kommunikationsunterstützung des Zugriffs auf *autonome* Datenbanken in heterogenen offenen Rechnernetzen und Informationssystemen - und damit nur am Rande auch auf den klassischen Architekturen relativ eng miteinander gekoppelter (im engeren Sinne) "verteilter" Datenbanksysteme. Im einzelnen gibt Kapitel 6 einen Überblick über die wichtigsten Aspekte sowohl des "Dienstes" (d.h. der Funktionalität) als auch des "Protokolls" des ISO/OSI-RDA.

Bei der näheren Behandlung von Fragen einer Kommunikationsunterstützung für die Datenverwaltung in offenen verteilten Systemen werden alle aktuellen, gerade - z.T. erst in ersten Versionen - fertiggestellten oder noch in der Entwicklung begriffenen internationalen (vor allem ISO/OSI-) *Standards* im Überblick eingeführt und in ihren Grundzügen erläutert: Nach der Darstellung von Dienst und Protokoll des ISO/OSI RDA in Kapitel 6, geht Kapitel 7 speziell auf die Integration der für RDA notwendigen ISO/OSI-Anwendungsdienstelemente in die allgemeine Struktur der Anwendungsebene des ISO/OSI-Referenzmodells ein. Ebenfalls in Kapitel 7 wird zudem gezeigt, wie sich die in Kapitel 5 konzeptionell vorgestellten Kommunikationsdienste zur Unterstützung verteilter Transaktionen im entsprechenden ISO/OSI-Standard für verteilte Transaktionsverwaltung *(Distributed Transaction Processing, TP)* wiederfinden und in ihren Kommunikationsanforderungen durch OSI-TP unterstützt werden.

Als Ergänzung und Erweiterung des bisher in einer ersten Version normierten (und hier in den Kapiteln 6 und 7 dargestellten) Funktionsumfanges des ISO/OSI-RDA gibt dann Kapitel 8 eine Übersicht über *weitergehende Entwicklungen* der internationalen, vor allem herstellerübergreifenden, aber - in Auswahl - auch herstellerspezifischen Standardisierung von Komponenten verteilter Systeme, die auch die Datenverwaltung in offenen Umgebungen unterstützen. Dazu gehören vor allem herstellerübergreifend normierte Spezifikationen von *Schnittstellen* (z.B. zu Datenbankdiensten, wie etwa aktuelle Erweiterungen von SQL für den Einsatz von Datenbank-Servern in verteilten Umgebungen oder für die Verwaltung verteilter Transaktionen) sowie auch ein vergleichender Überblick über die *Distributed Relational Database Architecture* (DRDA) von IBM als wichtiges Beispiel eines herstellerspezifischen Standardisierungsprojektes im Bereich der Datenverwaltung in verteilten Systemen.

Abschließend stellt Kapitel 9 im ersten Teil zunächst andere, im Zusammenhang der im vorliegenden Buch angesprochenen Themen bedeutsame *aktuelle Standardisierungsprojekte* allgemeiner verteilter Systeme vor und beschreibt Systemkomponenten zur Unterstützung effizienter Realisierungen von verteilten Anwendungen in offenen Rechnernetzumgebungen - wie z.B. die MS *Windows Open Service Architecture*, (WOSA), ISO *Open Distributed Processing* (ODP), den OMG *Object Request Broker* (ORB), das OSF *Distributed Computing Environment* (DCE) etc. Im Anschluß daran wird schließlich speziell auf weitergehende Fragen einer Systemunterstützung der *Dienstvermittlung und -verwaltung* (engl. *Trading, Broking)* in offenen verteilten Systemen eingegangen, wie sie zur Zeit sowohl in der aktuellen - z.T. auch eigenen - Forschung als auch in der internationalen Standardisierung diskutiert und bearbeitet werden.

2 Datenverwaltung in verteilten Systemen

In diesem Kapitel wird die Rolle von datenverwaltenden Systemkomponenten in offenen verteilten Systemen untersucht und in ihren wesentlichen Alternativen am Beispiel der Datenverwaltung in Rechnernetzen erläutert. Dazu wird zunächst kurz auf die historische Entwicklung von Datenverarbeitungssystemen bis hin zu heute modernen offenen verteilten Rechnerarchitekturen eingegangen. Danach wird die besondere Rolle von autonomen Datenverwaltungskomponenten (Datenbanken) in Informationssystemen auf der Basis von offenen Rechnernetzen behandelt (zur Übersicht über allgemeine Fragen der Telekommunikation und Datenhaltung vgl. z.B. [LKK93]). Schließlich werden alternative Architekturen der Datenverwaltung in Rechnernetzen vorgestellt und und gegeneinander abgegrenzt. Abschließend gibt dieses Kapitel eine erste Übersicht über die speziellen Ziele und Funktionen des ISO/OSI-Standards zum *Remote Database Access* (RDA).

2.1 Historische Entwicklung

In einer stark vereinfachenden historischen Sicht hat - nach Jahrzehnten der "Einbenutzersysteme" (ca. 50er Jahre), des "Batch Processing" (ca. 60er Jahre), der "Mehrbenutzersysteme" (ca. 70er Jahre) und des "Personal Computing" (ca. 80er Jahre) - mit den 90er Jahren das Jahrzehnt der *verteilten Systeme* begonnen. Auch diese Entwicklung blieb nicht ohne Auswirkung auf den Einsatz von Datenbanken und Informationssystemen in modernen, nun oft verteilten Systemumgebungen. So werden heute Datenbankanwendungen in einer zunehmenden Zahl von Fällen nicht mehr nur auf isolierten zentralen Rechnern (als "zentrale Datenbanken") sondern immer mehr auch in verteilten und vernetzten Umgebungen (als in unterschiedlicher Form "verteilte Datenbanksysteme") eingesetzt und realisiert. Um besser zu verstehen, wie sich typische Einsatzumgebungen von Datenbanken in Rechnernetzen von den eher "klassischen" Szenarien des Einsatzes von Datenbank- und Informationssystemen unterscheiden, sollen zunächst die wesentlichen Komponenten, die bei einer der Datenverwaltung in Netzen zusammenwirken, identifiziert und dann ihre unterschiedlichen Rollen in den möglichen Systemalternativen diskutiert werden (siehe Abschnitt 2.1).

Ein typisches Anwendungsszenario für Datenbanken in Rechnernetzen ergibt sich zum einen aus - in der Praxis oft lokal untereinander verbundenen - Arbeitsstationen (den sogenannten *Klienten),* zum anderen aus - oft entfernten - speziellen Datenbank-Diensterbringern (den sogenannten *Servern).* In solch einem Szenario können die meist einfachen, aber lokal verfügbaren Klienten-Arbeitsstationen das oft umfangreiche und komfortable Angebot der im Netz erreichbaren Server zur effizienten Verwaltung größerer Datenbestände gemeinsam nutzen. Voraussetzung dafür ist, daß die entfernten, häufig in ihren Details gar nicht bekannten Datenbank-Server den Arbeitsstationen geeignete, allgemein vereinbarte (d.h. standardisierte) Schnittstellen und Kommunikationsmechanismen zur Verfügung stellen und auch jederzeit sicher und zuverlässig von den Klienten aus erreichbar sind. Darüber vereinfacht es die verteilte Anwendungsprogrammierung stark, wenn viele Details der Komplexität von *Datenverteilung* - wie z.B. "Replikation" (d.h. Duplizierung) oder "Fragmentierung" (d.h. Verteilung) der Datenbestände an verschiedenen Orten - und *Kommunikation* (insbesondere Kommunikationsfehler!) vor den Anwendungsprogrammierern weitgehend verborgen bleiben. Ist dies möglich, so spricht man - in Anlehnung an eine etwas zu wörtliche Übersetzung aus dem Englischen - auch von Verteilungs*"transparenz".*

Derartigen Anforderungen haben sich "klassische" verteilte Datenbanksysteme, die insbesondere im vergangenen Jahrzehnt in der Forschung entwickelt und inzwischen auch in der Praxis eingesetzt worden sind (siehe z.B. [CePe87], [ÖsVa91] oder als wichtiges Beispiel [Will88] und [Lind82]), bereits seit vielen Jahren gestellt. Allerdings wurde hierbei oft von z.T. recht speziellen Randbedingungen ausgegangen, wie etwa: meist nur geringe Knotenzahl der beteiligten Rechner, relativ homogene Rechner- und Netzumgebung oder meist recht enge Kopplung der beteiligten Rechnerknoten. In vielen Fällen handelt es sich um herstellerspezifische Insellösungen mit keinen oder nur sehr begrenzten Fähigkeiten zur Interoperabilität mit anderen etc. Inzwischen sind verteilte Datenbanksysteme schon seit einiger Zeit technisch ausgereift und auch als Produkte verschiedener Hersteller am Markt verfügbar. Dennoch hat ein kommerzieller Durchbruch klassischer verteilter Datenbanksysteme im zunächst erwarteten Stile in der Praxis immer noch nicht stattgefunden. Ein wesentlicher Grund dafür ist wohl der, daß - zumindest für eine bestimmte, für die Praxis wichtige Klasse von Anwendungen - verteilte Datenbanksysteme inzwischen beim Einsatz in heutigen offenen verteilten Netzumgebungen eher an organisatorische als an technische Grenzen ihrer Einsatzmöglichkeiten kommen: Sie setzten ein so hohes Maß an *Integration* der beteiligten datenverwaltenden Knoten voraus, daß dadurch im allgemeinen ganz wesentliche Einschränkungen der lokalen Autonomie der beteiligten Knoten in Kauf genommen werden müssen.

Auf der anderen Seite aber stellen viele der - in der Praxis gerade für offene Umgebungen typischen - Knoten im Netz jedoch besonders hohe Anforderungen an die *Autonomie* ihrer Daten, insbesondere in großen, heterogenen verteilten Umgebungen. (Welche Bank gibt z.B. ihre Daten für die Bearbeitung durch beliebige externe Benutzer frei?) Derartige Autonomieanforderungen einzelner, an gemeinsamen Datenverwaltungsaufgaben im Netz beteiligten Knoten aber stehen prinzipiell im Widerspruch zu den hohen Anforderungen an die Integration klassischer verteilter Datenbankknoten. Diese jedoch sind in derartigen Systemen eine notwendige Voraussetzung für die effiziente Realisierung der Auswertung auch von nichtlokalen (verteilungstransparenten) Anfragen an verteilte Datenbankkomponenten, die möglichst viele Probleme der Kommunikation und der Verteilung der Daten vor dem Anfragenden verbirgt.

Eine den Erfordernissen höherer Knotenautonomie gerechter werdende losere Kopplung von autonomen, aber von Fall zu Fall kooperierenden Datenbanksystemen hat zunächst zu Architekturvorschlägen sogenannter "föderativer" Datenbanksysteme geführt [HeLe85]. Die weitere Entwicklung hin zu einem ausgewogeneren Verhältnis von Systemintegration auf der einen und Knotenautonomie auf der anderen Seite führte dann in der Folgezeit zu dem immer noch zunehmenden Interesse an offenen *Client/Server*-Konfigurationen [Svob85], [NeMa92] auch im Bereich (im weiteren Sinne) verteilter Datenbanken und Informationssysteme. Basis für die Realisierung von derartigen Kooperationsformen in heterogenen verteilten Rechnernetzumgebungen sind auch hier zunächst allgemein abgesprochene, d.h. international vereinbarte *Kommunikationsstandards* wie z.B. die von der ISO in ihrem Referenzmodell für die 'Open Systems Interconnection' (OSI) [ISO-BRM] vorgeschlagenen Kommunikationsdienste und -protokolle.

Zusammenfassend läßt sich festhalten, daß in offenen Umgebungen grundsätzlich der Lösungsansatz für viele Probleme der Interoperabilität verteilter Systemumgebungen immer wieder darin besteht, der Heterogenität der beteiligten Knoten (Diensten, Anwendungen etc.) in offenen Rechnernetzen durch die Verwendung *einheitlicher Software-Schnittstellen, Kommunikationsdienste-* und *-protokolle* zu begegnen. Dies gilt insbesondere auch für verteilte Client/Server-Datenbankanwendungen in offenen Rechnernetzen. Sie machen Datenbanken in heterogenen, offenen Netzumgebungen für eine Vielzahl lokal nicht erreichbarer, unterschiedlicher entfernter Rechner und Arbeitsstationen verfügbar. Basis dafür sind einheitliche Datenbanksprach-, Betriebssystem- und Kommunikationsschnittstellen, wie sie von der Praxis oft gefordert und inzwischen in entsprechenden internationalen Standardisierungsprojekten zunehmend spezifiziert werden (siehe Kapitel 8).

2.2 Systemarchitekturen

Abschnitt 2.2 gibt eine klassifizierende Betrachtung der wesentlichen Systemalternativen für die Datenverwaltung in Rechnernetzen nach [Effe87]. Die behandelten Alternativen werden dabei in der Reihenfolge ihrer Realisierung in konkreten praktischen Informationssystemen vorgestellt.

2.2.1 Elementare Systemkomponenten

Zunächst werden für die Klassifizierung die folgenden, für die Datenverwaltung in verteilten Systemen in allen Systemvarianten in der einen oder anderen Form vorzufindenden Komponenten näher betrachtet. Ihre Zuordnung zu einzelnen Knoten im Netz unterscheidet sich allerdings bei den vorgestellten vier Systemalternativen für die Datenverwaltung in Rechnernetzen wie in 2.1.2 ausgeführt.

a) Endbenutzerschnittstellen

In den meisten Fällen handelt es sich bei *Endbenutzerschnittstellen* (vor allem in älteren Systemen) entweder um einfache *Terminals* oder (in neuartigen Systemen) auch um mehr (z.B. graphische) oder weniger (z.B. zeilenorientierte) komfortable Benutzerschnittstellen von *PCs* oder *Workstations* direkt vor Ort des Endbenutzers eines verteilten Datenverwaltungssystems. Darüber hinaus können in verteilten datenverarbeitenden Systemen auch Benutzerschnittstellen für andere Arten von Geräten von Bedeutung sein: etwa Geldein- oder -ausgabeautomaten, spezielle Druckerstationen etc. Dabei haben diese dann durchaus auch unterschiedliche Eigenschaften (z.B. bzgl. der Rücksetzbarkeit ihrer Operationen), die in die Betrachtung der jeweiligen verteilten Systemstruktur in angemessener Weise mit einzubeziehen sind.

b) Anwendungsprogramme

Die *Anwendungsprogramme* realisieren die eigentlichen Anwendungssemantiken der jeweiligen (evtl. verteilt am besten lösbaren) datenintensiven Anwendungsprobleme. Diese sind zunächst nur dem Endanwender bekannt und können von daher nicht "generisch" vom System realisiert werden. Dennoch soll dieser aber so weit wie möglich durch geeignete (verteilte) Systemdienste unterstützt und so von allen nicht anwendungsspezifischen Teilproblemen weitgehend entlastet werden. Wichtige derartige Unterstützungskomponenten stellen sowohl das (evtl. verteilte) Datenbankverwaltungssystem als auch das darunter liegende Kommunikationssystem dar.

c) Datenbankverwaltungssystem

Das *Datenbankverwaltungssystem* (engl. 'Database Management System', DBMS) realisiert speziell und besonders effektiv alle Datenspeicherungs-, -verwaltungs- und -zugriffsfunktionen auf einem oder mehreren Knoten im Netz. Dies gilt unabhängig von der dabei bevorzugten Technik der Datenverwaltung sowie auch unabhängig von allen Fragen einer etwaigen Verteilung der Daten im Netz. Im allgemeinen Fall heterogener verteilter Systeme in offenen Umgebungen kann ein entsprechendes Datenbankverwaltungssystem auch als ein beliebiger *Dienst* im Sinne einer verteilten Client/Server-Kooperation angesehen und realisiert werden.

d) Kommunikationssystem

Schließlich ist für die Datenverwaltung in verteilten Systemen in allen Fällen, in denen mehrere Knoten in einem Netz die Datenverwaltungsfunktionen in Zusammenarbeit gemeinsam realisieren, ein geeignetes *Kommunikationssystem* eine wesentliche Voraussetzung. Dabei sind die bei dieser Aufgabe zusammenarbeitenden Knoten im allgemeinen *heterogen*, d.h. von ganz unterschiedlicher Bauart (z.B. bzgl. Hard- und Software, eventuell auch bzgl. der Implementierung des jeweiligen DBMS etc.). Um auch in derartigen Umgebungen eine Kommunikation sicherstellen zu können, muß diese auf der Basis generell akzeptierter (d.h. *standardisierter)* Dienste und Protokolle implementiert sein. (Auch im einfachsten Fall einer *zentralisierten* Datenverwaltung auf einem einzigen Knoten läßt sich in vielen Fällen die *Interprozeßkommunikation* als Ausprägung eines - hier lediglich lokalen - Kommunikationsdienstes auffassen.)

2.2.2 Alternativen der Datenverwaltung in Rechnernetzen

Im folgenden wird eine Übersicht über vier Systemalternativen für die Datenverwaltung in Rechnernetzen gegeben, die die historisch entstandenen Architekturen von zentralen bis hin zu modernen Client/ Server-Systemen charakterisiert und gegeneinander abgrenzt.

2.2.2.1 Zentralisierte Datenbanksysteme

Am Anfang der historischen Entwicklung standen die *zentralen* Datenbanksysteme, bei denen gerade der Gedanke einer zentralisierten, besonders unterstützten und damit auch besonders effizient realisierten gemeinsamen Datenverwaltung für eine große Zahl von direkt an diesen zentralen (Datenbank-) Systemen angeschlossenen Benutzern im Vordergrund des Interesses stand - und in vielen Fällen auch bis heute noch steht. Beispiele für derartige zentralisierte Datenbank- und Informationssysteme finden sich daher immer noch häufig in der Praxis, angefangen von Datenbanken auf der Basis einer "hierarchischen" oder "netzwerkartigen" bis hin zu moderneren "relationalen" oder "objektorientierten" Organisationsformen der Daten (vgl. z.B. [Date92]). Wesentliche Vorteile zentralisierter DBMS-Architekturen sind u.a. besonders effiziente Möglichkeiten zur Auswertung von Anfragen an die Daten, der Gewährleistung der Konsistenz der Daten oder auch der Sicherung eines weit gehenden Zugriffsschutzes auf die Daten. Mit dem Fortschreiten der Kommunikationstechnologie sowie mit der immer weiteren Verbreitung von Rechnernetzen wuchs jedoch das Bedürfnis der Anwender, effizient gehaltene und verwaltete Datenbestände auch über die lokalen Grenzen zentraler Datenbanksysteme hinaus zugreifen und nutzen zu können.

In einem ersten Schritt hin zu einer Öffnung des Zuganges zu zentral gehaltenen und verwalteten Datenbeständen wurden zunächst Einsatzmöglichkeiten von Datenbanksystemen in verteilten Rechnernetzumgebungen auch für externe Benutzer über sogenannte *Terminalnetze* realisiert. Dabei kann auch von entfernten Terminals aus auf zentral gehaltene Datenbestände (z.B. in klassischen Buchungs- oder Reservierungssystemen mit zentralisierter Datenverwaltung) auf die gleiche Weise wie auch von lokal angeschlossenen Terminals aus zugegriffen werden (siehe Abbildung 2-1).

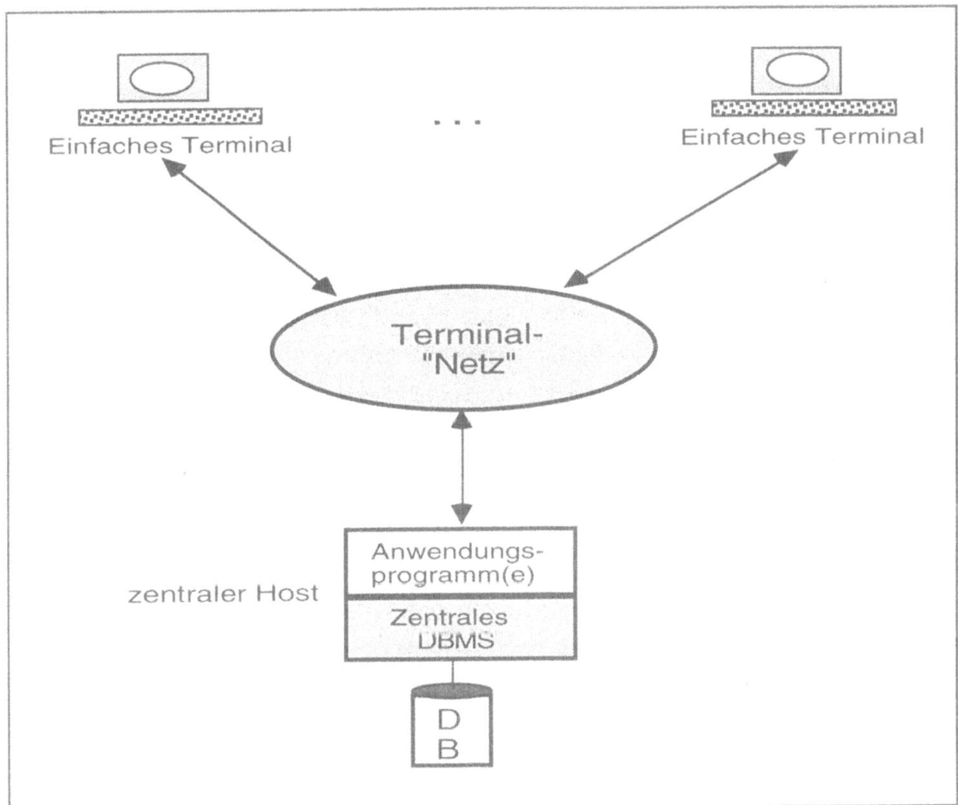

Abb. 2-1: *Zentralisiertes* DBMS mit Terminalnetz

In zentralisierten Architekturen sind damit sowohl die Datenverwaltung als auch die Anwendungsprogrammierung auf einen einzigen, zentralen Knoten *(Host)* konzentriert. Zudem sind die Kommunikationsverbindungen meist herstellerspezifisch realisiert, und es kann in der Regel nur eine homogene Klasse von - meist einfachen

- Terminals bedient werden. Insbesondere wegen der in diesen Architekturen noch vollständig *zentralisiert* realisierten Datenverwaltungs-, anwendungsspezifischen und benutzerunterstützenden Funktionen sollen hier diese Alternativen gemeinsam unter dem Begriff der *zentralisierten* Datenverwaltung (auch in begrenzt verteilten Umgebungen) zusammengefaßt werden.

2.2.2.2 TP-Monitore

Im Laufe des weiteren Einsatzes von Datenbanken in Netzumgebungen wurden spezielle Systemkomponenten zur Unterstützung des Zugriffs von sehr vielen Endsystemen auf zentrale Datenspeicher und Anwendungsprogramme im Netz entwickelt, die sogenannten "Transaktions-" oder auch "TP-Monitore" (zur Vertiefung siehe z.B. [MeWe90] oder [GrRe93]).

TP-Monitore ermöglichen es den Anwendungsprogrammen (und den sich dahinter meist unterstützend verbergenden zentralen Datenbankverwaltungssystemen), auch in verteilten Umgebungen von den potentiell vielfältigen Eigenheiten der heterogenen Endsysteme (z.B. bei der Datenrepräsentation) zu abstrahieren. Dadurch wird eine davon unabhängige Anwendungsprogrammentwicklung auf der Basis einheitlicher abstrakter Endbenutzerschnittstellen möglich. Umgekehrt erlauben TP-Monitore aber auch den (evtl. unterschiedlichen) Endsystemen einen einheitlichen Zugang zu einer (meist eher kleinen) Klasse von in der Regel datenintensiven Anwendungsprogrammen, die auf der Basis von dedizierten Datenbanksystemkomponenten meist auf dem zentralen (Host-) Rechner realisiert sind.

Die den TP-Monitoren zugrunde liegende Verteilung der genannten Systemfunktionen auf unterschiedliche Knoten im Netz zeigt Abbildung 2-2. Derartige Systemarchitekturen bilden die technische Grundlage der (insbesondere für klassische Buchungs- oder Reservierungsaufgaben) immer noch häufig verwendeten "DB/DC"- ('Data Base/Data Communication'-) Systeme.

Bisher typischerweise von TP-Monitoren realisierte Klassen von Diensten bestehen damit neben der Lösung der genannten Probleme der *Heterogenität* in offenen Rechnernetzen vor allem in Funktionen

* zur Kontrolle der *Kommunikation* zwischen Anwendung(en) und Endsystem(en),
* der Verwaltung der (i.a. heterogenen) *Endsysteme* selber,

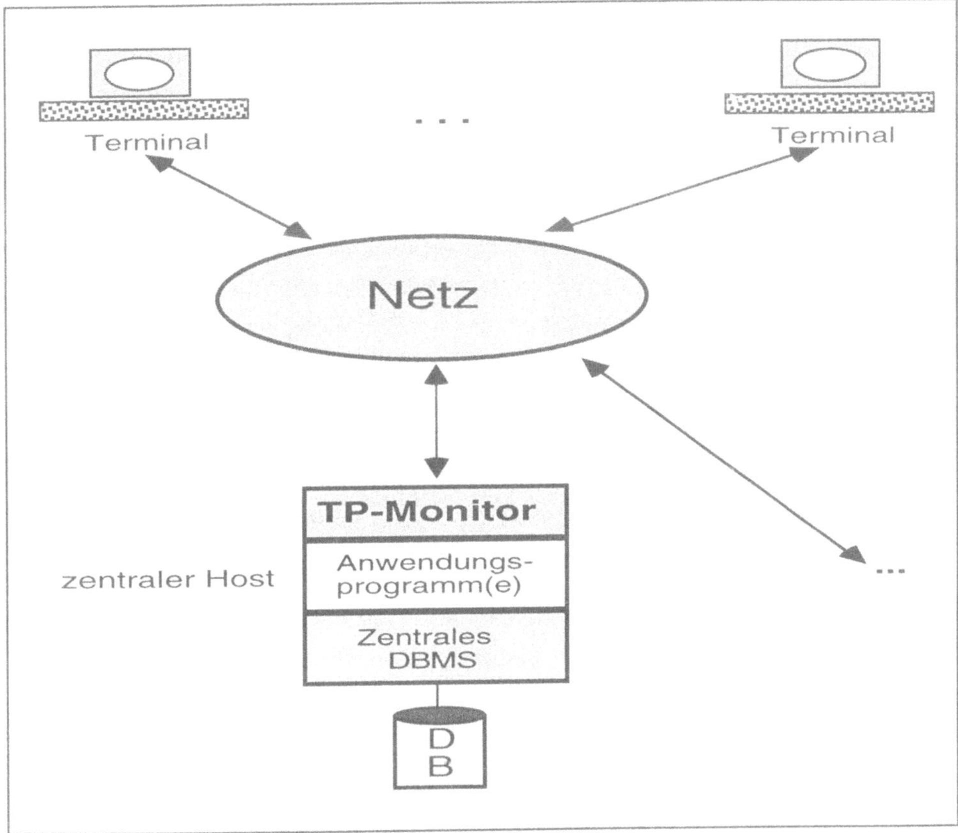

Abb. 2-2:   Datenbankzugang über einen *TP-Monitor*

- der *Datenrepräsentation* auf diesen,
- einer *Kontextverwaltung* (d.h. Unterstützung von Transaktionswechseln auch während der Ausführung einzelner Transaktionen) sowie
- des (Re-) Starts von Transaktionen und Diensten nach Fehlern irgendwo im Netz (vgl. [GrRe93]).

Für die Zukunft lassen sich über diese Dienste hinaus Erweiterungen des den TP-Monitoren unterliegenden Ansatzes auf die Unterstützung von Zugriffen z.B. auch auf *verschiedenartige* Klassen von Diensten und Anwendungsprogrammen - auch auf unterschiedlichen Knoten im Netz - vorstellen. Damit könnten derart erweiterte TP-Monitore - über die bisherigen Realisierungsformen hinaus - auch ganz generelle *Koordinationsfunktionen* für alle Arten des Zugriffes auf datenintensive aber auch andere Dienste in offenen und heterogenen Netzumgebungen bekommen und realisieren (für erste Realisierungsansätze dazu siehe z.B. [Sher93]).

2.2.2.3 Verteilte Datenbanken

Eine erste *grundsätzliche Erweiterung* der Systemarchitektur für Datenbanken in verteilten Umgebungen stellten dann die klassischen "verteilten" Datenbanksysteme (siehe z.B. [CePe87], [ÖsVa91]) dar. Sie wurden zunächst im Forschungsbereich Anfang der 80er Jahre entwickelt (siehe z.B. [Will82], [Lind83]) und sind mittlerweile auch kommerziell von verschiedenen Herstellern als Software-Produkte verfügbar. In verteilten Datenbanken konnten erstmals Datenverwaltungsaufgaben koordiniert auf *allen* Knoten im Netz wahrgenommen werden. Einzelne Teilaufgaben können in verteilten Datenbanken damit prinzipiell - nach Kriterien einer umfassenden Systemoptimierung ausgewählt - immer tatsächlich an dem Ort ausgeführt werden, der dafür gerade am besten geeignet ist.

Dabei bietet die Systemunterstützung verteilter Datenbanksysteme für die Anwendungsprogrammierung einen ganz entscheidenden Vorteil: trotz tatsächlicher Verteilung, wie z.B. durch *Replikation* (d.h. Speicherung in mehreren Kopien) oder *Fragmentierung* (d.h. Aufteilung über verschiedene Knoten) der Daten im gesamten verteilten Datenbankverwaltungssystem erscheint die verteilte Datenbank dem Datenbankbenutzer jederzeit wie ein einziges, lokal zentralisiertes Datenbanksystem *(Single System Image)*. Diese vereinheitlichte Sicht des Gesamtsystems ist dabei im Prinzip auch unabhängig von der Architektur der Knotenrechner, ihrer Betriebssystemarchitektur, der verwendeten Kommunikationsmechanismen sowie der Architektur der zugrunde liegenden lokalen Teildatenbanksysteme. Das macht die Anwendungsprogrammierung einfacher, weniger fehleranfällig sowie (vor allem) unabhängig von Rekonfigurationen der physischen Datenspeicherung im Netz.

Somit verwaltet ein ideales "verteiltes Datenbanksystem" potentiell die in einem Netz verteilt gehaltenen Datenbestände

- auf beliebig vielen verschiedenen Rechnern,
- mit verschiedenen lokalen Datenbanksystemen,
- mit unterschiedlichen Betriebssystemen, die zudem möglicherweise
- über unterschiedliche Kommunikationsprotokolle verbunden sind.

Für jedes Anwendungsprogramm wird dabei eine "logische" Sicht auf die Daten realisiert, als wären sie

- an einer einzigen Stelle,
- in einem homogenen Datenbanksystem und
- lokal auf dem Rechner des Anwendungsprogramms gespeichert.

Dabei sollen jedoch in der tatsächlichen ("physischen") Organisation der Daten prinzipiell immer tatsächlich auch Informationen

- an mehreren Stellen ("dupliziert") gespeichert sein können,
- Änderungen überall "gleichzeitig" und "korrekt" erfolgen (Konsistenz) und
- Fehlersituationen (z.B. Ausfälle von einzelnen Knoten, Kommunikationsverbindungen etc.) dem Anwendungsprogramm weitgehend verborgen bleiben.

Anhand der Darstellung der *Systemarchitektur* verteilter Datenbanken in Abbildung 2-3 wird zudem deutlich, daß bei dieser Systemvariante für die Datenverwaltung in Rechnernetzen *alle* einzelnen Systemkomponenten (d.h. Endbenutzerschnittstelle, Anwendungsprogramm, Datenbankverwaltungssystem und Kommunikationsunterstützung) in *symmetrischer* Weise auf jeweils *allen* Teilknoten verfügbar und so jeweils weitgehend direkt vor Ort nutzbar sind.

Der höhere Komfort, den verteilte Datenbanksysteme der Anwendungsprogrammierung durch die Realisierung des 'Single System Image' in verteilten Umgebungen bieten, ist jedoch nur unter Inkaufnahme einer gravierenden Einschränkung des Gesamtsystems zu realisieren. Um Anfragen bzw. Anfrageteile (optimiert) zur Auswertung jederzeit an immer die richtigen Teilknoten der verteilten Datenbank weiterleiten zu können, muß entsprechend zu jeder Zeit auch in allen Knoten des Gesamtsystems ein vollständiges Wissen über die aktuelle (evtl. zeitlich variierende) Verteilung aller verfügbaren Daten im Netz vorhanden sein. Zum einen ist dies nur mit der relativ aufwendigen Laufzeitsystemunterstützung verteilter Datenbanksysteme zu erreichen. Zum anderen ist dies in vielen Fällen des Einsatzes von Datenbanken in Rechnernetzen eine - allein aus organisatorischen Gründen - nicht realistische Annahme. Gefordert wird hier nämlich nicht nur die möglichst ständige und zuverlässige Verfügbarkeit aller Teilknoten im Netz, sondern auch eine so enge Zusammenarbeit der an der verteilten Datenbank beteiligten Knoten, daß deren Autonomie dazu ganz wesentlich eingeschränkt werden muß.

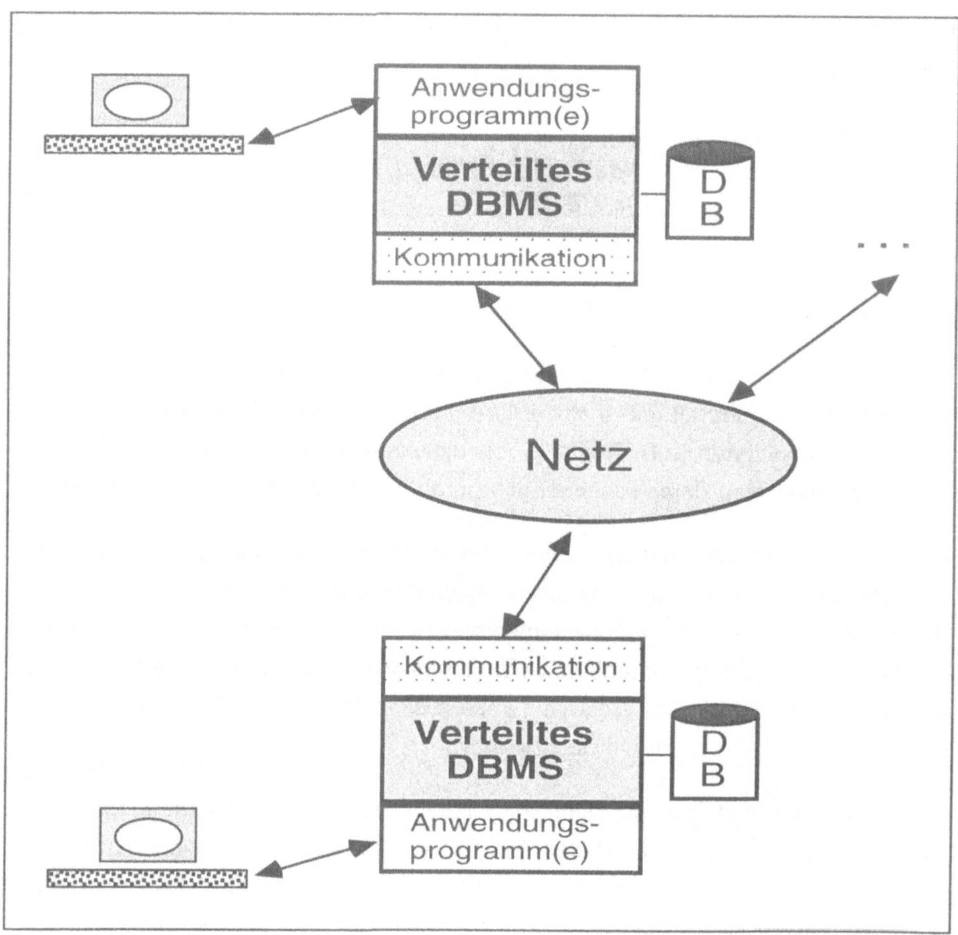

Abb. 2-3:   *Verteilte Datenbanken* im Netz

Für viele Fälle von verteilter Datenverwaltung innerhalb der meist engen und über-
schaubaren Grenzen einer *einzigen* Organisationseinheit mag eine so enge Kooperation der Teilknoten zwar eine realistische Annahme sein. Für andere Fälle ist
sie jedoch kaum denkbar (so z.B. bei der Zusammenarbeit von autonomen Daten-
verwaltungen *unterschiedlicher* Organisationen, Firmen etc. wie bei der gemeinsamen Buchung und Abrechnung einer Reise in Zusammenarbeit von Hotel-, Flug-
und Autovermietungsanbieter sowie der an der Buchung beteiligten Banken).
Ebenso sind auch für Fälle, in denen es sich bei den Teilknoten um - meist weniger
zuverlässige und typischerweise nicht immer verfügbare - PCs oder lokale Arbeitsstationen handelt, die Annahmen verteilter Datenbanken nur schwer in der Realität

zu verwirklichen. Vor allem aus diesen Gründen haben sich verteilte Datenbanken vermutlich (trotz ihres "Komfors" sowie ihrer umfangreichen technologischen Möglichkeiten) bisher nur innerhalb von meist homogenen und nur begrenzt verteilten Umgebungen einzelner Organisationen und Firmen und in relativ geringer Zahl am Markt durchsetzen können.

2.2.2.4 Client/Server-Architektur

Um über die Grenzen klassischer verteilter Datenbanken hinaus insbesondere offenen, weiträumig verteilten Anwendungen (Klienten) auch Zugriffe auf *autonome* Datenbankknoten (Server) in Rechnernetzen zu ermöglichen, ist in den vergangenen Jahren eine vierte Variante des Einsatzes von Datenbanken in Rechnernetzen immer wichtiger geworden: der Fernzugriff auf autonome Datenbankdienste in allgemeinen, heterogenen, oft weiträumig verteilten und offenen Rechnernetzen. In derartigen Umgebungen sollen typischerweise lokale Anwendungsprogramme im Prinzip weitgehend unabhängig von den von ihnen (evtl. nur potentiell, erst viel später, vielleicht unregelmäßig, öfter wechselnd etc.) zugegriffenen Datenbankdiensten im Netz bleiben. Dadurch können sie vollständig unabhängig voneinander (z.B. von verschiedenen Herstellern, zu unterschiedlichen Zeiten etc.) entwickelt, am Markt angeboten und verwaltet werden.

Deshalb beschränkt sich der Client/Server-Ansatz des *Remote Database Access* (RDA) auf eine - allerdings für diese Klasse von (Datenbank-) Anwendungen spezifische - *Kommunikationsunterstützung* für den Zugriff von datenintensiven Anwendungsprogrammen auf Datenbank-Server in offenen Rechnernetzen. Dabei berücksichtigt RDA neben der genannten Autonomie der Einzelknoten auch die Erfordernisse von flexiblen Kooperationsformen zwischen Datenbank-Klienten (d.h. Datenbankanwendungen) auf der einen und Datenbank-Servern (d.h. Datenbankverwaltungssystemen) auf der anderen Seite in offenen verteilten Umgebungen (siehe Abbildung 2-4).

Ein internationaler Standardisierungsvorschlag für RDA ist im Zusammenhang mit der Standardisierung von anwendungsspezifischen Kommunikationsdiensten und -protokollen im Rahmen der Anwendungsebene des Referenzmodells für 'Open Systems Interconnection' (OSI) der "Internationalen Standardisierungsorganisation" (ISO) unter der Bezeichnung "Fernzugriff auf Datenbanken in Rechnernetzen" (engl. *Remote Database Access)* in einer ersten Version Ende 1993 als internationaler Standard Nr. IS 9579 [ISO-RDA] fertiggestellt und offiziell verabschiedet worden. Er stellt das Ergebnis mehrjähriger weltweiter Zusammenarbeit der großen Rechner- und (insbesondere Datenbank-) Software-Hersteller sowie verschiedener Datenbankanwender in unterschiedlichen nationalen und internationalen Standardisierungsgremien dar.

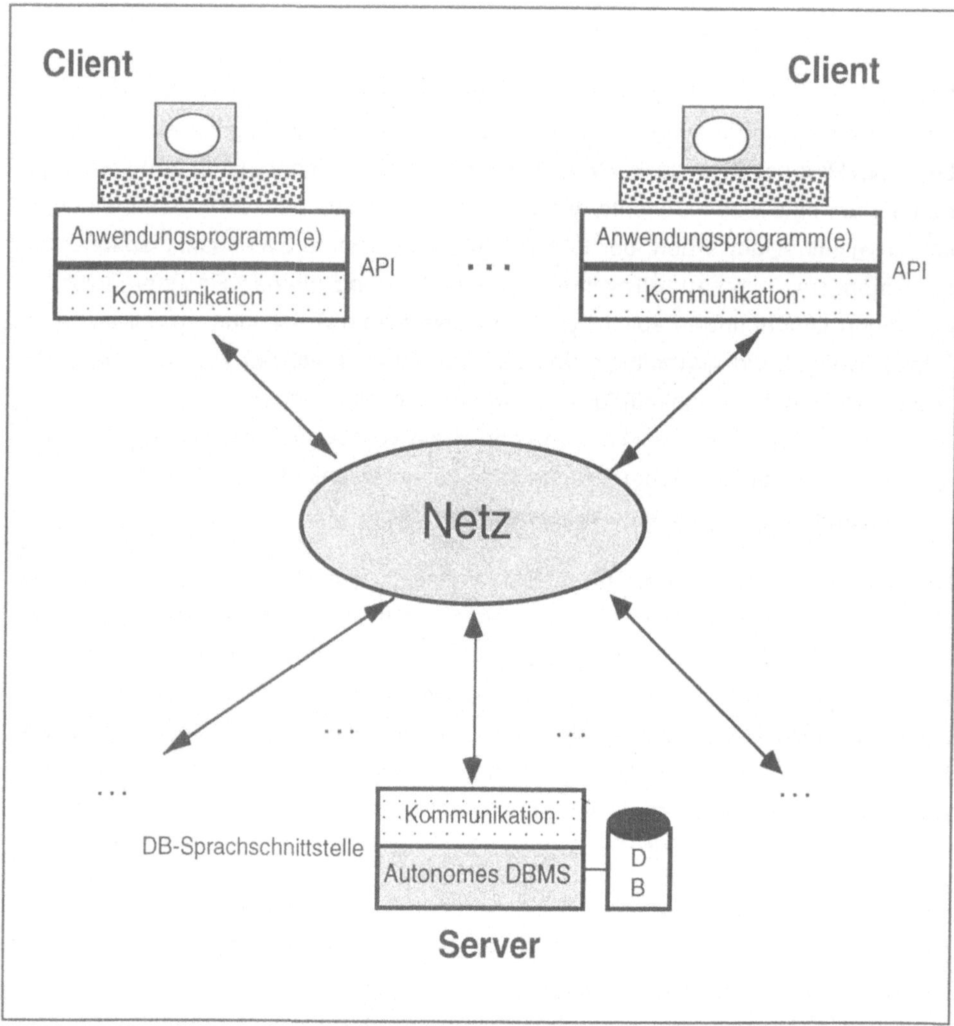

Abb. 2-4:   Fernzugriff auf autonome Datenbanken in Rechnernetzen: ISO/OSI-
Remote Database Access (RDA)

Im folgenden wird abschließend für dieses Kapitel eine erste Übersicht über wesentliche Ziele, Funktionen und Möglichkeiten des RDA gegeben, bevor - nach einer Zusammenfassung der dabei zugrunde gelegten Konzepte allgemeiner verteilter Systeme - im Hauptteil des Buches (Kapitel 6 und 7) dann näher und spezieller auf die Realisierung einer solchen - standardisierten - Kommunikationsunterstützung für den Fernzugriff auf autonome Datenbanken in offenen verteilten Systemen eingegangen wird.

2.3 Zugriff auf Datenbanken in Rechnernetzen

Im wesentlichen soll RDA *Kommunikationsdienste* und standardisierte *Kommunikationsprotokolle* spezifizieren, mit denen RDA-Klienten flexibel (d.h. auch nur "von Fall zu Fall") auf beliebige entfernte Datenbanken in offenen und heterogenen Rechnernetzen zugreifen können. RDA muß dazu (mindestens) die folgenden Funktionen unterstützen, die jeweils auf der Seite der Datenbank-Klienten für den Zugriff auf entfernte Datenbestände in offenen verteilten Umgebungen notwendig sind:

- Auf-, Abbau und Kontrolle von logischen *Verbindungen* mit entfernten autonomen Datenbanken,

- das Versenden von *Datenbankanfragen oder -änderungsoperationen* an eine entfernte Datenbank, inkl. Entgegennahme der Ergebnisse bzw. Status- oder Fehlermeldungen von dort,

- zusätzlich (zur Optimierung) Möglichkeiten zum *Vorbereiten* (zum späteren Aufruf), Initiieren und Löschen von vordefinierten Anweisungen auf der entfernten Datenbank,

- Transport und Kontrolle der zur Verwaltung von (zunächst einfachen) verteilten *Transaktionen* auf entfernten Datenbankrechnern notwendigen Befehle (wie z.B. 'transaction begin', 'commit', 'backup') sowie

- eventuell noch Möglichkeiten für *Statusabfragen* für den Ausführungszustand einzelner Anweisungen, d.h. z.B. Anfragen danach, ob die Bearbeitung einer entfernten (Datenbank-) Operation "noch aktiv", "schon fertig" ist etc.

Als *(Datenbank-) Sprachschnittstelle* muß dabei auf jeder entfernten Datenbank lediglich eine standardkonforme Datenbanksprache (wie zum Beispiel SQL [ISO-SQL]) neben der Realisierung der entsprechenden RDA- und sonstigen elementaren ISO/OSI-Kommunikationsdienste vorausgesetzt werden.

Eine *Erweiterungsstufe* des RDA bezieht überdies die Kommunikationsdienste für eine verteilte Transaktionsverwaltung in offenen Umgebungen (z.B. auf der Basis eines "2-Phasen-Commit", siehe Kapitel 5) mit ein. Sie wurde ebenfalls auf der Basis des entsprechenden ISO/OSI-Standards für 'Distributed Transaction Processing' (TP) [ISO-TP] standardisiert (siehe dazu Kapitel 7).

Um neben der *Interoperabilität* von Knoten und Anwendungen auch eine *Portabilität* von Software in offenen verteilten Systemen zu gewährleisten, können über Funktionalität und Protokoll einer reinen RDA-*Kommunikations*unterstützung hinaus zusätzlich auch die *Schnittstellen* der zugehörigen Dienste vereinheitlicht und standardisiert werden. Dies ist *nicht* Ziel der hier (vor allem in den Kapiteln 6 und 7) beschriebenen Bemühungen um eine Standardisierung von RDA-Kommunikationsmechanismen im Rahmen der ISO/OSI, geschieht aber auch, initiiert durch das US-Herstellerkonsortium 'SQL Access Group' sowie von X/Open (siehe dazu Kapitel 8).

Eine Implementierung der entsprechenden ISO/OSI-Kommunikationsdienste vorausgesetzt, ermöglicht eine RDA-Kommunikationsunterstützung für offene verteilte Systeme damit

* dem *Datenbankverwaltungssystem* (Server) in einer offenen verteilten Umgebung eine flexible und vollständig autonome (Weiter-) Entwicklung, Nutzung und Öffnung der Datenbank - unabhängig von allen und für alle Klienten, die es im Laufe seines Einsatzes vielleicht einmal nutzen könnten, sowie

* dem *Datenbankanwender* (Client) eine vollständig von den Eigenheiten eines konkreten Datenbankverwaltungssystems (d.h. z.B. seinem Ort, seiner speziellen Sprachschnittstelle, dem zugrunde liegenden Betriebssystem und Datenmodell, dem Hersteller etc.) unabhängige Anwendungsentwicklung sowie - später - ganz flexible Zugriffsmöglichkeiten auf beliebige Datenbankdienste in weiträumig verteilten, heterogenen offenen Rechnernetzumgebungen.

Auf der Basis derartiger standardisierten RDA-Kommunikationsdienste, -protokolle und (eventuell auch -schnittstellen) werden damit verteilt ausführbare Anwendungsprogramme prinzipiell unabhängig von der - eventuell zeitlich variierenden - Auswahl der aktuell zugegriffenen konkreten Datenbanksysteme. Aufwendige Programmänderungen, etwa beim Zugriff auf neu hinzugekommene, andere oder zusätzliche Datenbanken im Netz (in offenen Netzen eher häufig vorkommende Änderungen), können so - ebenso wie die damit zusammenhängenden Kosten - weitestgehend vermieden werden.

3 Kommunikation und Kooperation in verteilten Systemen

Die Integration von Datenbanken und Informationssystemen als Diensterbringer in moderne offene und verteilte Rechnernetzumgebungen kann in weiten Teilen als ein Spezialfall der Integration von *allgemeinen Diensten* in derartige Netze angesehen werden. Daher lassen sich viele der für allgemeine "verteilte Systeme" entwickelten Techniken und Lösungsansätze auch auf den Bereich der Integration von Datenverwaltungskomponenten in offene Rechnernetze übertragen. (Für eine Übersicht und Einzelheiten zu allgemeinen Fragen verteilter Systeme siehe z.B. [CoDo89], [Mull93], [MüSc93], [HeHo89], [Golz93] etc.)

Zunächst wird in diesem und im folgenden Kapitel jedoch ein kurzer Überblick über einige für die nachfolgenden Teile des Buches wesentliche Eigenheiten und Grundlagen allgemeiner verteilter Systeme gegeben. Die in diesem Kapitel behandelten Techniken verteilter Systeme sind für die später noch eingehender behandelte Realisierung des Fernzugriffs auf autonome Datenbanken in offenen heterogenen Rechnernetzen von Bedeutung. Viele der vorgestellten Lösungsansätze werden speziell für die Unterstützung des Zugriffs auf Datenbankdienste in offenen verteilten Netzumgebungen eingesetzt und genutzt.

3.1 Charakteristika verteilter Systeme

Allgemeine *verteilte Systeme* bilden auf der Basis neuartiger, leistungskräftiger und immer weiter verbreiteter Rechnernetze zunehmend auch eine grundlegende Rechnerarchitektur für die effiziente und kooperative Realisierung verteilt ausführbarer (auch datenintensiver) Anwendungsprogramme. Charakteristisch für derartige moderne verteilte Rechnerarchitekturen sind:

- das Vorhandensein von vielen unabhängigen *Prozessoren, Speichereinheiten, Subsystemen* etc. in meist *heterogener* Art und Weise,

- vielfältige - eventuell erst durch Integration von unterschiedlichen Teilnetzen entstehende - *Kommunikationsmöglichkeiten,*

- der Ausschluß von sogenannten *singulären,* d.h. potentiell alle anderen Komponenten gemeinsam behindernden *Fehlerquellen* sowie - daraus resultierend -

- ein *unabhängiges Fehlerverhalten,* d.h. die Fähigkeit von Teilkomponenten des (verteilten) Gesamtsystem auch bei Ausfall von anderen Teilkomponenten - wenigsten teilweise - weiterarbeiten zu können und schließlich

- die Existenz eines (zumindest minimalen) *gemeinsamen Systemzustandes,* der überhaupt den einzelnen Komponenten im Netz ein (wenigstens partielles, direkt oder indirekt zugängliches) Wissen um Vorhandensein und (zumindest einige) Eigenschaften von anderen, potentiell kooperationsfähigen Komponenten im Netz ermöglicht.

Auf der Basis dieser Eigenschaften verteilter Rechnerstrukturen in heterogenen und offenen Rechnernetzen (insbesondere aufgrund der dabei vorhandenen *Redundanz* von Teilkomponenten wie Prozessoren, Speichereinheiten etc.) lassen sich in verteilten Systemumgebungen u.a. die folgenden *Vorteile* gegenüber zentralisierten Rechnerarchitekturen realisieren:

- zunächst einmal *erweiterte Fähigkeiten* des verteilten Systems insgesamt, d.h. mehr Leistungsfähigkeit (Kapazität, Parallelität etc.), ein potentiell größerer Funktionsumfang etc. gegenüber zentralistischen Ansätzen.

- Weitere, eher "klassische" Vorteile allgemeiner Systeme mit Redundanz und damit auch redundanter verteilter Systeme sind ein potentieller Gewinn an *Zuverlässigkeit* und *Verfügbarkeit* (aufgrund der Redundanz an Prozessoren, Daten etc.) des Gesamtsystems. Diese sind jedoch in der Praxis meist nur um den Preis höheren Aufwandes bei der Systemverwaltung realisierbar.

- Vielleicht der wichtigste Vorteil verteilter Systemumgebungen ist ihre Fähigkeit, *organisatorische Gliederungen* (wie z.B. die Aufteilung von Organisationseinheiten in - eventuell hierarchisch aufgebaute - Abteilungen, Bereiche, kooperierende Funktionen, Filialen etc.) direkt in entsprechenden Rechnerarchitekturen widerzuspiegeln.

- Damit einhergehen größere Möglichkeiten zur Aufteilung *(Modularisierung)* des Gesamtsystems in einzelne, weitgehend voneinander unabhängige, organisatorisch getrennte aber miteinander kooperierende Teile.

- Leichte *Erweiterbarkeit (Scalability)* des Gesamtsystems ist ein weiterer Vorteil verteilter Systemumgebungen. Insbesondere für die Praxis kann dies - etwa bei einem nur stufenweise vorgenommenen Aufbau eines größeren Systems aus einzelnen Teilsystemen (z.B. bei schrittweisem Wachstum der Firma, Zusammenlegen von Teilen etc.) - von großer Bedeutung sein.

- *Kostenvorteile* von verteilten (insbesondere Hardware-) Lösungen (z.B. Workstation-Clustern) gegenüber zentralisierten Rechnerarchitekturen (Hosts) werden oft behauptet, weil eine vorgegebene Rechnerleistung - zumindest was die Hardware angeht - sich oft billiger als Summe von einzelnen kleineren Rechnern (z.B. Workstations) als in einem einzigen Rechnern (z.B. Host) einkaufen läßt. Derartige Kostenvorteile auf der Hardware-Seite lassen sich in der Praxis aber oft nur unter Vernachlässigung der erhöhen Komplexität des Verwaltungsaufwandes des (verteilten) Gesamtsystems, d.h. insbesondere erhöhter Software-Kosten tatsächlich realisieren.

- Vorteile im Bereich der *Sicherheit* verteilter Systeme werden vor allem dort angenommen, wo (z.B. Daten-) Objekte nicht zentral - und damit generell für viele zugänglich-, sondern in verteilten Systemen lokal "vor Ort" gehalten werden. Auf diese Weise kann ein höheres Maß an lokaler Autonomie realisiert werden als dies bei zentralisierten Ansätzen möglich ist. Andererseits müssen aber gerade in verteilten Systemen auch vielfältige Zugangsmöglichkeiten zu nichtlokalen Objekten bestehen, die wiederum prinzipiell ein erhöhtes *Sicherheitsrisiko* darstellen. Sowohl in zentralen als auch in verteilten Rechnerarchitekturen) können und sollen solche Sicherheitsrisiken durch geeignete Sicherungsmaßnahmen weitgehend minimiert werden. Die dazu durchzuführenden Maßnahmen sind zu unterteilen in die zum korrekten Glaubhaftmachen der Identität eines Benutzers *(Authentisierung)* einerseits und die zur Vergabe und Überwachung von möglichst differenzierten und individuellen Rechten der jeweiligen Dienstnutzer *(Autorisierung)* andererseits.

Neuartige *Probleme* verteilter Systeme entstehen durch die Notwendigkeit der Integration von zunächst voneinander unabhängigen Teilkomponenten zu einem - zumindest "von Fall zu Fall" - zusammenarbeitenden Gesamtsystem:

- Erste Voraussetzung für die Realisierung verteilter Systeme ist eine angemessene *Kommunikationsunterstützung*. Diese soll sowohl "problemadäquat" (z.B. bei i.d.R. großer Heterogenität der Teilkomponenten) als auch weitgehend "komfortabel" (d.h. so weit wie möglich auf die Anwendungserfordernisse abgestimmt) die Zusammenarbeit *(Interconnectivity)* von unterschiedlichen Komponenten in offenen Systemen erst erlauben.

- Wichtige Eigenart verteilter Systeme gegenüber zentralisierten Ansätzen ist die Möglichkeit des Auftretens eines nur *partiellen Fehlerverhaltens* des Gesamtsystems, bei dem zwar einzelne Teilkomponenten fehlerhaft, andere aber durchaus noch korrekt arbeiten. Ziel der Behandlung derartiger Probleme verteilter Systemumgebungen ist es, unter Ausnutzung von eventuell vorhandener Redundanz im System, die Auswirkungen derartiger Fehler auf einzelnen Systemteile zu beschränken und die übrigen Systemkomponenten weitgehend ungestört weiterarbeiten zu lassen.

- Problematisch sind vor allem *Interferenzen* und *Abhängigkeiten* von Teilkomponenten voneinander. Dazu kann beispielsweise schon eine gemeinsame Stromversorgung zählen oder auch eine gemeinsame Ressourcen-Verwaltung für eine Reihe von unterschiedlichen Komponenten etc.

- Auch in voneinander zunächst unabhängigen Teilen eines verteilten Systems kann es zum *Propagieren von Effekten* (insbesondere Fehlern) von einzelnen Komponenten im Netz auf andere, zunächst davon nicht betroffene kommen.

- Weitere Probleme können in verteilten Systemen durch *Engpässe* im Systementwurf, z.B. in Folge von hohen Komponentenzahlen und durch parallelen Zugriff vieler Teilkomponenten auf derartige Engpaßfunktionen (z.B. ein gemeinsames 'Directory' [Schi92], [Pawl92], [ISO-Dir]) entstehen.

Ziel einer effizienten Realisierung verteilter Systeme muß es also sein, möglichst viele der genannten Vorteile verteilter Systemumgebungen bei Minimierung der damit verbundenen Nachteile zum Nutzen der verteilten Anwendungsprogrammierung zu realisieren. Frühe Beispiele dafür gaben erste experimentelle Implementierungen verteilter Systeme wie z.B. 'Grapevine' [BLNS82].

3.2　Ziele verteilter Programmierung

Viele der möglichen Ziele verteilter Programmierung lassen sich bereits aus den im vorangegangenen Abschnitt zusammengestellten potentiellen *Vorteilen* derartiger Systeme ableiten: So sollen z.B. bessere Funktionalität des Gesamtsystems, erhöhte Performanz, größere Zuverlässigkeit des Gesamtsystems etc. weitgehend auch in der konkreten verteilten Anwendung realisiert werden.

Ein wichtiges Ziel *offener* verteilter Systemumgebungen ist dabei auch die lokale Nutzung von geeigneten, irgendwo im Netz verfügbaren Diensten und Funktionen. Dadurch können Aufwand und Komplexität (sowie als Folge davon auch die *Fehleranfälligkeit*) von neu zu erstellenden verteilten Programmen verringert und so die *Effizienz* verteilter Anwendungsprogrammierung gegenüber lokal isolierten (zentralisierten) Lösungen gesteigert werden.

Weitere Teilziele verteilter Programmierung sind u.a.:

- Steigerung der *Zuverlässigkeit* und *Verfügbarkeit* von Diensten im Netz. Beispiele hierfür sind sowohl redundant (durch logisches "oder physisches Duplizieren von Komponenten) im Netz realisierte zuverlässige bzw. fehlertolerante Hardware- als auch Software-Komponenten - wie etwa stabile Speicherkomponenten. Vorausgesetzt wird dabei in allen Fällen des - letztlich nie vollständig zu vermeidenden - Eintretens von Fehlern, daß diese "sofort" (d.h. ohne weitere Zwischenzustände) auftreten und auch als solche erkannt werden *(fail stop/fast)*.

- Oft wichtigstes Ziel verteilter Programmierung ist die *gemeinsame Nutzung* von - insbesondere teuren - lokal nicht verfügbaren *Ressourcen*: Ein diese Ressourcen (oder Dienste) nutzendes Anwendungsprogramm (Klient) wird von den durch die Diensterbringer (Server) - meist effizient und mit hoher Dienstgüte - bereitgestellten Funktionen entlastet. Darüber ist es Ziel verteilter Programmierung, die mit der Verteilung einhergehende Komplexität vor dem

Anwendungsprogrammierer möglichst zu verbergen und so einen *verteilungs-transparenten Zugriff* auf entfernte Dienste zu realisieren. Technisch wird ein derartiger Zugriff meist als "entfernter Prozeduraufruf" *(Remote Procedure Call,* RPC) implementiert. Da RPC-basierte Kommunikationstechniken gerade für die Nutzung von entfernten *Datenbank*diensten in offenen verteilten Umgebungen von besonderer Bedeutung sind, wird darauf im weiteren Verlauf dieses Kapitels noch näher eingegangen.

- Ein anderes Ziel verteilter Programmierung kann in der *zeitlichen Beschränkung von Antwortzeiten* bestehen: Sowohl garantierte Maximalwerte als auch nach oben beschränkte Durchschnittswerte können als Zielkriterium verwendet werden.

- In vielen Fällen - meist eher *lose* miteinander gekoppelter Knoten im Netz - kann es auch Ziel verteilter Programmierung sein, ein möglichst hohes Maß an *lokaler Autonomie* einzelner Knoten sicherzustellen und dauerhaft zu gewährleisten. Zu unterscheiden ist dabei, ob eher der Schutz der lokalen Autonomie der *Daten* oder der lokalen *Funktionen* im Vordergrund steht. In jedem Fall müssen beide in verteilten Umgebungen auf *einem* Knoten zusammengebracht werden, um eine gemeinsame Auswertung der vorgegebenen Funktionen auf den vorgegebenen Daten zu ermöglichen. Je nachdem, ob eher eine autonome *Verarbeitung* oder eher eine Autonomie der *Daten* präferiert wird, stellt ein Knoten entweder seine lokalen Daten (im Sinne eines 'Data Shippings') oder seine lokalen Funktionen (im Sinne eines 'Function Shippings') anderen im Netz zur Verfügung. (Bei den später näher behandelten *Datenbanken in Rechnernetzen* steht typischerweise eher ein Verschicken von Anfragen und Antwortdatenströmen im Vordergrund des Interesses.)

- Auch *Sicherheitsaspekte* können als Ziele der Realisierung verteilter Systemumgebungen eine Rolle spielen: Grundannahme dabei ist, daß Daten (oder auch Algorithmen, Funktionen etc.) auf lokal verfügbaren - und damit auch lokal sicherbaren Knoten - im Netz mit einem höheren Maß an Sicherheit gehalten und verwaltet werden können als in zentral und von *anderen* Funktionseinheiten verwalteten Systemen. Dies kann jedoch zum einen nur in verteilen Systemen mit einer relativ hohen lokalen *Knotenautonomie* tatsächlich erreicht werden, zum anderen müssen gerade in verteilten Systemumgebungen besondere Vorkehrungen getroffen werden, um die potentiell mögliche hö-

here Datensicherheit durch spezielle Mechanismen (wie besondere Zugangskontrolle, Rechteverwaltung, Datenverschlüsselung oder auch 'Function' statt
'Data Shipping') auch in vernetzten Umgebungen zu gewährleisten (siehe dazu z.B. [Oppl93]).

- Andere Ziele verteilter Programmierumgebungen sind beispielsweise höhere
  Effizienz, Verfügbarkeit oder *Performanz* des Gesamtsystems (meist auf der
  Grundlage von Komponentenreplikation) gegenüber der einzelner Teilkomponenten, Möglichkeiten zum *Lastausgleich* unter redundanten Funktionseinheiten (z.B. bei unterschiedlich über die Zeit anfallenden Systemanforderungen),
  einfachere Unterstützung modularen *Systemwachstums* etc.

Voraussetzung für die Realisierung dieser Ziele und potentiellen Vorteile verteilter
Programmierung ist jedoch immer, daß Anwendungen so in möglichst parallel auf
unterschiedlichen Knoten und Funktionseinheiten ausführbare Teile und Teilab-
läufe *(Threads of Control)* zerlegt werden können, daß eine Nutzung der potentiellen Vorteile verteilter Systemarchitekturen auch tatsächlich realisierbar ist. Dabei
müssen Anwendungen bezüglich ihrer Daten und/ oder Prozesse zunächst parallel
"dekomponiert" werden, um dann - je nach Charakteristik der Anwendungen - eher
Daten (als 'Data Shipping' - wenn die Daten weniger oft geändert werden) oder
Funktionen (als 'Function Shipping' - wenn die Daten häufiger geändert werden)
im Netz zur Bearbeitung an anderer Stelle zu versenden.

Grundsätzlich besteht dabei immer ein *Zielkonflikt (Trade-off)* zwischen den mit der
parallelen Ausführung dekomponierter Anwendungen verbundenen Vorteilen auf
der einen und dem Ziel, die hierbei anfallenden zusätzlichen Kommunikationsko-
sten zu minimieren auf der anderen Seite (vergleichbar z.B. dem Zielkonflikt zwischen Rechenzeit- und Speicherplatzanforderungen in traditionellen zentralisierten
Systemumgebungen).

Techniken der effizienten *Realisierung* verteilter Anwendungsprogramme beruhen
oft auf dem Anlegen und Halten von lokalen, mehr *(Caching)* oder weniger *(Sta-
shing)* korrekten *Kopien* von häufig genutzten Datenobjekten, um den meist teuren
Zugriff auf entfernte Ressourcen im Netz nach Möglichkeit zu vermeiden. Damit ergeben sich aber auch alle bereits aus dem Datenbankbereich bekannten Probleme
der *Konsistenz* redundant gehaltener Datenbestände. Generell besteht auch hier
ein Zielkonflikt zwischen den Anforderungen der Datenverfügbarkeit auf der einen
und der Datenkonsistenz auf der anderen Seite.

Zu beachten ist ebenfalls, daß derartige Optimierungskriterien immer auch abhängig von den gerade verfügbaren (z.B. *Netz-) Technologien* sind und damit - etwa zu Zeiten moderner, sehr leistungsfähiger und gleichzeitig zuverlässiger (Hochgeschwindigkeits-) Netze immer wieder eine ganz andere (hier: z.Zt. eher abnehmende) Bedeutung bekommen können. Bisher dominierendes Ziel bei der Realisierung verteilter Anwendungen ist noch immer ein möglichst hohes Maß an *Lokalität* der Verarbeitung, d.h. eine Maximierung der Wahrscheinlichkeit, daß bei vorgegebenem Anwendungsprofil eine Operation nur unter Verwendung lokal verfügbarer Funktionen ausgeführt werden kann. Oft ist es aber schwierig, ein derartiges Anwendungsprofil vorab zu analysieren und bereits vor der eigentlichen Systemrealisierung zu spezifizieren.

Weitere Fragen einer effizienten Implementierung verteilter Anwendungssysteme ergeben sich bei der Realisierung des Zugriffs auf entfernte Ressourcen, vor allem in offenen und heterogenen Netzen: Wie kann z.B. das für derartige Zugriffe erforderliche Wissen (z.B. durch Vereinheitlichung, d.h. *Standardisierung,* der Dienstschnittstellen und -protokolle) so gering wie möglich gehalten werden, um so eine relativ große Unabhängigkeit der verschiedenen Client- bzw. Server-Komponenten im offenen Netz voneinander zu erreichen?

Schließlich sind auch bei der Implementierung verteilter Systeme Probleme der *Sicherheit* der Datenspeicherung und -übertragung zu beachten und durch geeignete Mechanismen (wie z.B. Zugangskontrolle, Kodierung, sichere Hard- und Software etc.) zu lösen. Prinzipiell kann man einen Zugangsschutz zu Diensten in Netzen sowohl durch explizite Vergabe und Verwaltung von an die jeweiligen (dann "berechtigten") Dienst*nutzer* gebundenen *Nutzer*rechten oder aber auch durch mit jeder einzelnen Dienst*nutzung* vorzuweisenden *Nutzungs*rechten erreichen. Ein gerade in offenen verteilten Systemen zur Realisierung der letztgenannten Alternative häufig verwendetes Konzept ist das der *Capabilities*, d.h. spezieller Benutzerobjekte ("Datenschlüssel"), die jeweils die Berechtigung für bestimmte Zugriffsarten auf einzelne Objekte im Netz repräsentieren.

3.3 Kommunikation in verteilten Systemen

Die folgenden Abschnitte geben zunächst einen kurzen Überblick über einige Grundlagen der zur Realisierung offener verteilter Systeme notwendigen *Kommunikations-* und *Kooperationstechnologien.* Dabei wird unter *Kooperation* (und dementsprechend unter der dazu notwendigen *Kooperationstechnologie)* die anwendungsbezogene Organisation der Zusammenarbeit von unterschiedlichen Anwendungskomponenten verteilter Systeme verstanden. Dagegen wird das einfache Versenden und Empfangen von - eventuell im Rahmen der Kooperation notwendig werdenden - Nachrichten, Aufträgen, Antworten, Fehlermeldungen etc. als *Kommunikation* (und dementsprechend die dazu notwendige Technologie als *Kommunikationstechnologie)* bezeichnet.

Damit ergeben sich die unterschiedlichen *Kooperationsformen* insbesondere als Formen der Zusammenarbeit von unterschiedlichen anwendungsbezogenen Komponenten verteilter Systeme, z.B. bei der Kooperation zwischen Benutzer- und Anwendungsebene oder zwischen Anwendung (Client) und entfernt genutztem Dienst (Server), zwischen verteilt zusammenarbeitenden Organisationseinheiten, Menschen etc. Beispiele für dabei ausgetauschte "Objekte" können etwa Anfragen, Antworten, Aufträge, Mitteilungen, Dokumente etc. sein.

Unterschiedliche *Kommunikationsformen* werden in verteilten Systemen beim Datenaustausch z.B. zwischen Netzknoten, Rechnern, Prozessen oder Anwendungen verwendet und durch die entsprechenden Netztechnologien realisiert und den Anwendungen zur Verfügung gestellt. Wesentliche Alternativen für die zugrunde gelegten Kommunikationsmodelle ergeben sich je nachdem, ob man die Kommunikation eher als ein "Versenden von Nachrichten" oder einen "entfernten Prozeduraufruf" auf der einen oder eher als "Nutzung logischer, gemeinsam zugänglicher Speicherbereiche" auf der anderen Seite ansieht und realisiert.

3.3.1 Elementare Kommunikationstechniken

Die Realisierung der Kommunikationstechniken verteilter Systeme (zur Übersicht siehe z.B. [Tane89]) läßt sich anhand der beiden alternativen Kommunikationsmodelle unterscheiden: Das eine sieht Kommunikation als *Versenden von Nachrichten* im Netz, das andere als *Nutzung gemeinsamer Speicherbereiche* in verteilten

Netzumgebungen. Da allerdings (wie zu Anfang dieses Kapitels erläutert) in verteilten Systemen generell kein (zumindest *physikalisch)* gemeinsam nutzbarer Speicher zur Verfügung steht, wird in derartigen Systemen die elementare Kommunikation letztlich immer auf der Basis eines *Nachrichtenaustausches* erfolgen müssen.

Allerdings können die elementaren Kommunikationstechniken, die die Kommunikation ausschließlich als Austausch von Nachrichten realisieren, dann auf "höheren" (d.h. anwendungsnäheren) Ebenen einer Abstraktionshierarchie der Kommunikationstechnologie - in Abhängigkeit von den speziellen Anwendungserfordernissen - in anderer Form (z.B. als entfernter Prozeduraufruf oder auch als *logisch* gemeinsam genutzter Speicherbereich) für die Anwendung verfügbar gemacht werden. Dabei gilt zwischen allen benachbarten Abtraktionsbenen einer Kommunikationstechnologie (von ganz allgemeinen elementaren Kommunikationsmedien bis hin zur anwendungsspezifischen Kommunikationsunterstützung): Konzepte der jeweils abstrakteren Ebene werden letztlich immer durch konkrete Techniken der jeweils darunterliegenden Ebene(n) realisiert. An der *Mächtigkeit* der auf den unterschiedlichen Ebenen verwendeten Konzepte ändert sich aber jeweils nichts.

Elementare Kommunikationstechniken, die für die Realisierung verteilter Systeme verwendet werden, lassen sich einerseits nach dem Grad ihrer lokalen Ausdehnung unterscheiden in die der

- "lokalen" Rechnernetze (engl. *Local Area Networks,* LANs) - mit typischen Datenraten im Bereich von bis zu einigen "MegaBit pro Sekunde" und typischen Ausdehnungen meist nur innerhalb von einzelnen Gebäuden, die der

- "Weitverkehrs-" Netze (engl. *Wide Area Networks,* WANs) mit noch darunter liegenden Datenraten (oft noch nur im Bereich von "KiloBits pro Sekunde") sowie - im Prinzip - beliebig weiter Ausdehnung und in die der

- "Stadtbereichs-" Netze (engl. *Metropolitan Area Networks*, MANs) - mit typischen Datenraten im Bereich von vielen "MegaBit pro Sekunde" (z.B. 140 MBit/sec) und typischen Ausdehnungen von bis zu 100 km.

Andererseits lassen sich Kommunikationstechniken auch nach den darunterliegenden *Netztopologien* unterscheiden. Typische Netztopologien reichen von eher lokalen Bus- (z.B. Ethernet LAN) oder Sternnetzen (z.B. Token-Ring LAN) bis hin zu teilweise (oft) oder vollständig (eher selten) vermaschten Netzstrukturen. Hierar-

chisch aufgebaute Netzstrukturen sind z.B. aus dem Bereich der weltweiten nationalen und internationalen (WAN) Telefonnetze bekannt (einige Beispiele für verschiedenartige Netztopologien gibt Abbildung 3-1).

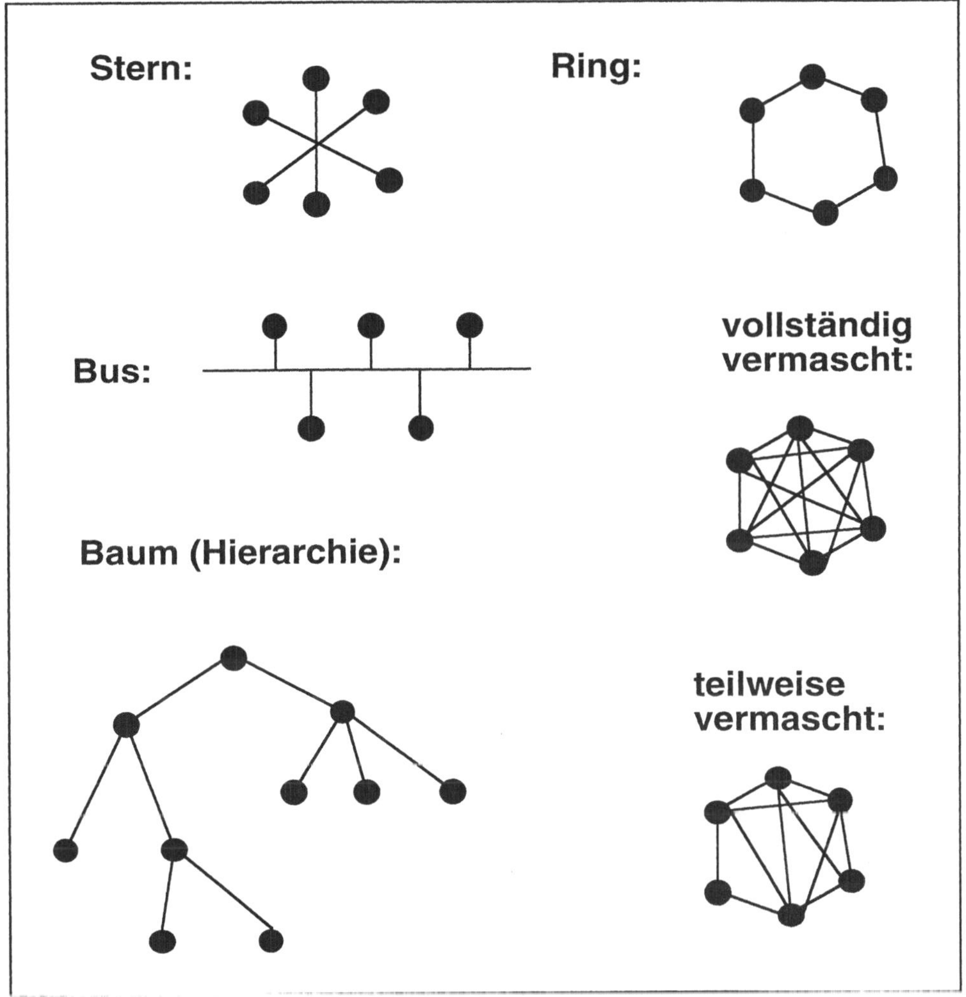

Abb. 3-1:　　Mögliche Netztopologien

Ein weiteres Unterscheidungskriterium für Kommunikationstechnologien bezieht
sich auf die *Art des Versendens* von Nachrichten - eventuell auch über Zwischenknoten - im Netz:

- bei der *Paketvermittlung* werden einzelne Pakete einer durch das Netz vorgegebenen maximalen Länge mit voneinander unabhängiger Wegewahl reihen-
  folgeerhaltend vom Sender zum Empfänger versandt.

- bei der *Nachrichtenvermittlung* dagegen werden anwendungsspezifische
  Nachrichten insgesamt vom Sender zum Empfänger versandt; eine Zerlegung
  in Pakete maximaler Länge bzw. das (Wieder-) Zusammensetzen derartiger
  Pakete zu Nachrichten geschieht auf den darunterliegenden Ebenen der
  Kommunikationshierarchie.

- bei der *Leitungsvermittlung* schließlich wird zunächst eine feste Verbindung
  vom Sender zum Empfänger durch das Netz festgelegt; dann werden viele
  einzelne Nachrichten über genau diese Verbindung besonders effizient übermittelt.

Dabei ist die Auswahl der bestmöglichen Übertragungstechnik jeweils abhängig
von der für die Anwendung charakteristischen Nachrichtengröße, Fehlersicherheit,
Übertragungszeit etc. Typisch für heutige Anwendungen ist eher die Übertragung
vieler kleiner und nur weniger großer Pakete. Erste Realisierungsansätze zur *gemeinsamen* Übertragung der verschiedenartigen Nachrichtenformen in einem einheitlichen Netz gibt es insbesondere im Bereich der Hochgeschwindigkeitsnetze
(wie z.B. B-ISDN) oder HS-Netztechnologien (wie z.B. auf der Basis eines 'Asynchronous Transfer Mode', ATM).

3.3.2 Kommunikationsunterstützung für verteilte Anwendun-
gen

In der Regel basiert die Realisierung der Kommunikation auf Implementierungen
(meist auf Grund von entsprechenden Standards) der Kommunikationstechniken in
mehreren *Abstraktionsebenen*. Von diesen realisieren

- jeweils unterschiedliche Komponenten *einer* Abstraktionsebene - in der Regel
  auf verschiedenen Knoten im Netz - die sogenannte *"Intra-Ebenen"*- (d.h.
  auch Prozeß-) *Kommunikation*, deren Realisierung einen relativ "zuverlässi-
  gen" Nachrichtenaustausch auf der Basis von 'Peer-to-peer'-Protokollen implementiert; während

- die Komponenten jeweils *unterschiedlicher* Abstraktionsebenen - in der Regel auf einem Knoten im Netz - die sogenannte *"Inter-Ebenen"-Kommunikation* realisieren, die sich prozedural in jeweils "aktive" (d.h. aufrufende) und "passive" (d.h. gerufene) Komponenten unterscheiden läßt (siehe Abbildung 3-2 nach [CoDo89]).

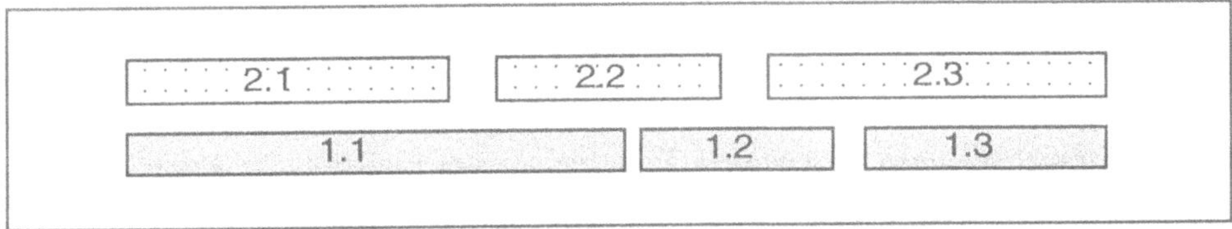

Abb. 3-2:　　Realisierung der Kommunikation in mehreren Ebenen

Abbildung 3-3 stellt am Beispiel des Zusammenwirkens von drei Knoten eines offenen Rechnernetzes nach dem ISO/OSI-Referenzmodell die Zusammenarbeit verschiedener - vertikal und horizontal gegliederter - Kommunikationsschichten dar (näheres vgl. z.B. [ISO-BRM], [Rose90], [JaAg90]) - ähnlich wie auch z.B. in IBM SNA-Netzen, vgl. [IBM-SNA].

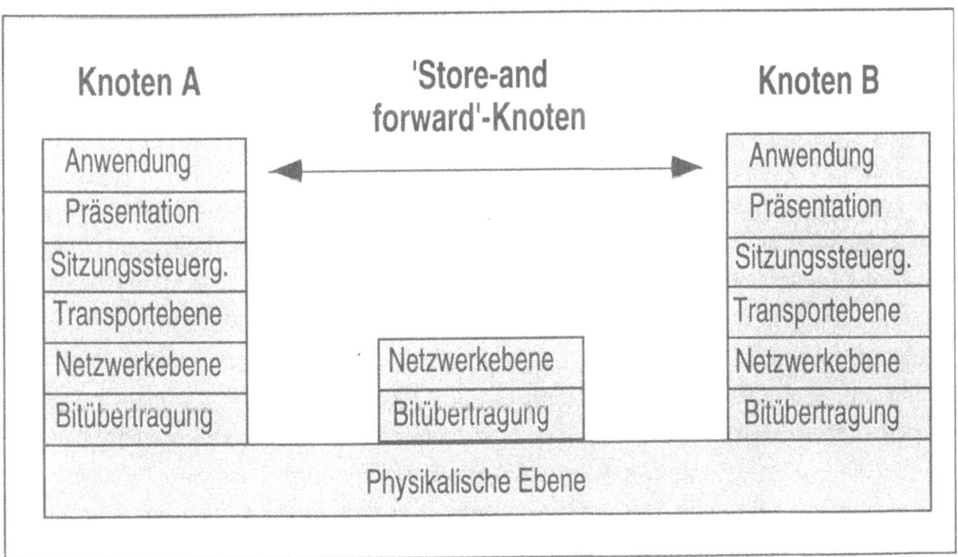

Abb. 3-3:　　Beispiel für Kommunikationsprotokolle: ISO/OSI-Referenzmodell

Abbildung 3-3 zeigt, wie nach der Spezifikation des ISO/OSI-Referenzmodells zunächst die "unteren" Schichten (1-3) der siebenstufigen Kommunikationshierarchie eine (relativ) "sichere" Übertragung von Datenobjekten fester Länge zwischen einzelnen Knoten im Netz definieren; dann die "Transportebene" (Ebene 4) die direkte Kommunikation von Datenobjekten beliebiger Länge zwischen Prozessen - auch über Zwischenknoten hinweg - ermöglicht; Ebene 5 ("Sitzungssteuerung") fügt Mechanismen zur Strukturierung insbesondere größerer Datenobjekte, Ebene 6 ("Präsentation") solche zur Umwandlung lokaler in netzweit eindeutig bekannte Datenrepräsentationen hinzu und schließlich werden in der "Anwendungsebene" 7 spezielle Mechanismen zur Unterstützung bestimmter Klassen von Anwendungen (wie z.B. 'Mail', Dateitransfer, Fernzugriff auf Datenbanken etc.) bereitgestellt. Dabei spezifiziert das ISO/OSI-Referenzmodell Dienste und ('Peer-to-peer'-) Protokolle zwischen Ebenen *gleichen* Abstraktionsniveaus auf *unterschiedlichen* Rechnerknoten (Inter-Ebenen-Kommunikation), während auf je *einem* Rechnerknoten jeweils Dienst und Protokoll einer Abstraktionsebene unter Verwendung von Diensten der jeweils *darunterliegenden* Ebene(n) (Intra-Ebenen-Kommunikation) definiert sind.

Entscheidend für das Funktionieren von derartig geschachtelten Kommunikationstechniken in *offenen* verteilten Umgebungen ist schließlich, daß für alle Ebenen die jeweilige Inter-Ebenen-Kommunikation auf der Basis allgemein akzeptierter (d.h. international *standardisierter)* Kommunikationsdienste und -protokolle - wie zum Beispiel im ISO/OSI-Referenzmodell [ISO-BRM] oder auch herstellerspezifisch z.B. im IBM SNA-Netz [IBM-SNA85] - erfolgt.

Am Beispiel der Ebenenstruktur des ISO/OSI-Referenzmodells ist erkennbar, daß die Spezifikation und Realisierung der Kommunikationstechnologie von "unten" (d.h. Ebene 1) nach "oben" (d.h. Ebene 7) hin immer sicherere, d.h. immer weniger fehleranfällige Kommunikationsverbindungen zwischen festen Kommunikationspartnern ('Peers') definiert. Daher soll in diesem Abschnitt noch kurz auf die - in leicht unterschiedlicher Form - immer wiederkehrende "oberste" Ebene einer derartigen ('Peer-to-peer') Kommunikationsbeziehung eingegangen werden: Die in dieser Ebene spezifizierten Kommunikationsverbindungen werden *"Sitzungen"* (engl. *Sessions* oder *Associations)* genannt und stehen direkt der darauf aufsetzenden Anwendung als abstrakte Kommunikationskanäle zur Verfügung.

Sessions definieren feste Beziehungen zwischen kommunizierenden Prozessen auf der Anwendungsebene mit zwischen den Kommunikationspartnern eindeutig vereinbarten Eigenschaften (wie z.B Namen, benötigten Ressourcen, speziellen Charakteristika etc.). Sie beinhalten meist auch Informationen über einen gemeinsam zwischen den beteiligten Kommunikationspartnern bekannten *Zustand* der Kommunikationsverbindung, der während der Dauer der Session aufrecht und konsistent gehalten wird. Darüber hinaus können in dieser Ebene auch noch Mechanismen zur (anwendungsbezogenen) *Authentisierung* und *Autorisierung* (s.o.) definiert werden.

Eine entscheidend wichtige Frage der Implementierung von Kommunikationstechniken für verteilte Systeme ist die nach der *synchronen* (oder "blockierenden") bzw. *asynchronen* (oder "nicht-blockierenden") Ausführung von Kommunikationsprotokollen. Bei synchronen Kommunikationsformen ist die Kommunikation zwischen Sender und Empfänger nach dem Absenden einer Nachricht vom Sender bis zum Empfang der entsprechenden Antwort vom Empfänger der Ausgangsnachricht *blockiert*. Bei asynchronen Kommunikationsformen dagegen werden Senden und Empfangen von Nachrichten explizit programmiert, und damit kann der Sender nach Abschicken einer Nachricht bis zum expliziten Empfang der zugehörigen Antwort lokal weiterarbeiten.

Da die in Abbildung 3-4 im Beispiel aufgezeigten Blockierungen bei synchroner Kommunikation oft nicht toleriert werden können, gibt es sowohl auf Anwendungs- als auch auf Systemebene die folgenden Alternativen zu ihrer Abhilfe:

- Möglichkeiten zur Parallelität bei der Kommunikation auf *Anwendungsebene* ergeben sich durch *asynchrone Kommunikation* und Verwaltung *(Scheduling)* paralleler Abläufe und Kommunikationsereignisse durch die Anwendung selbst.

- Möglichkeiten zur Parallelität auf *Systemebene* ergeben sich aber auch bei synchroner Kommunikation auf Anwendungsebene durch Unterstützung von *parallelen Prozessen* bzw. 'Threads' z.B. durch das Betriebssystem.

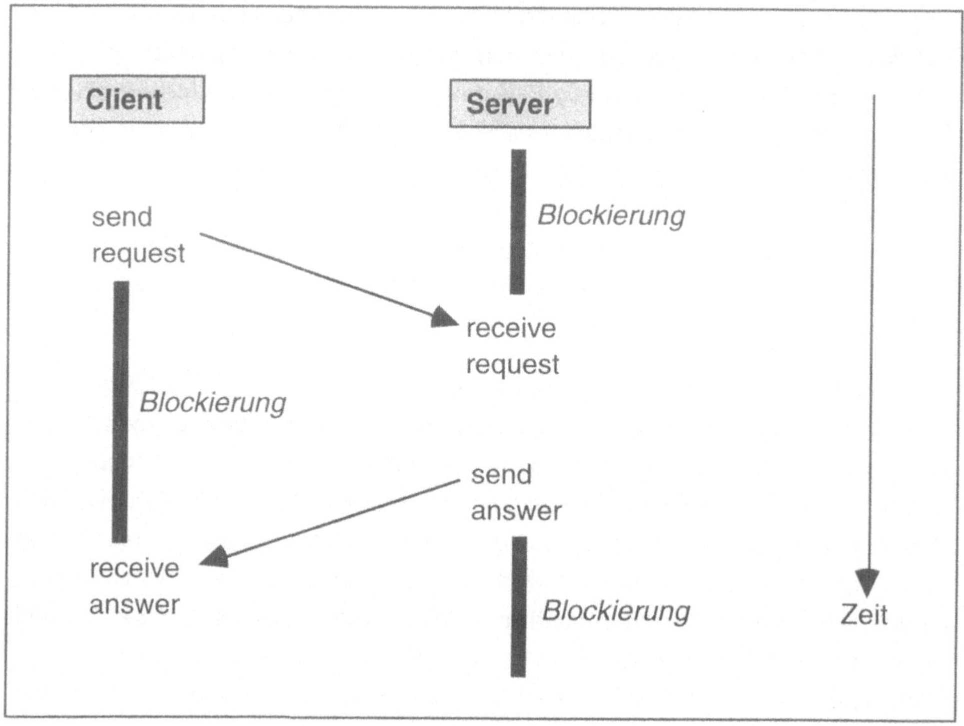

Abb. 3-4:   Client/Server-Kommunikation mit synchronem Nachrichtenaustausch

Da eine Prozeßverwaltung auf Anwendungsebene die Anwendungen jedoch mit systemspezifischen Aufgaben zusätzlich belastet, ist im allgemeinen die zweite Variante (d.h. synchrone Kommunikation und lokale Parallelität durch vom Betriebssystem verwaltete parallele Prozesse oder 'Threads') vorzuziehen und daher zunehmend auch in modernen verteilten Betriebssystemumgebungen realisiert.

3.4   Kooperation in offenen Umgebungen

Die elementare Funktionalität der Datenkommunikation wird in verteilten Systemen durch entsprechende *Kommunikation*stechniken der jeweils "unteren" Ebenen einer Abstraktionshierarchie von Kommunikationsfunktionen realisiert. Darüber hinaus werden jedoch auch die wesentlichen Grundmuster einer *anwendungsorien-*

tierten Zusammenarbeit *(Kooperation)* von Komponenten verteilter Anwendungen von entsprechenden Kommunikationsdiensten höherer Ebenen einer Abstraktionshierarchie für die Kommunikation in verteilten Systemen *(Kooperationsunterstützung)* abgebildet und so möglichst problemadäquat realisiert.

Dazu müssen zunächst die Eigenheiten der Kooperation für bestimmte Anwendungsklassen verstanden werden, damit dann die Modellierung der entsprechenden Kooperationsformen in einer der jeweils angestrebten Klasse von Anwendungen angemessenen Form möglich ist. Zu diesem Zweck sollen hier die beiden wesentlichen Grundmuster der Kooperation von (in diesem Fall) *datenintensiven Anwendungen* auf der einen und *datenverwaltenden Diensten* auf der anderen Seite näher beschrieben und analysiert werden. Die im folgenden dafür zitierten Analogien gehen auf Darstellungen von Gray und Reuter (vgl. [Reut90]) zurück.

3.4.1 Kooperationsalternativen

In der ersten Variante kann ein typisches Grundmuster der Zusammenarbeit von Dienstnutzern (Klienten) auf der einen und Dienstanbietern (Servern) auf der anderen Seite eines verteilten Systems wie folgt mit der Zusammenarbeit von *Kunden* auf der einen und *Anbietern* von Waren in einem modernen *Supermarkt* auf der anderen Seite verglichen werden (siehe Abbildung 3-5):

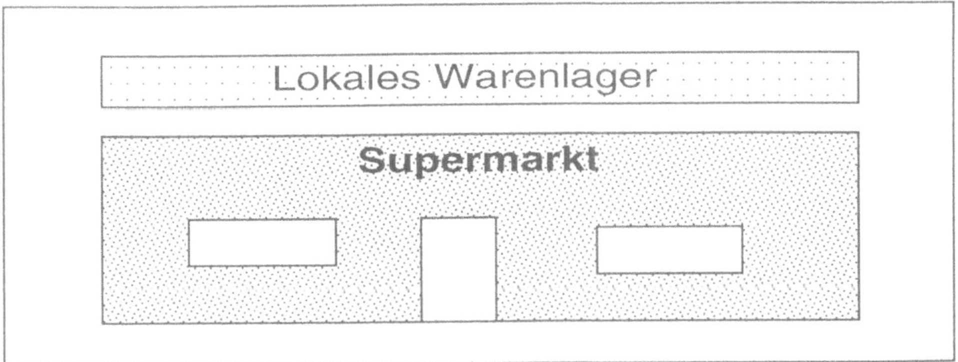

Abb. 3-5:   *"Supermarkt"*-Modell (Analogie: *Verteilte Datenbank)*

In einem derartigen Supermarkt sind alle angebotenen Waren gleichzeitig präsent und werden in einer gleichartigen Form den Kunden präsentiert. Damit ist es den

Kunden möglich, auf einfache Weise das gesamte Angebot zu überblicken und sich selbst auszusuchen und zu nehmen, was sie brauchen. Auf der anderen Seite aber steht diesem hohen "Komfort" für die Kunden ein relativ großer Aufwand bei der Warenrepräsentation gegenüber: Waren aus ganz unterschiedlichen Quellen müssen besorgt, alle lokal vorgehalten und in gleichartiger Weise präsentiert werden. Um dies ständig gewährleisten zu können, ist daher der Warenbestand in einem Supermarkt relativ fix (d.h. was nicht im direkten Angebot ist, kann in der Regel dort auch nicht gekauft werden). Durch die gleichförmige Präsentation der Waren jedoch kann der Supermarkt mit relativ wenigen Angestellten und damit in diesem Bereich auch mit vergleichsweise geringem Aufwand auskommen. Besonderer Vorteil für die Kunden ist bei dieser Art von Warenpräsentation und -verkauf, daß sie das Angebot leicht überschauen und verstehen können und damit selbst auch direkt auf einfache Weise nutzen können.

In Analogie zu den Alternativen der Datenverwaltung in verteilten Systemen entspricht damit dieses Modell der verteilungstransparenten Präsentation von Waren (d.h. in Analogie: von Daten) - auch in verteilten Umgebungen - am ehesten dem Kooperationsmuster von Dienstanbietern und Dienstnutzern, wie es in *verteilten Datenbanksystemen* mit relativ hohem Aufwand auf der Ebene der Systemunterstützung und mit ebenfalls großem Komfort für die Dienstnutzer auf der Seite der Datenbankanwender realisiert worden ist.

Im Gegensatz dazu dient als Beispiel für Angebot und Nutzung von Diensten in *offenen Umgebung* die Analogie eines *Einzelhandelsladens*, in dem zunächst nur relativ wenige Waren präsent und diese meist auch in unterschiedlicher Form präsentiert sind (d.h. wenig Aufwand beim Betrieb eines derartigen Ladens): Typischerweise gibt in einem derartigen Einzelhandelsladen der Kunde lediglich eine *Bestellung* an einen Angestellten des Ladens auf und die Angestellten besorgen daraufhin nach Möglichkeit die gewünschten Waren. Dabei kann es vorkommen, daß einzelne Waren nicht direkt am lokalen Warenlager verfügbar sind. In diesen Fällen können aber die Angestellten eines Einzelhandelsladens dennoch die gewünschten Waren extern, d.h. aus anderen, ihnen direkt oder indirekt zugänglichen Warenlagern für die Kunden "besorgen". Die Angestellten müssen dazu nur über den Zugang zu derartigen externen Warenlagern informiert sein, eine Zugangsberechtigung dafür haben und schließlich die Waren tatsächlich in den eigenen Laden transportieren. Dies alles bedeutet zwar einen etwas höheren Aufwand für derartige Aufträge, schafft aber die Voraussetzung, daß damit das potentiell verfügbare Warenangebot sehr flexibel und - zumindest im Prinzip - auch kaum begrenzt ist. Zudem ist ein derartiger Einzelhandelsladen relativ einfach zu betreiben (siehe Abbildung 3-6).

In Analogie zur Datenverwaltung in verteilten Systemen entspricht damit das Modell des Einzelhandelsladens am ehesten der Art und Weise, in der (z.B. datenverwaltende) Dienste in offenen und verteilten Umgebungen auf der Basis eines Dienstanbieter/Dienstnutzer- (Client/Server-) Modells in eine Netzumgebung integriert und damit auch von externen Anwendern direkt und ohne großen Zusatzaufwand nutzbar sind.

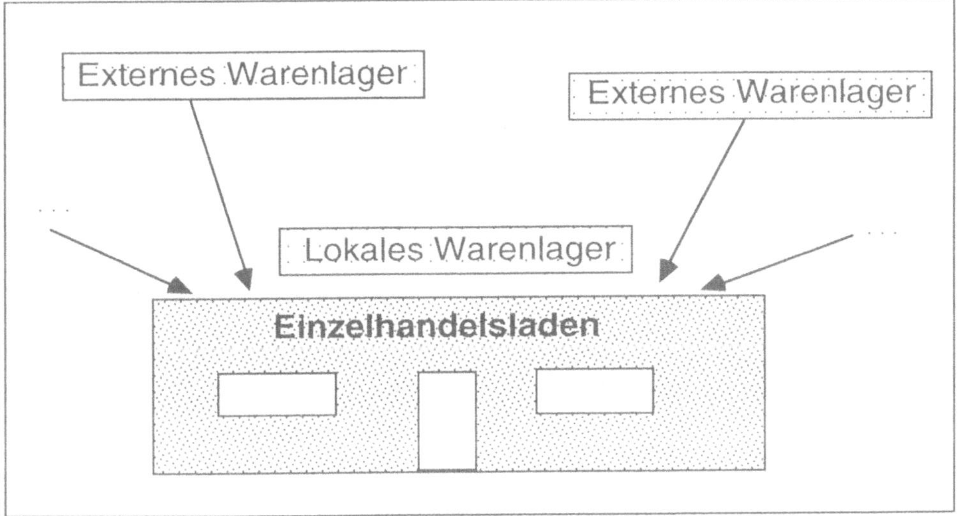

Abb. 3-6: *"Einzelhandelsladen"*-Modell (Analogie: *Client/Server)*

3.4.2 Elementare Kooperationstechniken

Wie bereits an den Analogien für die beiden Grundmuster der Kooperation in verteilten Systemen im vorangegangenen Abschnitt deutlich wurde, können auch im Bereich der Kooperation von unabhängigen Komponenten offener verteilter Umgebungen zwei Alternativen unterschieden werden, die als Basis für die Kommunikationsunterstützung derartiger Anwendungen dienen: zum einen ist dies das Modell des einfachen *Nachrichtenaustausches* zwischen (symmetrischen) Komponenten verteilter Umgebungen, zum anderen das des - eventuell entfernten - *Prozedur-aufrufes* zwischen (asymmetrischen) Komponenten (Klient und Server) in derartigen verteilten Systemen.

Dabei ist der *Austausch von Nachrichten* zwischen symmetrischen Komponenten verteilter Umgebungen in der Regel dadurch gekennzeichnet, daß

- der Versender der Nachricht in der Regel genau wissen muß, wohin er die Nachricht schicken will (d.h. i.d.R. *keine Verteilungstransparenz)*,

- damit der Nachrichtenaustausch über explizit vereinbarte Netzadressen *(Ports)* erfolgt,

- in der Regel *viele Prozesse parallel* die Möglichkeit des Zugriffs auf einen 'Port' haben und deshalb untereinander synchronisiert werden müssen,

- die Synchronisation zwischen derartigen Prozessen in der Regel explizit durch zusätzlichen Nachrichtenaustausch erfolgt und daß damit dann

- die *Nebenläufigkeit* von Aktivitäten als dominantes Programmierparadigma auf der Anwendungsebene bei dieser Alternative im Vordergrund des Modellierens der Kooperation von Partnern in verteilten Netzumgebungen steht.

Dagegen ist der *entfernte Prozeduraufruf* zwischen asymmetrischen Komponenten (Klient und Server) als Kooperationsparadigma in der Regel dadurch gekennzeichnet, daß

- er sich in einfacher Analogie als Erweiterung des lokalen Prozeduraufrufes innerhalb von Betriebssystemprozessen *(Intra*prozeßmodell) hin zum *Inter*prozeßmodell verstehen läßt,

- in der Regel keine expliziten Kommunikationspfade für den Versand der entsprechenden Nachrichten angegeben werden müssen,

- *Verteilungstransparenz* bis zu einem gewissen Grade möglich und eher der Regelfall ist (zumindet in Form der *Zugriffs*transparenz),

- die notwendige Kooperation und Synchronisation von Prozessen durch bekannte Betriebssystemmechanismen (wie z.B. Sperren, Semaphore oder Monitore) erreicht werden kann, und damit

- *Sequentialität* als dominantes Programmierparadigma auf der Anwendungsebene bei dieser Alternative im Vordergrund des Modellierens von Kooperationen von Partnern in offenen verteilten Netzumgebungen steht.

Abschließend soll noch einmal betont werden, daß beide Kooperationsmodelle jeweils nur unterschiedliche Sichtweisen des Verstehen und Modellierens von Kooperationen von Kommunikationspartnern in verteilten Systemen darstellen und
grundsätzlich *gleich mächtig* sind [LaNe78]. Auf den darunter liegenden Abstraktionsebenen einer Kommunikationshierarchie werden in verteilten Netzumgebungen in jedem Fall auf der Implementationsebene letztlich immer *Nachrichten* ver-
schickt.

4 Aufruf entfernter Prozeduren

Bereits an den im vorangegangenen Kapitel vorgestellten Analogien von Kooperationskonzepten in verteilten Systemen mit der Warenpräsentation wurde deutlich, daß gerade in *offenen* verteilten und heterogenen Umgebungen die größere Flexibilität von *lose* gekoppelten und nur fallweise miteinander kooperierenden Diensten von besonderer Bedeutung ist (- trotz ihres z.T. größeren Aufwandes beim "Warentransport" und bei den "Angestellten"). Daher stellt für derartige Anwendungen meist das "Einzelhandelsladenmodell" die geeignetere Variante zur Modellierung des Kooperationsverhaltens der jeweiligen Kommunikationspartner dar.

Entsprechend hat sich auch auf der Ebene der Kooperationskonzepte für verteilte Systeme die Modellierung von Zusammenarbeit auf der Basis von nur fallweise miteinander kooperierenden Funktionseinheiten als gerade für offene verteilte Anwendungen geeignetes Paradigma herausgestellt. In ofenen verteilten Umgebungen übermitteln in der Regel sogenannte *Klienten* einzelne *Aufträge* an (möglicherweise entfernte) *Anbieter von Diensten* - ähnlich wie auch Unteraufträge oft durch Aufrufe von entsprechenden (dort lokalen) "Funktionen" oder "Prozeduren" angemessen modelliert werden können. Deshalb wurde auf der Ebene der Kommunikationsunterstützung für offene verteilte Anwendungen gerade dieses Kooperationsmuster durch die speziellen Mechanismen des sogenannten "entfernten Prozeduraufrufes" (engl. *Remote Procedure Call,* RPC) besonders unterstützt.

4.1 Struktur des 'Remote Procedure Call' (RPC)

Die Grundidee des Aufrufes entfernter Prozeduren ist im wesentlichen die, weitgehende *Verteilungstransparenz* auf den Ebenen der Kooperations- und Kommunikationskonzepte dadurch zu erreichen, daß möglichst viele der Charakteristika *lokaler* Prozeduraufrufe in zentralisierten Systemen auch für *entfernte* Prozeduraufrufe gelten können. (Unmittelbar realisierbar ist in konkreten Systemen - wie z.B. [Sun90] - zumindest die *Zugriffs*transparenz, bei der zwar der Adressat des entfernten Prozeduraufrufes explizit angegeben werden muß, jedoch weitere Details des Zugriffs auf eine entfernte Prozedur vor dem Aufrufenden verborgen werden können.)

So ruft in verteilten Umgebungen der eine Kooperationspartner *(Klient)* mittels einer speziellen *(Call-)* Nachricht den Dienst eines entfernten Dienstanbieters *(Servers)* auf. Dieser wird darauf in der Regel nach Bearbeitung des entsprechenden Auftrages mit einer zu diesem Auftrag gehörigen zweiten speziellen Nachricht *(Response)* antworten (siehe Abbildung 4-1). Dabei kann die Antwortnachricht neben den erwarteten Resultaten der Auftragsbearbeitung auch entsprechende *Fehlermeldungen* enthalten.

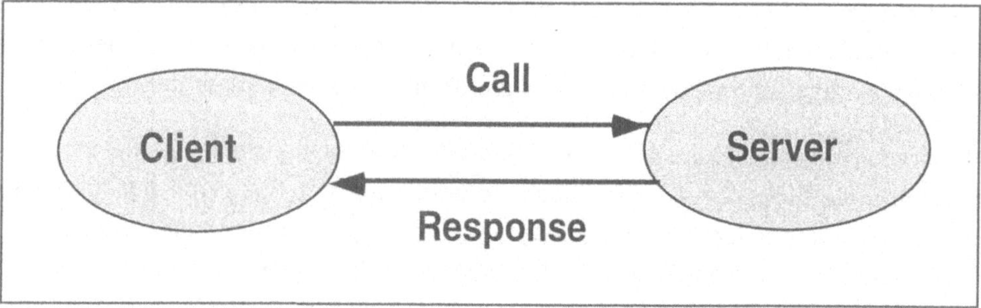

Abb. 4-1:   Grundmuster des *Remote Procedure Call (RPC)*

Bei RPC-basierten Client/Server-Kooperationen implementiert der Server den Dienst als "abstraktes Objekt"; d.h. alle Implementationsdetails des Servers sind für externe Nutzer des Dienstes von außen unsichtbar. Der Server exportiert lediglich Operationen und Regeln für deren Benutzung nach außen. Dieser Export erfolgt in *offenen verteilten* Systemen über eine vorab bekannte Kommunikationsschnittstelle. Externe Dienstnutzer bekommen Zugang zum Server ausschließlich über eine Menge von vorgegebenen Nachrichten. Für den Nachrichtenaustausch in heterogenen offenen Umgebungen müssen dabei sowohl Schnittstellen als auch Protokolle einheitlich verabredet, d.h. *standardisiert* sein.

Das dem RPC zugrunde liegende Kooperationsparadigma steht im Gegensatz zur auch denkbaren Alternative des *Nachrichtenaustausches (Message Passing)* in verteilten Systemen. *Message Passing* ist für andere Anwendungen (wie z.B. elektronische Post) durchaus vorzuziehenden. Hier wird typischerweise immer nur eine einzelne Nachricht von einem Sender - evtl. auch indirekt - zu einem oder mehreren Empfänger(n) übermittelt. Für die Unterstützung der Zusammenarbeit von asymmetrischen *Dienstnutzer-* und *Dienstanbieter*kooperationen in verteilten Umgebungen stellt jedoch der RPC ein eher geeignetes Mittel dar. RPC dient hier zur effizienten Implementierung des Zugriffs auf abstrakte Datenobjekte und ihr Angebot an (meist besonders teuren oder effizient implementierten) Operationen.

Zu beachten ist beim RPC in jedem Fall die enge Kopplung von - im Prinzip - *zwei* zusammengehörigen Nachrichten, die zwischen jeweils zwei unterschiedlichen Kooperationspartnern in verteilten Umgebungen zum Zwecke einer gemeinsamen Auftragsbearbeitung ausgetauscht werden. Dabei wird auf Anwendungsebene weitgehend von den Details (und auch möglichst vielen Übertragungsfehlern) der Kommunikation in verteilten Systemen abstrahiert, um so die Anwendungsprogrammierung von der damit zusammenhängenden Komplexität zu entlasten.

Für den Ablauf eines RPC-basierten Aufrufes eines entfernten Dienstes auf einem Server-Knoten im Netz durch einen Klienten (siehe Abbildung 4-2 nach [CoDo88]) spielen schließlich zwei weitere unterstützende Systemkomponenten eine ganz wesentliche Rolle: zunächst steht sowohl auf der aufrufenden (Client-) als auch auf der aufgerufenen (Server-) Seite jeweils eine sogenannte *Stub*-Komponente als "Stellvertreter" für die auf dem entfernten Netzknoten aufzurufenden Dienste zur Verfügung. Dieser 'Stub' hat neben der Bereitstellung einer lokalen Schnittstelle für die entfernten Funktionen auch die Aufgabe, die zu übertragenden, eventuell an unterschiedlichen Stellen lokal gespeicherten Daten zu einer gemeinsamen, als sequentieller Datenstrom zu übertragenden Nachricht zusammenzusetzen *(marshalling)* - bzw. diese wieder in eine lokale Darstellung "auszupacken" *(unmarshalling)*.

Als weitere, die RPC-Implementierung unterstützende Systemkomponente dient das eigentliche "Nachrichtenmodul". Es enthält die Implementierung aller Funktionen des sicheren Sendens bzw. Empfangens der zur RPC-Implementierung notwendigen Nachrichten (also z.B. eine Implementierung der ISO/OSI-Schichten eins bis sechs) und stellt sie der Klienten- bzw. Server-Anwendung zur Verfügung. Zu den Aufgaben der 'Stubs' gehört u.a. die Umwandlung der jeweiligen lokalen Repräsentation der zu übermittelnden Daten in eine der empfangenden Seite verständliche, möglicherweise gemeinsame "kanonische" Form (Präsentationsproblematik).

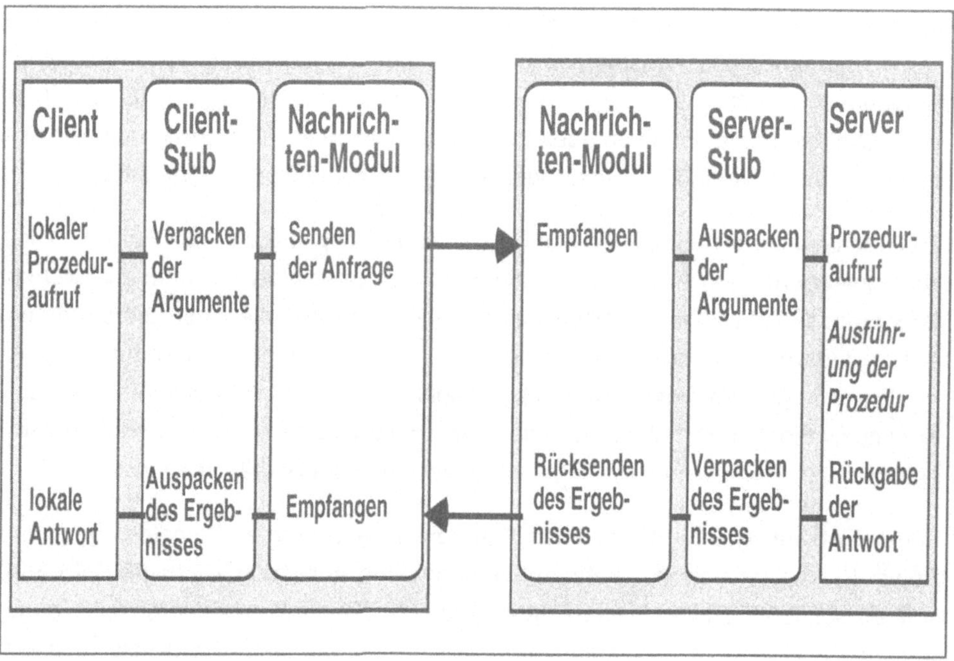

Abb. 4-2:   Ablauf eines RPC-Aufrufes

Moderne RPC-Implementierungen *automatisieren* die Erzeugung der Stubs auf der Grundlage einer vorgegebenen Schnittstellenbeschreibungssprache (engl. *Interface Definition Language,* IDL) zur einheitlichen Spezifikation der Funktionen von entfernten Diensterbringern. Aus einer solchen Schnittstellenspezifikation kann dann mit Hilfe von spezieller Systemunterstützung (wie z.B. dem Werkzeug "rpcgen" aus der SUN-RPC-Systemunterstützung) automatisch der entsprechende Client-/ bzw. Server-'Stub' - z.B. als C-Programm - *generiert* werden. Ebenfalls automatisch können schließlich auf der Grundlage einer IDL-Schnittstellenspezifikation die notwendigen Routinen generiert werden, die zur Umwandlung der jeweiligen lokalen Repräsentation der zu übermittelnden Datenstrukturen in eine Datentransfersyntax (bzw. umgekehrt) notwendig sind (für Details siehe z.B. [Sun90] und [Corb90]).

Abbildung 4-3 zeigt in graphischer Form, wie im SUN-RPC aus der (in der vorab bekannten Schnittstellenbeschreibungssprache ausgedrückten) Spezifikationen der jeweiligen Server-Schnittstellen sowie einem gegebenen (Client-) Anwendungsprogramm und einer gegebenen Menge von Server-Prozeduren mit Hilfe des UNIX-Werkzeuges "rpcgen" *automatisch* alle für ein entsprechendes vollständiges verteiltes Programm notwendigen (hier C-Kode-) Programmteile generiert werden können. Diese Programmteile dienen dann als Eingabe für entsprechende Aufrufe eines C-Übersetzers, deren Ergebnisse schließlich zu jeweils ablauffähigen Klienten- bzw. Server-Programmen zusammengebunden werden können.

4.2 Charakteristika des RPC

Beim RPC wird eine möglichst enge Analogie zum Prozeduraufruf in zentralisierten Systemen angestrebt. Dies ist jedoch nur bis zu einem gewissen Grade in verteilten Umgebungen erreichbar. Unterschiede zum lokalen Prozeduraufruf bleiben vor allem bestehen in

- den *disjunkten Ausführungsumgebungen* von aufrufender (Client) und ausführender (Server) Komponente (verschiedene Prozesse, kein Zugriff auf gemeinsame Variable etc.),

- der *Performanz*: meist ist die Performanz entfernt ausgeführter Prozeduren - trotz immer schneller werdender Netze - immer noch nicht der einer lokalen Ausführung vergleichbar,

- der Möglichkeit von unabhängig voneinander auftretenden *Kommunikations- und Knotenfehlern*,

- daraus resultierend: der Notwendigkeit einer angemessenen *Ausnahmebehandlung* in Fehlerfällen sowie schließlich

- einer erhöhten Erfordernis zur *Authentisierung* und *Autorisierung* von externen Dienstnutzern von Operationen in verteilten Umgebungen.

Generell ist *Fehlertransparenz* in verteilten Systemen nie vollständig erreichbar: Immer bleibt hier prinzipiell die - wenn auch oft wenig wahrscheinliche - Möglichkeit eines "fatalen" Fehlers, der von den darunter liegenden Kommunikations-

schichten nicht abgefangen werden kann und auf den die - z.B. RPC nutzende -
verteilte Anwendung speziell vorbereitet sein muß.

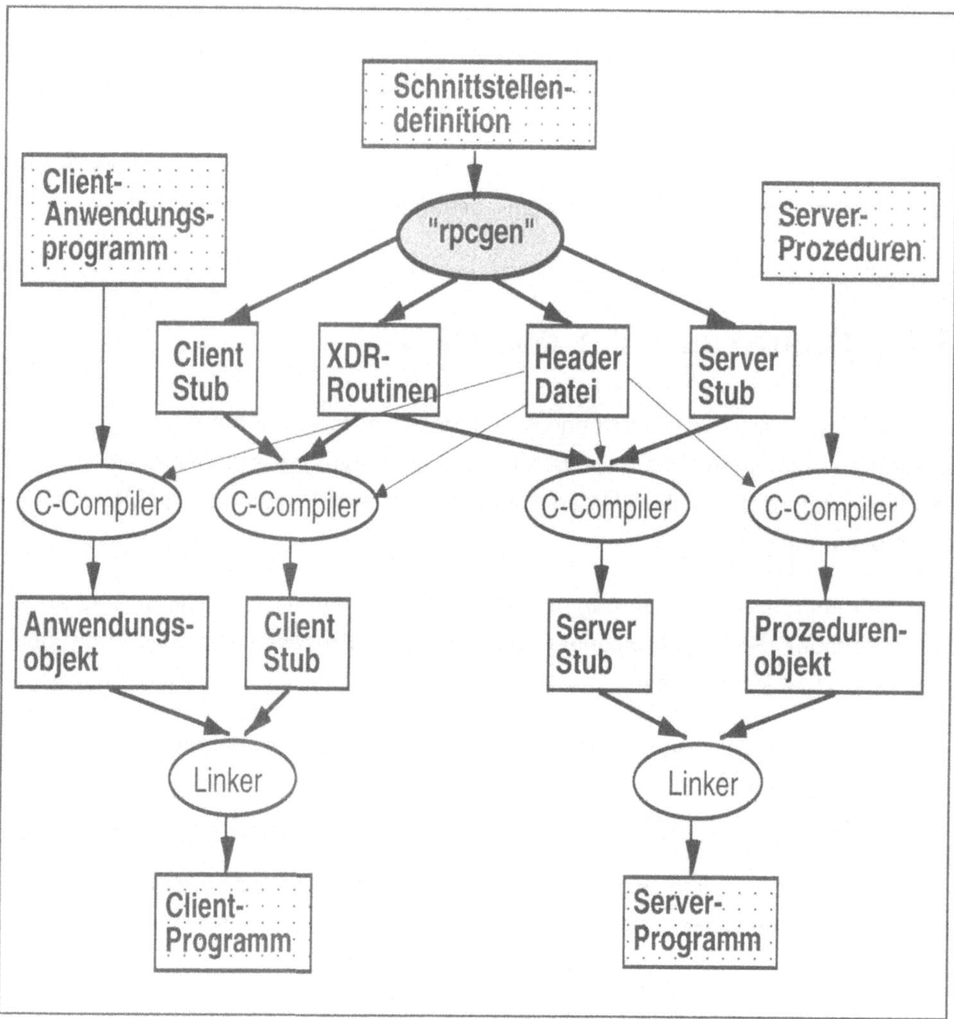

Abb. 4-3:   Beispiel für Client/Server-Generierung in verteilten Unix-Systemum-
gebungen (SUN-RPC)

Weitere Einschränkungen gegenüber lokalen Prozeduraufrufen sind beim RPC
auch im Bereich der möglichen *Parametertypen* nötig: Globale Variable oder Refe-
renzparameter - z.B. auf Bereiche des lokalen Speichers des RPC-Klienten - kön-

nen sinnvoll nur im lokalen System ausgewertet werden. Sie müssen daher vor der Verwendung in RPC-Aufrufen in eine auch der empfangenden Seite verständliche Form gebracht werden (z.B. durch Umwandlung in Aktualparameter oder in relative Referenzen innerhalb der übermittelten Datenstruktur). Im allgemeinen ist bei RPC daher nur eine Parameterübergabe durch 'Call by Value' sinnvoll. Auch sind die vom lokalen Prozeduraufruf bekannten Mechanismen zur (Parameter-) *Typüberprüfung* bereits zur Übersetzungszeit (d.h. *vor* dem zeitkritischen Aufruf der Prozedur zur Laufzeit des Programms) in offenen verteilten Umgebungen nur für den *statischen* Aufruf bereits vorab bekannter, nicht jedoch für den allgemeinen *dynamischen* Aufruf auch noch unbekannter entfernter Prozeduren möglich.

Im Gegensatz zum lokalen Prozeduraufruf können beim RPC während der Ausführung der aufgerufenen Operationen unabhängig voneinander sowohl auf der Seite des aufrufenden Klienten als auch auf der Seite des Servers oder der Netzverbindung *Fehler* auftreten. Deshalb hat man beim RPC zu unterscheiden, von welcher Alternative einer möglichen *Fehlersemantik* in derartigen Fällen ausgegangen werden soll: Die entfernte Ausführung von Operationen durch RPC kann dabei - unterschiedlich strikt (vgl. dazu z.B. z.B. [MüSc92]) - definiert werden als

- *"unsichere"* Ausführung der entfernten Prozedur (engl. *may-be*-Semantik): d.h. Ausführung ohne Garantie über die mögliche Anzahl von Operationsausführungen in Fehlerfällen,

- *"höchstens einmal"* (engl. *at most once*)-Semantik: d.h. maximal einmalige Ausführung der Operation beim Server mit Vernichtung von möglichen Aufrufduplikaten auf Server-Seite, nur einmaliger Nachrichtenübertragung - und damit in der Regel nur für Änderungsoperationen (z.B. "Gehaltserhöhung") sinnvolle Variante,

- *"mindestens einmal"* (engl. *at least once*) -Semantik: d.h. minimal einmalige Ausführung der Operation beim Server- und damit in der Regel nur für ohne Änderungen wiederholbare (z.B. Lese-) Funktionen sinnvolle Variante oder

- *"genau einmal"* (engl. *exactly once*)-Semantik: d.h. "atomare" Ausführung der Server-Prozedur, "ganz oder gar nicht", mit genau einmal durchgeführten dauerhaften Änderungen; nur eine derartige Ausführung eines entfernten Prozeduraufrufes stellt die angestrebte Analogie zum lokalen Prozeduraufruf so weit wie möglich sicher.

Dabei werden die zuletzt genannten "sicheren" und dem lokalen Prozeduraufruf am nächsten kommenden Fälle der RPC-Semantik in verteilten Umgebungen (insbesondere eben die *exactely once*-Semantik) durch *"transaktionsgeschütze"* RPC-Implementierungen realisiert. Erreicht werden derartige Implementierungen der RPC-Semantik durch Sicherstellen wesentlicher *Transaktionseigenschaften* (insbesondere der *Atomarität*seigenschaften im Sinne eines "alle oder nichts") auf der Ebene der Kommunikationsbeziehungen zwischen RPC-Klient und RPC-Server. Das bedeutet, daß auch in Fehlerfällen alle abgesandten Aufträge genau einmal beim Empfänger eintreffen und - nach Erledigung dort - die entsprechenden Antworten sicher und eindeutig wieder an den Auftraggeber zurückgeliefert werden (siehe Abbildung 4-4).

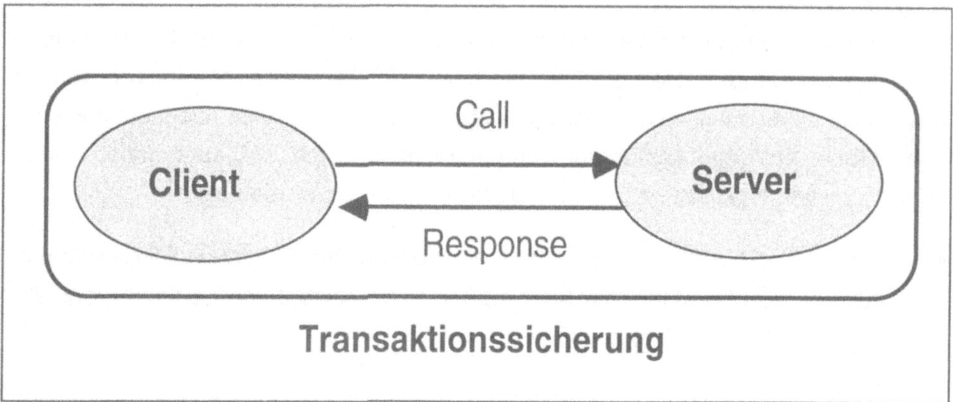

Abb. 4-4:   Entfernter Prozeduraufruf mit *Transaktionssicherung*

Weitere *Problembereiche* von RPC-*Implementierung* in offenen verteilten und im allgemeinen auch heterogenen Umgebungen bestehen vor allem auf den Gebieten der

* *Heterogenität*: Standardisierte Kommunikationsverbindungen müssen allen Problemen heterogener (bzgl. Hard- und Software) offener Umgebungen Rechnung tragen. Für die RPC-Implementierung selbst ist dabei vor allem eine systemunterstützte, möglichst automatische Generierung von lokalen Schnittstellen der externen Dienste ("lokalen Stubs") wünschenswert, die auf der Grundlage von Dienstbeschreibungen mit den Mitteln einer einheitlichen

Spezifikationssprache *(Interface Definition Language,* IDL, siehe z.B. [CoDo88]) möglich sind.

- *Verteilungs-* (oder im oben genannten Sinne: *Zugriffs-) Transparenz:* Neben allen potentiellen allgemeinen Kommunikationsfehlern sollen vor allem die für die jeweilige Anwendung am besten geeignete Fehlersemantik *(at most once, at least once* oder *exactly once),* die Mechanismen zur (RPC-) Parameterübergabe, Ausnahmebehandlung etc. so realisiert werden, daß die dabei noch auftretenden Probleme möglichst weitgehend ohne Auswirkung auf die verteilte Anwendungsprogrammierung bleiben.

- *Client/Server-Bindung:* Eine der interessantesten Fragen der RPC-Implementierung in offenen verteilten Systemen ist die Frage nach der Realisierung einer "optimalen" Client/Server-Bindung. Voraussetzung dafür ist zunächst, daß Klient- und Server-Schnittstellen richtig "zusammenpassen". Das läßt sich meist durch geeignete Syntax- (und Semantik-?) Definitionen der verwendeten Schnittstellen auf der Basis von mächtigen Typkonzepten bestimmen. Darüber hinaus soll dann noch die Auswahl der jeweils "am besten" passenden Schnittstelle auf der Grundlage von weitergehenden Optimierungskriterien erfolgen können - bestenfalls auch *automatisch* auf der Basis von speziell dafür geeigneten Systemdiensten verteilter Umgebungen, wie z.B. Objekt-'Broker' [OMG91] oder 'Trader' [ISO-Trad], [InBR93] (siehe dazu speziell auch Kapitel 9).

- *Parallelität:* Schließlich ist gerade beim RPC - in Analogie zum lokalen Prozeduraufruf - ein *synchroner* RPC-Aufruf für die Anwendungsprogrammierer am besten verständlich - und damit am wenigsten fehlerträchtig. Um dennoch eine *parallele* Bearbeitung mehrerer RPC-Aufrufe zu ermöglichen, sind hier vor allem (Betriebssystem-) Mechanismen zur - "leichtgewichtigen" - Mehrprozeßverwaltung auf der Basis von *Threads bzw. Multi-Prozeßsystemen* von Bedeutung für effiziente RPC-Implementierungen.

Erste *Vorschläge* und *Beispiele* für RPC-Implementierungen finden sich bei Birrel und Nelson (XEROX PARC: [BiNe84]). Sie wurden im industriellen Bereich dann später vor allem von dem Rechnerhersteller SUN aufgegriffen und als "SUN-RPC" weit verbreitet (vgl. [Sun90], [Corb90]). In jüngerer Zeit hat sich dann auch die internationale Standardisierung der Kommunikation in offenen Rechnernetzen dem Problem einer einheitlichen Kommunikationsunterstützung für RPC-Kooperationen in offenen verteilten Systemen angenommen und zunächst die Funktionalität eines derartigen Dienstes sowie ein entsprechendes *Kommunikationsprotokoll* im Rahmen des ISO/OSI-Referenzmodells als Kommunikationsunterstützung für den Zugriff auf 'Remote Operations' standardisiert [ISO-ROSE]. Eine darüber hinaus gehende *Schnittstellenspezifikation* wird als "standardisierter RPCs" auf der Grundlage eines Vorschlages der 'European Computer Manufacturers Association' (ECMA) auch als *ISO/OSI-RPC* international definiert. Schließlich hat auch die 'Open Software Foundation' (OSF) den RPC - allerdings in einer wiederum leicht anderen Form - als *DCE RPC* zu einer wesentlichen Komponente ihres 'Distributed Computing Environments' (DCE) gemacht (vgl. auch Unterabschnitt 9.2.3 sowie [OSF-DCE], [Schi93a] oder [Schi93b]).

4.3   RPC-Varianten

Im folgenden werden einige Beispiele für Varianten von RPC-Implementierungen angeführt wie sie zur Zeit in modernen Betriebssystemumgebungen - meist auf der Basis von UNIX - verfügbar sind oder demnächst werden. Grundlage für die hier verwendeten Beispiele bildet die Darstellung der SUN-RPC-Konzepte in [Sun90] und [Corb90] sowie die Standardisierung des Zugriffs auf "entfernte Operationen" im Rahmen des ISO/OSI-Referenzmodells für die Kommunikation in offenen Systemen [ISO-ROSE].

4.3.1   Zustandslose und zustandsbehaftete RPC-Server

Als erstes Beispiel sei eine verteilte Umgebung angeführt, in der ein Klienten-Prozeß auf einem Rechner im Netz durch Aufruf einer (RPC-basierten) *Read*-Operation aus einer entfernten Datei auf einem anderen Rechner im Netz eine Anzahl von Bytes sequentiell nacheinander liest.

Dabei wird - zusammen mit den gelesenen Bytes - vom Server jeweils der aktuelle Zustand der gelesenen Datei (z.B. aktuelle Leseposition) an den Klienten mit übermittelt. In einer ersten Variante (siehe Abbildung 4-5) muß dabei der Klient *selbst* dafür sorgen, daß Informationen wie z.B. der Dateiname, die aktuelle Position des Lesens in der Datei o.ä. nach einem entfernten Dateizugriff bei ihm "aufbewahrt" werden, um so für den nächsten Zugriff aktuell zur Verfügung zu stehen. Diese Variante eines sogenannten *zustandslosen* Servers, auf den mit RPC-Aufrufen im Netz von (evtl. vielen) entfernten Klienten aus zugegriffen werden kann, ermöglicht - insbesondere bei großen Zahlen von zugreifenden Klienten - besonders effiziente Implementierungen auf Seiten des Servers.

Mit zustandslosen Servern läßt sich auch ein relativ einfaches Protokoll für mögliche Fehlerfälle realisieren: Die Klienten brauchen dabei Server- oder Netzfehler nicht speziell zu berücksichtigen, keine besonderen Recovery-Maßnahmen nach Fehlern treffen etc. Ein einfaches Wiederholen des entsprechenden RPC-Aufrufes genügt hier in der Regel, d.h. in Fehlerfällen bei RPC-Aufrufen an zustandslose Server im Netz.

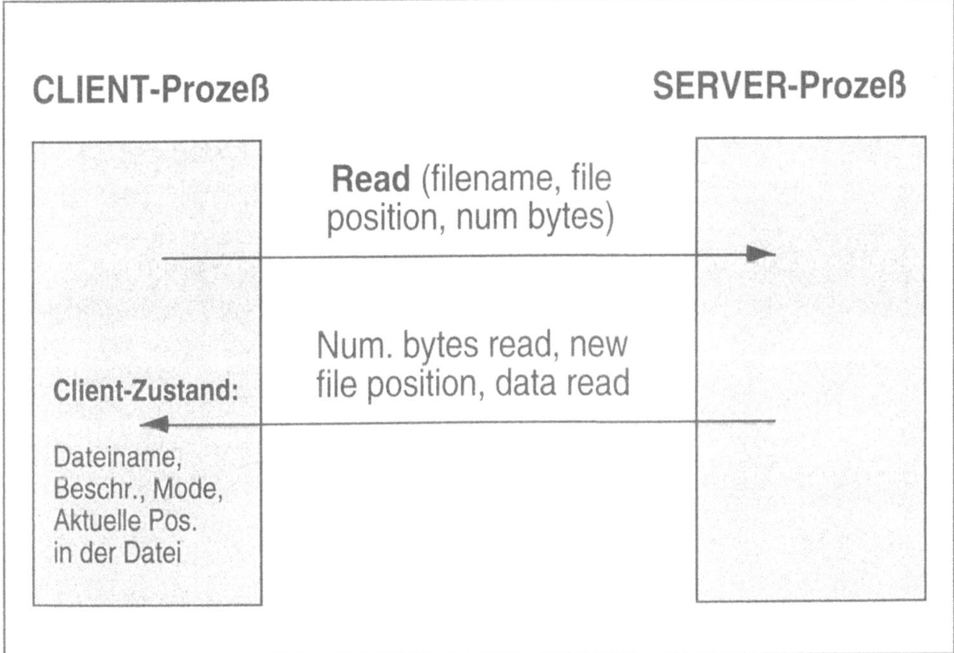

Abb. 4-5:   Beispiel: Einfacher Datei-Server *ohne* Zustandsinformation

Dagegen steht natürlich bei zustandslosen RPC- bzw. Server-Implementierungen ein höherer Aufwand auf Seiten der Klienten, die sich eben die "Zustands"informationen von einem Zugriff auf den nächsten jeweils lokal verfügbar halten müssen.

Will man einen derartigen Aufwand auf Seiten der Klienten - bei höherem Aufwand auf Seiten der Server - vermeiden, so kommt man damit zu RPC-Implementierungen, bei denen die Server *zustandsbehaftet* sind und so bestimmte Informationen für die auf sie zugreifenden Klienten (im Beispiel etwa die aktuelle Leseposition in der Datei o.ä.) von Zugriff zu Zugriff aufbewahren müssen (siehe Abbildung 4-6).

Bei RPC-Implementierungen mit zustandsbehafteten Servern muß allerdings jeweils der Klient eventuelle Server-Fehler selber feststellen und nach dem Auftreten von derartigen Fehlern die Verbindung auch jeweils selbst wieder synchronisieren. Dabei kann es vorkommen, daß der Server nach Fehlern eventuell ungültige Zustandsinformationen hält und in Zusammenarbeit mit den Klienten derartige Inkonsistenzen selber wieder bereinigen muß. Allerdings erlaubt eine solche Implementierungsvariante den - ja oft leistungsschwächeren - Klienten eine Anwendungsprogrammierung auf der Basis eines wesentlich einfacheren Programmierparadigmas.

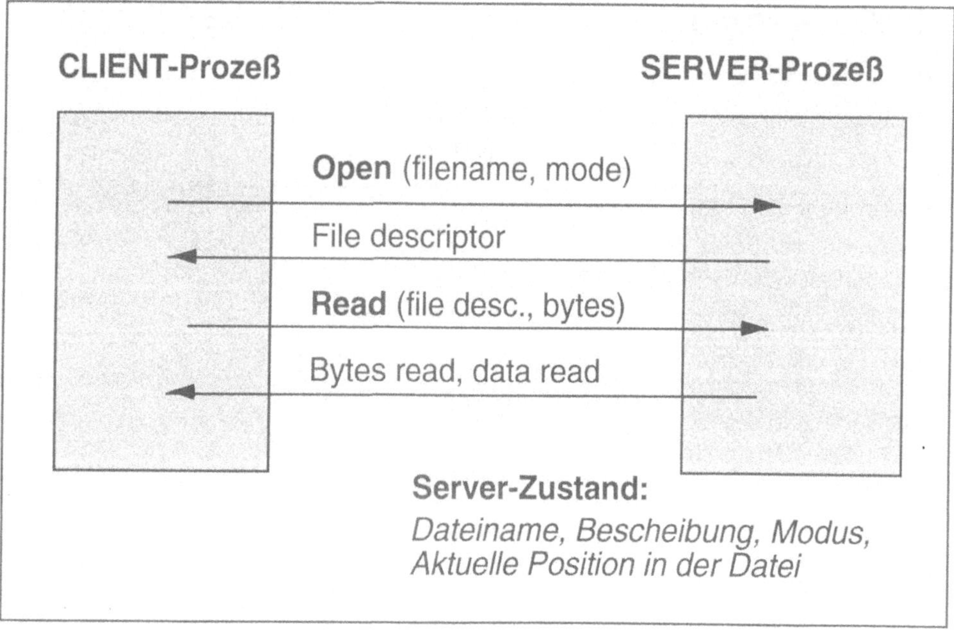

Abb. 4-6:   Beispiel: Einfacher Datei-Server *mit* Zustandsinformation

4.3.2 Adressierung von RPC-Diensten in Netzen

Als Beispiel für die *Adressierung* von entfernten Diensten in offenen Netzumgebungen mit zunächst *unbekannten Dienstzugangsadressen* sei im folgenden der
Mechanismus des *Port-Mappers* in UNIX-Systemen nach [Sun90], [Corb90] genannt (siehe Abbildung 4-7): Hier meldet sich jeder neue Server zunächst bei seinem lokalen 'Portmapper' an (Schritt 1). Wenn dann ein Klient einen ihm im Detail
nicht bekannten entfernten Dienst eines Servers im Netz verwenden möchte, so
wendet er sich dort erst an den auf jedem Netzknoten lokal einheitlich adressierten
'Portmapper' (Schritt 2), bekommt von diesem die genaue Adresse des Server-
'Ports' (Schritt 3) und kann den gewünschten Dienst nun direkt über diesen Server-
'Port' aufrufen und verwenden (Schritt 4).

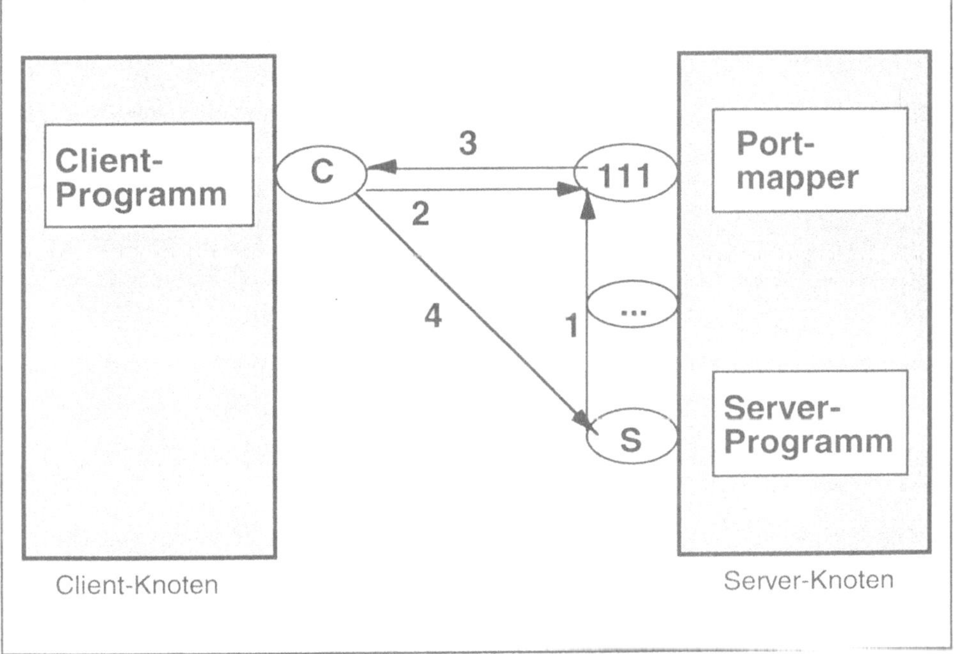

Abb. 4-7:   Client/Server-Bindung mittels 'Portmapper'

4.3.3 ISO/OSI-'Remote Operations' (ROSE)

Schließlich sei am Beispiel des ISO/OSI-Vorschlages für die Standardisierung (u.a.) der Funktionalität des RPCs [ISO-ROSE] gezeigt, wie verschiedene Varianten des RPC-Aufrufes zunächst klassifiziert und dann unterschiedlich miteinander kombiniert werden können.

Gemäß den Vorgaben des ISO/OSI-Referenzmodells [ISO-BRM] kooperieren in der Anwendungsebene (Ebene 7) der siebenstufigen Architektur jeweils sogenannte *Application Entities* miteinander. Im Falle der Standardisierung der Kommunikationsfunktionen und -protokolle von entfernten Prozeduraufrufen in offenen Umgebungen in den ISO/OSI-*Remote Operations Service Element* (ROSE) tauschen dabei - nach dem Modell des *OSI/OSI-RPC* - derartige Kommunikationspartner jeweils 'Request'- und 'Response'-Nachrichten untereinander aus (Abbildung 4-8).

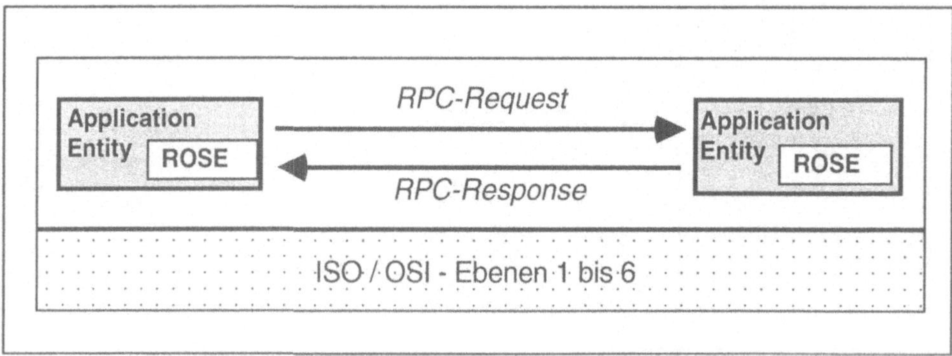

Abb. 4-8:   ISO/OSI-Modell für 'Remote Operations' (ROSE)

Weiter werden im ROSE-Standard im Prinzip die folgenden Varianten von Client/-Server-Kopplungen durch RPC-Mechanismen aufgeführt: Zur Klassifikation der Alternativen von entfernten Prozeduraufrufen wird zunächst nach dem möglichen Antwortverhalten des entfernten Partners unterschieden: Es gibt entfernte Prozeduraufrufe, die *in jedem Fall* ('Operation Response'-Klasse 1, 'or1'), *nur in Fehlerfällen* (Klasse 'or2'), *nur bei Resultaten* (Klasse 'or3') oder *nie* (Klasse 'or4') ein Ergebnis bzw. eine Fehlermeldung an die aufrufende Stelle zurückliefern:

Operation Response: **or1:** *always result or failure returned,*

                            or2: *only failure returned,*

> **or3:** *only result returned* oder
>
> **or4:** *nothing returned.*

Darüber hinaus kann zwischen RPC-Aufrufen unterschieden werden, die aus der aufrufenden Umgebung *synchron* ('Operation Call'-Klasse1, 'oc1'), d.h. die aufrufende Umgebung bis zu einer Antwort *blockierend*, oder *asynchron* (Klasse 'oc2'), d.h. die aufrufende Umgebung nicht blockierend, abgesetzt werden können:

Operation Call: **oc1:** *synchronous* oder

oc2: *asynchronous* .

Aus der Kombination aller möglichen Alternativen für die beiden RPC-Aufrufkonzepte ergibt sich eine Matrix an überhaupt *denkbaren* RPC-Aufrufalternativen. Aus diesen stellt schließlich die im ISO/OSI-Standard für den Aufruf von 'Remote Operations' in offenen Systemen (ROSE) aufgeführte Liste von Alternativen *(Operation Classes* 1-5) eine Teilauswahl an *sinnvoll möglichen* RPC-Aufrufmechanismen wie folgt dar:

Operation Classes: **Operation Class 1 :**   or1   +   oc1

Operation Class 2 :   or1   +   oc2

Operation Class 3 :   or2   +   oc2

Operation Class 4 :   or3   +   oc2

Operation Class 5 :   or4   +   oc2.

In der Praxis ist jedoch die Vielfalt der *tatsächlich vorkommenden* RPC-Aufrufalternativen meist wesentlich geringer. Vor allem wird der RPC in der oben aufgeführten Variante der 'Operation Class' 1 oder 2, d.h. synchron oder asynchron und mit garantierter (Antwort- oder Fehler-) Rückmeldung verwendet. Im anderen Extremfall der 'Operation Class' 5 (d.h. asynchron und ohne Rückmeldung) kann ein derartiger RPC-Aufruf im Prinzip auch als einfache *Nachrichtenübermittlung* aufgefaßt werden.

4.4 Implementierungen von Diensterbringern in verteilten Systemen

In realen Anwendungen stellen Diensterbringer (Server) in offenen Umgebungen meist teure und daher in der Regel von vielen Benutzern intensiv genutzte Ressourcen dar. Deshalb ist es für effiziente Implementierungen von Client/Server-Systemen erforderlich, auch auf Systemebene eine "parallele" Nutzung der Diensterbringer durch mehrere (meist viele!) Benutzer sicherzustellen. Dabei bedeutet "parallele" Benutzung, daß noch *vor* dem Ende der Bearbeitung eines entfernten Auftrages - z.B. nach einer vorab festgelegten Zeit oder während Wartezeiten dieses Auftrages - auch andere Aufträge durch einen Server bedient werden können. Tatsächlich geschieht das durch unterschiedliche "Instanzen" der Implementierung dieses einen Servers. Dabei muß für alle Paare von Client/Server-Kooperationen die Transaktionssicherung jeweils separat erfolgen (siehe Abbildung 4-9).

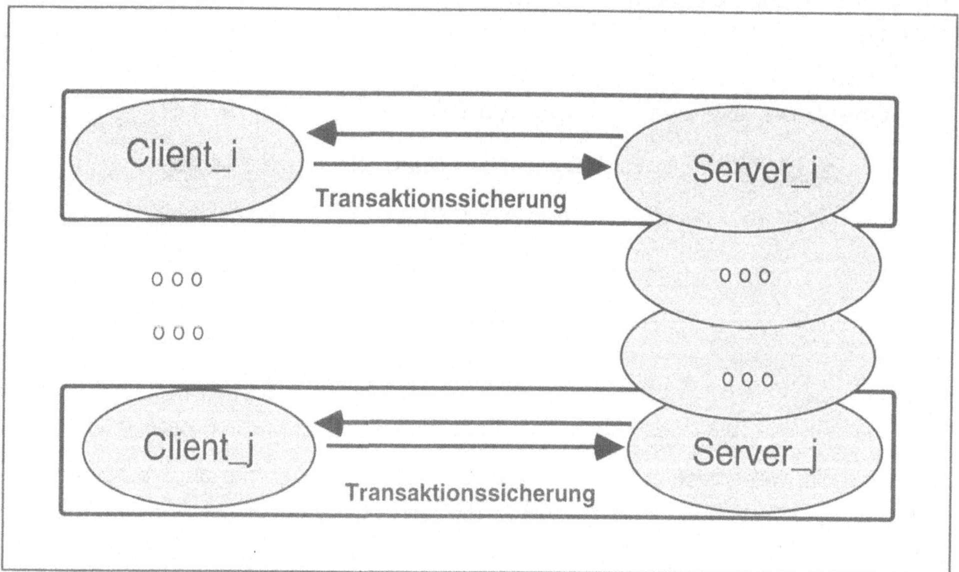

Abb. 4-9:   Server-Implementierung auf der Basis von 'Threads'

Werden Server-Instanzen zu unterschiedlichen "Gruppen" (eventuell auch auf mehreren Prozessoren) zusammengefaßt, so spricht man von "Server-Klassen". Diese führen gemeinsam die Bearbeitung einer - in der Regel großen - Zahl von

Aufträgen (tatsächlich oder simuliert) "parallel" durch. Entscheidend für effiziente Implementierungen von Server-Klassen sind - vor allem wegen der häufigen Wechsel von einer Server-Instanz zur anderen - spezielle Unterstützungsmechanismen des Betriebssystems. Diese sollen vor allem einen schnellen Prozeßwechsel auf der Basis sogenannter *leichtgewichtiger* Prozesse (engl. *Threads)* ermöglichen (siehe Abbildung 4-10).

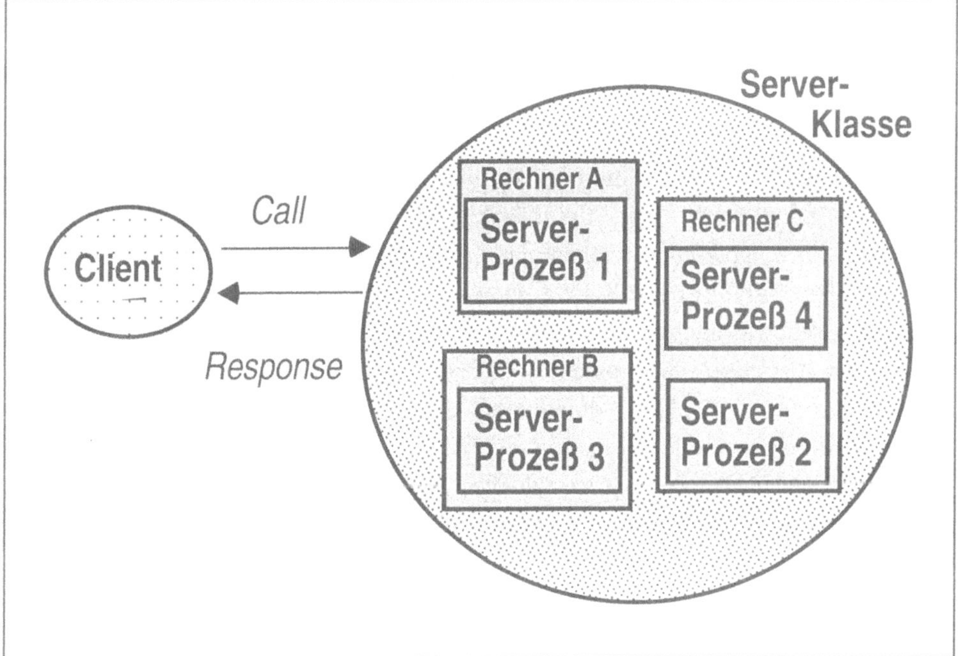

Abb. 4-10: Beispiel für eine (RPC-) Server-Klasse

Dabei ist meist ein Server "quasi-parallel" an mehreren Transaktionen gleichzeitig beteiligt. Ein Server als Einprozessorsystem bearbeitet jedoch zu jedem Zeitpunkt tatsächlich immer nur genau eine Transaktion. Er kann aber auf eine andere umschalten bevor die erste (durch *commit/rollback)* beendet wird. Bei starker Beanspruchung (Überlast) des Servers sollte die Last nach Möglichkeit auf mehrere Server - möglichst auf verschiedenen Prozessoren - verteilt werden.

Für Server-Implementierungen ist weiter die Frage interessant, wieviel *Zustandsinformation* ein Server jeweils für die Bearbeitung der an ihn gerichteten parallelen

Klienten-Anfragen verwalten (und halten) muß. Im Idealfall ist der Server kontextfrei (s.o.) und alle notwendige Zustandsinformation wird in einer eigenen (System-) Datenbank sicher und effizient aufbewahrt.

Implementierungen von Server-Klassen unterscheiden sich zudem dadurch, ob und wann (d.h. bei welcher Last) *Server-Klassen* automatisch *vergrößert* bzw. wieder *verkleinert* werden können. Eine optimale Strategie eines entsprechenden Systemverwalters zum *dynamischen* Erzeugen und Löschen von Serverprozessen kann allerdings erst auf der Basis von Analysen des (anwendungsabhängigen!) Systemverhaltens über einen gewissen Zeitraum hinweg gefunden und realisiert werden.

Schließlich muß geklärt werden, ob, wann und wie *Last-Balancierung* zwischen den einzelnen Servern einer Server-Klasse durchgeführt wird. Am meisten Freiheitsgrade für optimierende Implementierungen hierzu ergeben sich, wenn z.B. für den von allen Servern einer Klasse gemeinsam erbrachten Dienst auch eine gemeinsame Warteschlange eingerichtet werden kann und der Scheduler dann jeweils einen Klienten-Auftrag einem speziellen (dafür - entsprechend einer vorgegebenen Strategie - "optimal" geeigneten) Server dynamisch zuordnet. Weitergehende Lösungsansätze für Probleme die Zusammenarbeit von Server in "Klassen" oder "Gruppen" finden sich u.a. in aktuellen Arbeiten im Bereich der "Gruppenkonzepte" bzw. der "Gruppenkommunikation" (vgl. einführend dazu [Tan93] oder [Mull93] bzw. spezieller z.B. auch [KaTa91]).

5 Transaktionsverwaltung in verteilten Systemen

Schon in *zentralisierten* Systemumgebungen ist es wichtig, eine Reihe von einzelnen Aktivitäten zu größeren, im Sinne einer Anwendung zusammengehörigen Verarbeitungseinheiten zusammenzufassen. Dabei kommt es besonders darauf an, daß eine Folge von Aktivitäten "atomar", d.h. entweder vollständig oder überhaupt nicht durchgeführt wird. Um nun den Anwendungsprogrammierer von dem zum Erreichen dieses Zieles notwendigen Aufwand zu entlasten, wurden bereits vor Jahren im Bereich der Datenbanken *Transaktionen* eingeführt, die u.a. eine Garantie dieser Atomaritätseigenschaft durch das System realisieren (siehe dazu die einschlägige Datenbankliteratur wie z.B. [Date90] oder [BHG87]). Eine *transaktionsorientierte* Systemumgebung kann damit für solche Aktionsfolgen (d.h. Transaktionen) sicherstellen, daß u.a. deren Atomaritätseigenschaft automatisch realisiert und darüber hinaus auch in möglichst vielen Fehlersituationen vom System garantiert wird.

In *verteilten* Systemumgebungen bekommen transaktionsbasierte Mechanismen zur Gliederung einzelner Aktivitäten in komplexe Einheiten eine noch darüber hinaus gehende Bedeutung: Wie bereits dargestellt, gibt es in verteilten Umgebungen nicht nur eine größere Zahl von Möglichkeiten für (auch partielle) Fehlersituationen, sondern häufig sollen in verteilten Systemumgebungen komplexe Aktionen z.B. auch danach untergliedert werden, auf welchen Teilknoten eines Rechnernetzes die einzelnen Teilaktivitäten jeweils durchgeführt werden. Eine Systemumgebung für zusammengesetzte, verteilte Anwendungsprogramme muß dazu eine transaktionsbasierte Systemunterstützung in verschiedener Hinsicht bieten:

- Zunächst müssen alle beteiligten Endsysteme sicherstellen, daß auf jedem Knoten lokal eine Transaktionsunterstützung für alle (Teil-) Aktivitätsfolgen, die dort ausgeführt werden, im herkömmlichen (d.h. zentralisierten) Sinne zur Verfügung steht;

- darüber hinaus muß es in einer verteilten transaktionsorientierten Systemumgebung zusätzlich eine (i.d.R. *logisch* zentralisierte) *Koordinationsfunktion* geben, die sicherstellt, daß alle lokalen (Transaktions-) Systeme auch in Fehlerfällen richtig zusammenarbeiten;

- schließlich muß ein ausreichend "sicheres" Kommunikationssystem dafür sorgen, daß alle Nachrichten vom Koordinator aus an alle direkt oder indirekt angeschlossenen Subsysteme auf allen Teilknoten des zugrunde liegenden Netzes (und zurück) zuverlässig, korrekt und speziell auf die Bedürfnisse verteilter transaktionsorientierter Anwendungen zugeschnitten übertragen werden.

Im folgenden wird ein kurzer Überblick über Konzepte und Systemkomponenten zur Unterstützung (im wesentlichen der *Kommunikations*anforderungen) verteilter transaktionsorientierter Anwendungen in offenen Systemen gegeben. Zuvor werden kurz einige dafür wichtige Eigenschaften transaktionsorientierter Anwendungen zusammengestellt und in ihren Grundzügen erläutert.

5.1 Transaktionsbegriff und Transaktionseigenschaften

Nach einer ersten, etwas speziellen Definition von Bernstein (vgl. [BHG87]) ist eine Transaktion die "Ausführung eines Programms, das Benutzerfunktionen - meist unter Zugriff auf eine gemeinsame Datenbank - oft *on-line*, und in gewissem Sinne *sicher* realisiert". Typische Beispiele für Transaktionsanwendungen in der Praxis sind: eine Sitzplatzreservierung in einem rechnergestützten Buchungssystem (mit allen dazu nötigen Teilaktivitäten wie z.B.: Übersicht über freie Plätze, Rückfrage beim Kunden, Entscheidung, Buchung und Rückbestätigung etc.), das Abheben von Geld von einem Bankkonto, das Verbuchen eines Aktienkaufes, das Lesen und/ oder Ändern von Bildschirmtextseiten, das Herstellen von Telefonverbindungen etc.

Gemäß der vollständigen, klassischen Definition (vgl. [Gray81], [HäRe83], [LoSc87], [Date90]) sind - zunächst auf zentralisierten Systemen realisierte - Transaktionen Sequenzen von Verarbeitungsschritten mit den folgenden, sogenannten "ACID"- Eigenschaften:

A *tomic:*   d.h. entweder werden *alle* oder *keine* der Operationen "atomar" aus- geführt;

C *consistency preserving:* d.h. die vollständige Ausführung der Transaktion be- wahrt die Konsistenz aller Daten, auf die sie zugreift;

I *solated:*   d.h. Transaktionen gewährleisten Schutz vor parallelen Daten(bank)- zugriffen anderer Transaktionen; und

D *urable:*   d.h. alle Transaktionsergebnisse (also vor allem Änderungen der Da- ten) sind nach Transaktionsende dauerhaft.

Ein Beispiel für eine typische verteilte Transaktionsanwendung ist die "sichere" Re- alisierung einer Auszahlung durch einen *Geldausgabeautomaten* sowie der Ver- buchung aller damit zusammenhängenden Vorgänge. Ein *Ablaufbeispiel* der dabei durchzuführenden Teilaktivitäten könnte wie folgt aussehen:

- Beginn der Transaktion auf dem Rechner einer Bank,
- Eingang einer Nachricht von einem externen Geldautomaten,
- Aktualisierung der Kundendatei der zuständigen Bank,
- Aktualisierung der entsprechenden Automatentabelle,
- Aktualisierung der jeweiligen Banktabelle,
- Eintrag eines Logs in eine 'History'-Tabelle,
- Rücksenden einer Antwort an den externen Geldautomaten,
- Durchführung der Geldausgabe,
- Schreiben eines lokales Log-Eintrages am Geldautomaten
- Ende der Transaktion.

Dabei kann eine diese Aktivitätsfolge realisierende (herkömmliche) Transaktions- ausführung grob in die folgenden drei Teilfunktionen untergliedert werden:

1. Benutzerauftrag (z.B. vom Terminal) entgegennehmen,
2. Auftrag (i.d.R. unter Beteiligung einer Datenbank) bearbeiten,
3. Antwort an Benutzer zurücksenden.

Für viele - insbesondere kommerzielle - Transaktionssysteme ist es weiterhin typisch, daß *sehr viele* derartige Transaktionen (quasi) *parallel* auf einem gemeinsamen Rechner und/oder Datenbestand, oft unter harten *zeitlichen Randbedingungen* (interaktive Benutzer!) ausgeführt werden. Hierbei sind alle Transaktion untereinander logisch unabhängig, werden jeweils genau einmal ausgeführt und ändern im "Erfolgsfall" (den man auch als Transaktions-*Commit* bezeichnet) alle geschriebenen Daten permanent. Für den Fall, daß eine Transaktion dagegen - entweder auf Initiative des Benutzers *(Rollback)* oder des Systems *(Abort)* - nicht erfolgreich zu Ende geführt werden kann, werden alle im Laufe der Transaktion zugegriffenen Daten wieder in ihren Ausgangszustand (d.h. in den Zustand, in dem sie vor Beginn der Transaktion waren) zurückversetzt.

Erfolgreich beendete Transaktionen garantieren damit, daß alle im Laufe der Transaktionsausführung vorgenommenen Änderungen der Daten nicht verloren gehen sowie alle an nachgeordnete Knoten in verteilten Umgebungen versandten Nachrichten tatsächlich abgeliefert werden. Dabei verbirgt "das System" (d.h. eine korrekte Implementierung einer - evtl. verteilten - Transaktionsunterstützung) alle Aspekte der Parallelität und möglicherweise auftretender Systemfehler auf tieferen Schichten der Systemimplementierung vor dem Anwendungsprogrammierer. Wie auch in zentalisierten Transaktionsumgebungen werden so insbesondere Schutzfunktionen gegen Programmierfehler, konkurrierende Betriebsmittelanforderungen sowie den Verlust von Speichermedien oder Rechnerinstallationen realisiert.

Zusammenfassend lassen sich damit nach [Reut90] die typischen *Anforderungen* an moderne Transaktionssysteme in drei unterschiedliche Gruppen einteilen:

A)   **Systemanforderungen** wie

*   flexible Größe,
*   hohe Verfügbarkeit,
*   sichere Ausführung,
*   Unterstützung vieler verschiedener, oft datenintensiver Endanwendungen,
*   Verteilung von Funktionen auf unterschiedliche Knoten in Rechnernetzen,
*   hohe Performanz sowie
*   sehr gute Benutzerführung;

B)   Entwicklungsanforderungen wie

- leichte Programmierbarkeit, geringe Fehleranfälligkeit, Verwendbarkeit von Software-Werkzeugen,
- Einheitliche Schnittstellen für z.B. vereinfachte(s) Training, Interkonnektivität, Wiederverwendbarkeit,
- 'On-line'-Erweiterbarkeit,
- Verfügbarkeit von 'Monitoring'-, Sicherheits-, Kontroll- und 'Recovery'-Werkzeugen sowie

C)   Benutzeranforderungen wie

- hohe Performanz (d.h. viele Transaktionen pro Sekunde),
- hohe Verfügbarkeit (wie z.B. durchschnittliche Zeit zwischen zwei Fehlern, *Mean Time Between Failures,* weniger als drei Monate; mittlere Reperaturdauer, *Mean Time To Repair,* weniger als eine Stunde),
- Atomarität der Einzelanwendungen (i.d.R. nur aus Benutzersicht) sowie
- Dauerhaftigkeit der Änderungen - auch bei Fehlern.

Eine im weiteren Sinne verteilte, komfortable und sichere Transaktionssteuerung sollte zudem noch Systemeigenschaften garantieren wie: einfache Systembedienung (Ergonomie), z.T. sehr hohe Systemverfügbarkeit, effizienter Daten(bank)zugriff, hohe Verfügbarkeit des Servers auch bei Änderungen sowie gegebenenfalls zusätzliche Funktionen zur Gewährleistung von der Datensicherheit auf der Basis einfacher Sicherungsprozeduren.

Typische *technische Grenzen* traditioneller Realzeit-Transaktionssysteme *(Online Transaction Processing,* OLTP) liegen derzeit nach [GrRe93] in der Größenordnung von ca. 100.000 parallel bedienten Endgeräten, ca. 1.000 zugreifbaren Plattenlaufwerken sowie z.B. ca. 3.000 (i.d.R. kurzen) transaktionsbasierten Anfragebearbeitungen pro Sekunde.

Damit sind in modernen - zentralisierten wie verteilten - (Datenbank-) Systemen (evtl. verteilte) Transaktionen inzwischen die wichtigsten Verarbeitungs- und Recovery-Einheiten. Darüber hinaus bekommt die Steuerung von komplexen Abläufen und zusammengehörigen Aktivitäten durch Transaktionsmechanismen (im weiteren Sinne) heute auch in allgemeinen verteilten Systemumgebungen eine immer größere und immer mehr über die reine Datenverwaltung hinausgehende Bedeutung. Dabei führen insbesondere Eigenschaften von nicht-datenverwaltenden Systemkomponenten (z.B. des Geldausgabeautomaten im obigen Beispiel) dazu, daß einige Eigenschaften traditioneller Transaktionssysteme - zumindest für einzelne Systemkomponenten - in neuem Licht gesehen werden müssen.

Im obigen Beispiel der verteilten, transaktionsbasierten Realisierung einer Geldausgabeprozedur, die nicht nur Datenbankzugriffe, sondern auch den Geldausgabeautomaten mit einbezieht, sind dies beispielsweise Einschränkungen bei der grundsätzlichen Fähigkeit zum jederzeitigen 'Backup' vor Transaktionsende. (Kann eine derartige Eigenschaft etwa auch noch *nach* bereits erfolgter Geldausgabe sinnvoll gefordert werden?)

Daneben führen die oft in (gerade großräumig) verteilten Systemen über klassische Transaktionssysteme hinausgehenden *Autonomie*anforderungen einzelner Teilknoten dazu, daß bestimmte Transaktionseigenschaften in verteilten Umgebungen neu definiert werden müssen (siehe dazu z.B. [Jabl90]).

5.2 Transaktionsverwaltung in verteilten Umgebungen: TP-Monitore

5.2.1 Grundfunktionen von TP-Monitoren

Die *traditionelle* transaktionsorientierte Datenverarbeitung, wie sie in der Praxis immer noch stark vertreten ist (z.B. die frühen Versionen von CICS [IBM-CICS]), zeichnet sich - neben den im vorangegangenen Abschnitt dargestellten Eigenschaften - vor allem dadurch aus, daß Benutzer über viele, z.T. unterschiedliche, voneinander unabhängige Endgeräte (siehe etwa die Terminals T1-T4 im Beispiel der Abbildung 5-1) auf Anwendungsprogramme (AP1-AP3 im o.g. Beispiel) zugreifen und diese wiederum - häufig auch nicht lokal - Zugang zu - oft gemeinsam genutzten - Daten(bank)beständen haben.

Dabei realisieren die *Anwendungsprogramme* - häufig redundant und meist im Mehrbenutzerbetrieb - vor allem die spezielle Anwendungssemantik. Zur Unterstützung dieser Anwendungen verwaltet in der Regel eine (oder auch mehrere) *Datenbank*komponente(n) gemeinsam genutzte Datenbestände effektiv und für die

Erfordernisse einer Vielzahl von parallelen Anwendungen und Benutzern. Schließlich sorgt in verteilten Systemumgebungen eine *Datenkommunikations*komponente dafür, daß meist verschiedenartige Typen von Endgeräten (z.B. Terminals) die Endbenutzerfunktionen einfach und komfortabel den menschlichen (und bei derartigen Systemen typischerweise häufig nur gelegentlichen) Benutzern zur Verfügung stellen.

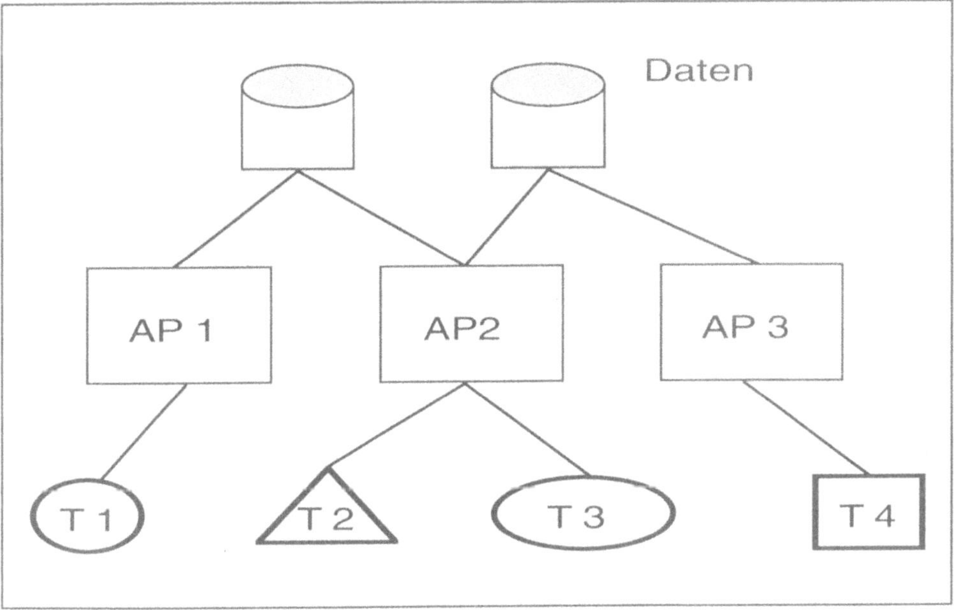

Abb. 5-1:   Architekturmodell traditioneller Transaktionsverarbeitung

In transaktionsorientierten Umgebungen sind also viele der für jedes Anwendungsprogramm immer wieder neu zu implementierenden Funktionen (wie z.B. die Endbenutzerschnittstellen, der Zugang zu den verschiedenen Anwendungsprogrammen, der Zugriff auf - oft heterogene - Datenbestände, die Parallelitätskontrolle etc.) einander weitgehend ähnlich und müssen in traditionellen Systemumgebungen immer wieder (redundant) neu implementiert werden. Daher liegt es nahe, in einer verbesserten Stufe der Systemarchitektur derartige Funktionen in einer eigenen, für transaktionsorientierte Anwendungsprogramme *gemeinsamen* ("generischen") Systemkomponenten zusammenzufassen. Solche Systemkomponenten werden in transaktionsorientierten Anwendungsumgebungen auch *Transaktions-* (oder *Teleprocessing-* bzw. abgekürzt *TP-) Monitore* genannt.

Kommerzielle Transaktionsmonitore stellen beispielsweise CICS [IBM-CICS] in verschiedenen technischen Varianten für unterschiedliche IBM-Systeme, ACMS [DEC-ACMS] für Systeme der Firma Digital Equipment, 'Pathway' [TAN-PW] von Tandem oder etwa der ENCINA-Transaktionsmonitor [Sher93] von der Firma Transarc dar. (Zur Vertiefung siehe besonders [GrRe93].)

Unter Verwendung von TP-Monitoren ergibt sich für eine moderne Transaktionsverarbeitung die in Abbildung 5-2 dargestellte, vereinfachte Systemarchitektur.

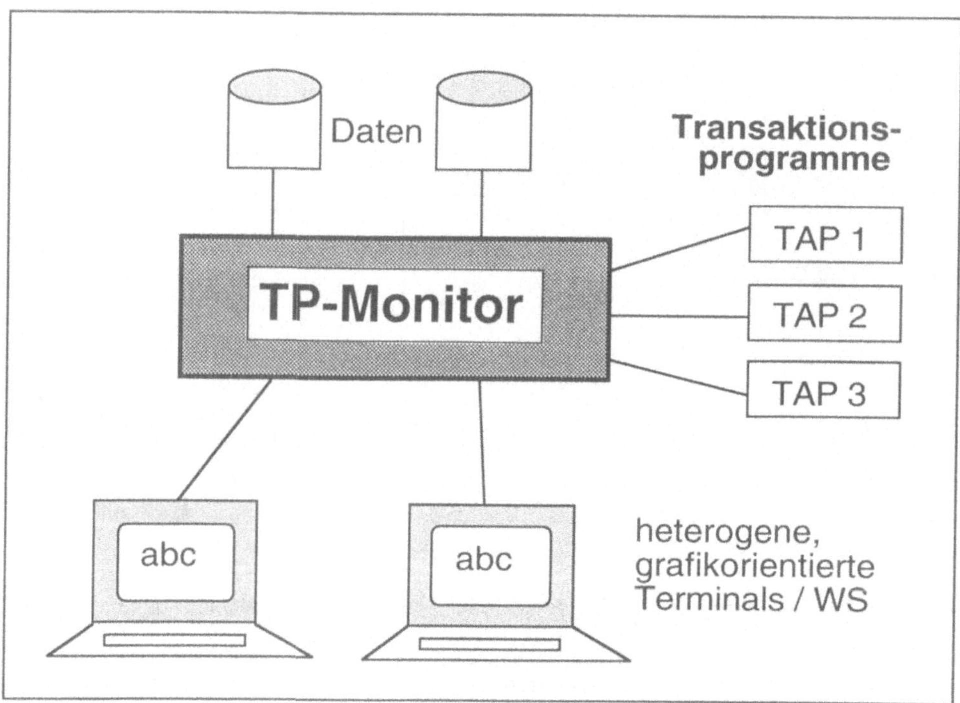

Abb. 5-2:   Architekturmodell moderner Transaktionsverarbeitung

In einem derartigen Szenario implementieren die zugreifbaren Anwendungsprogramme *(Transaktionsprogramme)* nur noch die für sie speziellen Teile der Anwendungssemantik und das *Kommunikationssystem* - in verteilten Umgebungen - z.B. Aufgaben der Namensübersetzung, des Nachrichtenversandes sowie evtl. einer weitgehenden Verteilungstransparenz. Schließlich stellt die *TP-Monitor*-Komponente beispielsweise Funktionen der verteilten Transaktionsverwaltung, Parallelitätskontrolle, 'Recovery' sowie möglicherweise einer Integration von Anwendungen und Diensten sowie - evtl. indirekt - spezielle Werkzeuge (wie z.B. DBMS, Dictionary, Mess- und 'Tuning'-Hilfen etc.) für alle Anwendungen gemeinsam zur Verfügung. Zudem kann ein TP-Monitor in der Regel verschiedenartige Arten von Endgeräten auf einheitliche Weise bedienen, so daß auch die Anwendungsprogramme von Problemen einer möglichen Heterogenität der Endgeräte weitgehend entlastet werden können.

TP-Monitore verwalten damit den Auftrags- und Resultatsfluß zwischen Endgeräten (z.B. Terminals), anderen Knoten, Warteschlangen und Transaktionsprogrammen. Sie stellen so eine einheitliche Ausführungsumgebung für verschiedenartige Anwendungen bereit und unterstützen dabei meist viele (z.B. bis zu 100.000), auch verschiedenartige Endsysteme. TP-Monitore erlauben die Ausführung von Transaktionen sowohl als Batch-Programme als auch interaktiv (Definition und Scheduling). Im einfachsten Fall unterstützen sie ein einfaches Programmiermodell, in dem jedem Terminal sein eigener Prozeß (Task, Thread) mit Kontext zugeordnet ist. Zudem stellen sie einen Satz von Standardfunktionen bereit, wie (typischerweise) Präsentationsdienste, Funktionen zur Autorisierung, Warteschlangenverwaltung, Funktionen zum Datenbankzugriff, zur Verwaltung von Server-Klassen, Terminal-Simulation (Lastgenerator), Protokollierung und Fehlerbehandlung etc.

TP-Monitore haben Schnittstellen zur *Programmierung* und zum *Betriebssystem*, zur *Administration* und zum *Betrieb* (z.B. Konfigurationsverwaltung) sowie zum eigentlichen (oft interaktiven) Endbenutzer des Systems. Im Überblick läßt sich die Einbettung eines TP-Monitors in die Umgebung der wesentlichen anderen Systemkomponenten wie in Abbildung 5-3 (nach [MeWe88]) dargestellt charakterisieren.

Nach [Reut90] stellen TP-Monitore als Ergänzung moderner Betriebssysteme fur transaktionsorientierte verteilte Anwendungen die folgen Klassen von funktionalen Schnittstellen bereit:

A)   Dienstklassen zur **Anwendungsunterstützung** wie

- Präsentationsdienste für Endbenutzersysteme,
- Transaktionsorientierte Terminal-Kontext-Verwaltung,
- Verwaltung von Auftragswarteschlangen,
- Verwaltung von Server-Klassen,
- Programmverwaltung (dynamisches Laden),
- Funktionen zur Lastbalancierung,

B)   Bedienerschnittstellen für

*   Systemkonfiguration und -änderung,
*   Messungen des Systemverhaltens,
*   Optimierung des Systemverhaltens sowie

C)   Anwendungsschnittstellen wie

*   Schnittstellen für die Anwendungsprogrammierung oder
*   Schnittstellen für den Anwendungstest.

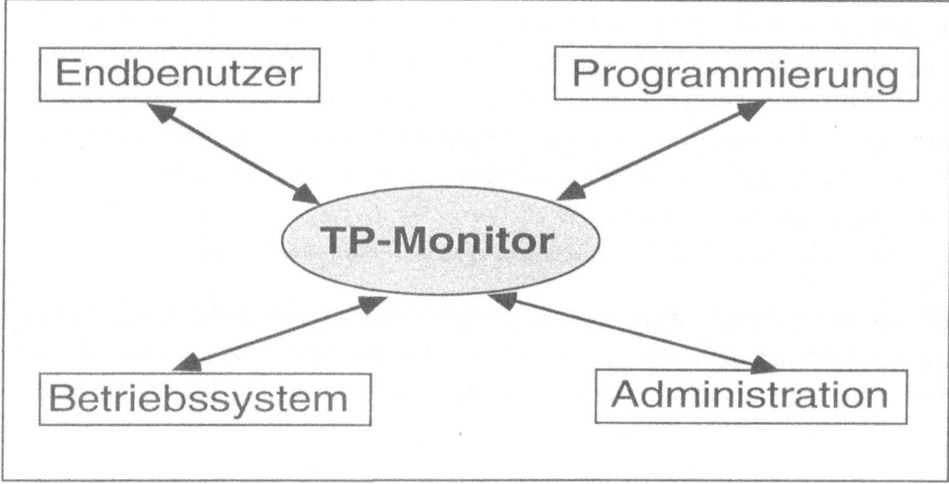

Abb. 5-3:   Systemschnittstellen eines TP-Monitors

5.2.2 Architektur von TP-Monitoren

Ein abstraktes Architekturmodell für TP-Monitore hat Bernstein in [Bern90] angegeben. Es beschreibt die wesentliche Teilaufgaben von TP-Monitoren sowie ihre Beziehungen untereinander und zu anderen wesentlichen Systemkomponenten. Dieses Modell unterteilt die Grundfunktionen eines TP-Monitors in die folgenden vier
Bereiche: Nachrichtenverwaltung *(Message Manager)*, Anfragekontrolle *(Request
Control)*, Anwendungsdienste *(Application Server)* und Datenbankverwaltungssy-

stem *(Database System)*. Beziehungen zu anderen Systemkomponenten bestehen zu direkt oder über ein Netz angeschlossenen Endsystemen sowie zur zentralen Datenhaltungskomponente (siehe Abbildung 5-4).

Das Architekturmodell von Bernstein [Bern93] beschreibt die vier Grundfunktionen eines TP-Monitors mit ihren jeweiligen Aufgaben wie folgt:

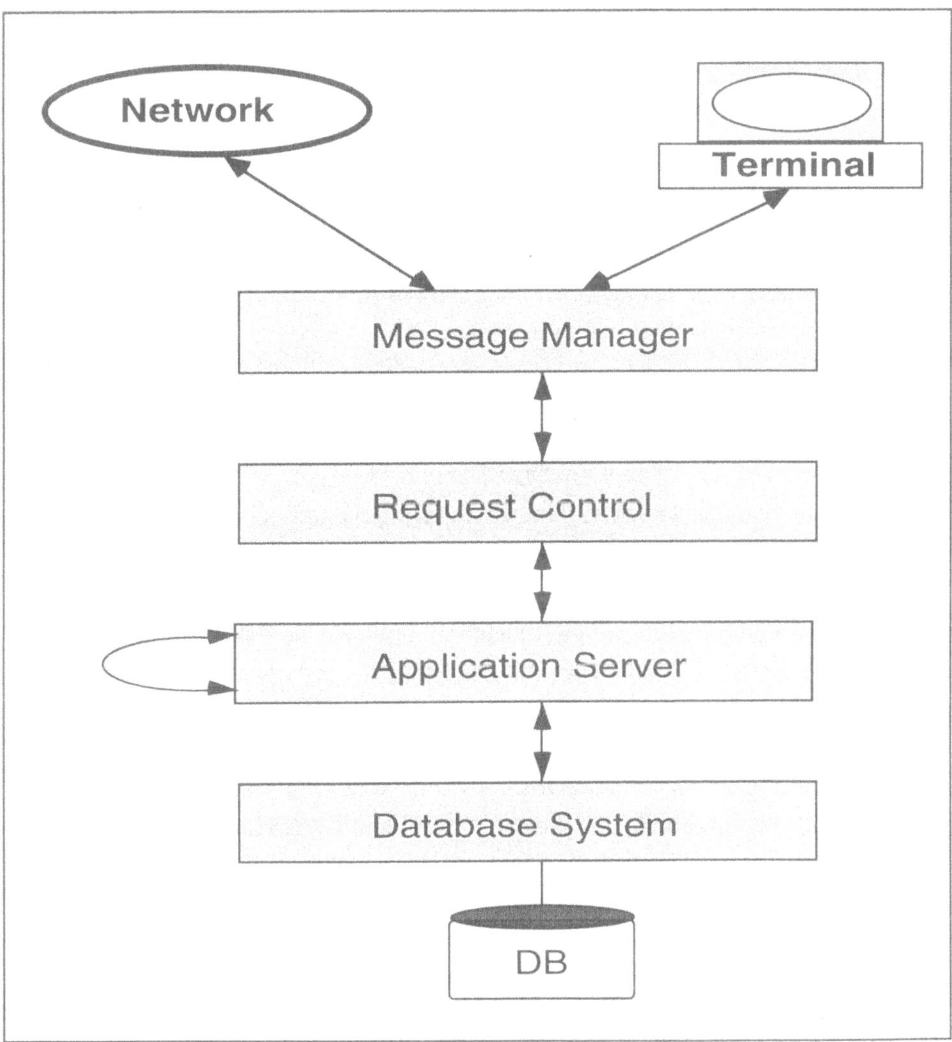

Abb. 5-4: Architekturmodell für TP-Monitore nach Bernstein

A)   Der *Message Manager*

- nimmt Transaktions-Input entgegen,
- konstruiert daraus einen "standardisierten" Dienstaufruf an die 'Request Control'-Komponente und
- gibt Transaktionsergebnisse zurück.

B)   Die *Request Control*

- startet und beendet Transaktionen,
- bestimmt den Typ des Dienstaufrufes und
- gibt den Aufruf an eine geeignete Anwendung weiter.

C)   Der *Application Server*

- führt die durch den Dienstaufruf angegebene Anwendung aus -
- eventuell unter Beteiligung auch anderer Anwendungen.

D)   Das *Database System*

- verwaltet die gemeinsam genutzten Daten und
- kann dies prinzipiell sowohl lokal als auch verteilt tun.

Eingebettet in die unterstützenden Funktionen eines Kommunikationssystems wird damit ein einzelner TP-Monitor oft als eine eigene, generische Funktionseinheit realisiert (siehe Abbildung 5-5). TP-Monitore stellen - z.Zt. hauptsächlich - für einzelne Anwendungsprogramme auf einem (oder mehreren) Server(n) eine einheitliche Sicht auf alle verschiedenen *Endsysteme* (bzw. die dort ablaufenden Prozesse) her. Zukünftig können sie aber auf der anderen Seite auch den verschiedenen Endsystemen eine einheitliche Sicht auf die verschiedenen *Anwendungsprogramme*, evtl. auch auf unterschiedlichen Knoten im Netz, zur Verfügung stellen. Damit bieten sie gute Voraussetzungen für eine übergreifende Koordinationsfunktion von komplexen, zusammengesetzten Abläufen in verteilten Systemumgebungen (s.u.).

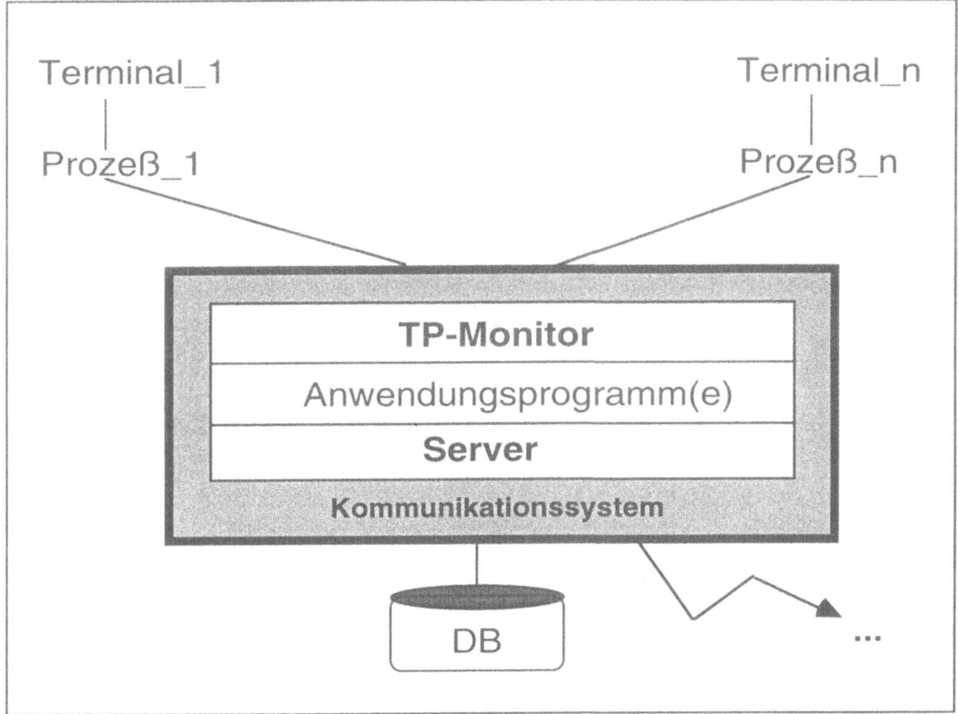

Abb. 5-5: TP-Monitor in verteilter Umgebung

Bisher werden die hier beschriebenen Koordinationsfunktionen im wesentlichen durch eine eigenständige Systemkomponente (den *TP-Monitor* - wie oben dargestellt) realisiert. In Zukunft ist jedoch zu erwarten, daß viele von ihnen auch als integrale Bestandteile moderner *Betriebssysteme* implementiert werden. Damit können Transaktionsprogramme auf der Basis erweiterter TP-Monitore in zukünftigen Systemumgebungen eine ganz wesentliche *Integrationsfunktion* für die Koordination verteilter, datenintensiver Anwendungen bekommen. Abbildung 5-6 gibt dazu ein Beispiel nach [GrRe93]. Es zeigt die Koordination der Zugriffe eines abgesetzten I/O-Systems auf verschiedenen (Datenbank- und andere) Server in einer verteilter Umgebung über eine Transaktionsprogramm. Zwischen einzelnen Benutzerinteraktionen dient hier zudem eine (sichere, persistente) "Kontextverwaltung" dazu, Zwischenzustände eines Programmablaufes zu verwalten und zur späteren Wiederverwendung aufzubewahren.

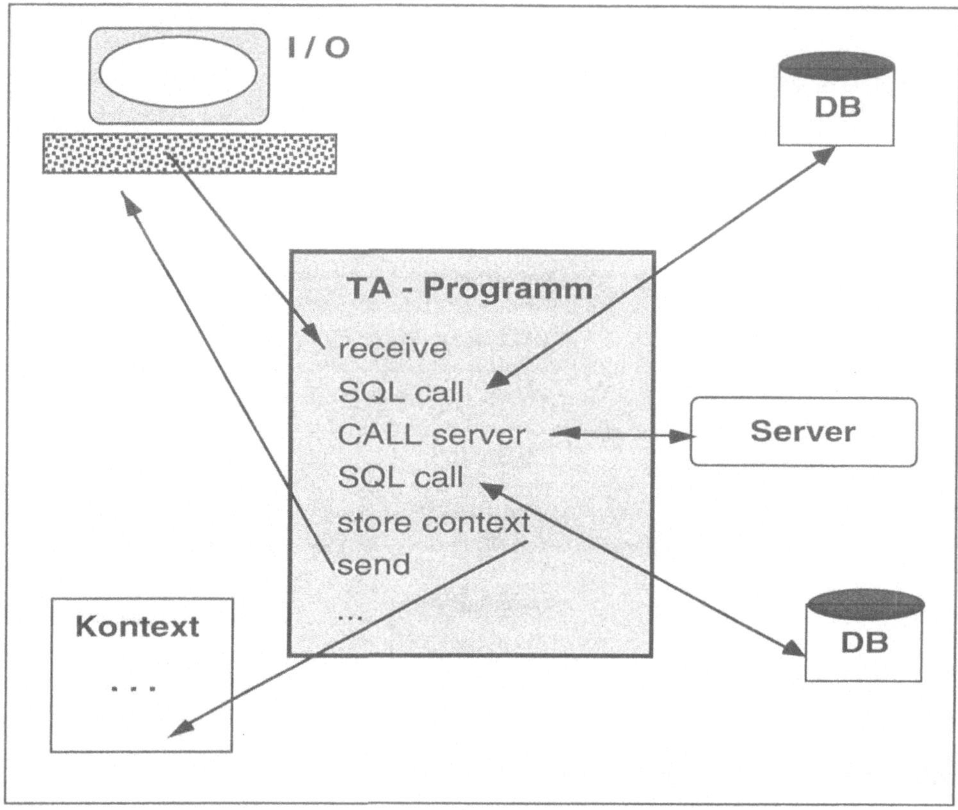

Abb. 5-6:   Integration verteilter Anwendungen durch TP-Monitore

5.3 Kommunikationsunterstützung für verteilte Transaktionen

5.3.1 Verteilte Transaktionen

Verteilte Transaktionen umfassen komplexe, zusammengesetzte Verarbeitungsfolgen, von denen einzelne Teile - evtl. mehrstufig gegliedert - auch auf anderen Knoten einer Rechnernetzumgebung ablaufen können. Wichtigstes Ziel verteilter Transaktionen ist es, wesentliche Eigenschaften (insbesondere die Atomarität) von transaktionsgesicherten Verarbeitungsfolgen aus zentralisierten Systemumgebungen auch unter den Randbedingungen verteilter Systeme sicherzustellen. Ein darüber hinausgehendes Ziel ist es zudem, diese auch in offenen verteilten Umgebungen, d.h. unter den Randbedingungen von Heterogenität bei Netzen und Endsystemen zu gewährleisten.

Prinzipiell gibt es für Anwendungsprogramme in verteilten Umgebungen die Alternativen einer Verteilung von *Daten* auf der einen oder von *Funktionen* auf der anderen Seite. In der Tradition der Datenbanksysteme (die die Daten eher als statisch und lokal fixiert, die Funktionen dagegen als eher verteilbar ansehen) steht auch bei der Realisierung von Datenverwaltungsfunktionen in verteilten Umgebungen die Verteilung und damit das Versenden von *Funktionen*, d.h. von Funktionsaufrufen und Resultaten im Netz im Vordergrund des Interesses. Wie im vorangegangenen Kapitel dargestellt, werden entfernte Funktionsaufrufe in verteilten Client/ Server-Systemen vor allem auf der Basis von entfernten Prozeduraufrufen (d.h. durch RPC) realisiert. Diese wiederum können dann in verteilten Umgebungen durch entsprechend verteilte Transaktionen sicher implementiert, d.h. insbesondere synchronisiert werden.

Prinzipiell können bei einer Verteilung von Funktionen die folgenden alternativen Verteilungsgrundlagen unterschieden werden:

* **Aktionsverteilung:**

    Verteilung einzelner, semantisch nicht abgeschlossener Einzelaktionen zur getrennten Ausführung im Netz,

* **Transaktionsverteilung:**

    Verschicken vollständiger (Teil-) Transaktionen zur Bearbeitung auf evtl. unterschiedliche Knoten im Netz sowie

* **Funktionsverteilung:**

    Verteilung vollständiger, semantisch zusammenhängender Funktionen auf evtl. unterschiedliche Knoten im Netz.

Da auf der einen Seite bei einer *Aktions*verteilung die Koordination der aus den einzelnen Aktionen bestehenden semantisch vollständigen Transaktionen vom Anwender selbst (fehleranfällig!) koordiniert, auf der anderen Seite aber eine *Funktions*verteilung ohne detailliertes Wissen über die Anwendungssemantik kaum zu realisieren ist, steht hier die im vorangegangenen Abschnitt beschriebene *Transaktionsverteilung* (OLTP) im Vordergrund der Betrachtung.

5.3.2 Kommunikationsunterstützung

Komplexe Aufgaben der Datenverwaltung in *verteilten* Systemen basieren nicht nur auf der oben beschriebenen sicheren Integration von Einzelaktivitäten größerer Gesamtzusammenhänge, sondern erfordern zudem auch noch gesicherte *Kommunikationsmechanismen*, die den Transport von Nachrichten (z.B. Teilaufträgen) zwischen den an einer komplexen Aufgabenstellung beteiligten Komponenten auf verschiedenen Knoten im Netz - auch in Fehlerfällen - sicher realisiert. Daher benötigen verteilte datenintensive Anwendungen Mechanismen zur Transaktionsverwaltung sowohl auf der Ebene der oben beschriebenen Datenverwaltung als auch auf der des dabei verwendeten *Kommunikationssystems*. Bei der Implementierung verteilter Datenverwaltungs- und Transaktionssysteme resultiert so jeweils ein sehr großer Teil des Aufwandes aus der Notwendigkeit, die oben genannten Transaktionseigenschaften - wenn auch nur teilweise - in allen möglichen Fehlersituationen sicher zu gewährleisten.

Eine weitere Frage, die sich bei der Verwendung von Transaktionen in verteilten Umgebungen neu stellt, ist die, wann eine bestimmte Ablauffolge von zusammenhängenden Teiltransaktionen als "korrekt" anzusehen ist. In traditionellen zentralisierten Datenbanksystemen dient die *Serialisierbarkeit* von Transaktionen als Korrektheitskriterium: Ein Transaktionsablauf gilt immer dann als korrekt, wenn sein Ergebnis dem einer beliebigen sequentiellen Abarbeitung der zugrunde liegenden Einzelaktivitäten entspricht (siehe z.B. [Date90]). In verteilten Systemumgebungen jedoch - mit naturgemäß hoher *Nebenläufigkeit* von Einzelaktivitäten - macht ein auf Ablauf*sequenzen* aufgebautes Korrektheitskriterium wenig Sinn. Daher müssen sowohl die verteilte Transaktionssemantik als auch die Korrektheitskriterien verteilter Transaktionen verallgemeinert und z.T. neu definiert bzw. abgeschwächt werden (siehe z.B. [Jabl90]).

Ohne jedoch diese Problematik weiter zu vertiefen (nähere Ausführungen dazu siehe z.B. in [ÖzVa91] oder in [Elma92]), wird im folgenden die Bedeutung der

Kommunikationsunterstützung für verteilte Transaktionen an einem einfachen Beispiel erläutert.

Verteiltes 'Atomic Commitment'

Der englische Begriff des verteilten *Atomic Commitment* umschreibt die atomare Ausführung von Teiltransaktionen einer zusammengehörigen komplexen Aktivität, die in einer verteilten Systemumgebung auf jeweils unterschiedlichen Rechnerknoten im Netz ablaufen können. Dabei bedeutet - wie auch bei Transaktionen in zentralisierten Systemen - die Atomaritätseigenschaft einer verteilten Transaktion, daß auch in Fehlerfällen entweder *alle* beteiligten Teiltransaktionen oder *keine einzige* ihre jeweiligen Datenänderungen erfolgreich abschließen. Stellt man sich die Teiltransaktionen einer zusammenhängenden verteilten Aktivität als Äste eines gemeinsamen (und nach unten durch weitere Transaktionskomponenten fortsetztbaren) *Transaktionsbaumes* vor, so entsteht eine hierarchische Struktur von verteilten Transaktionen auf mehreren Ebenen, die auf jeweils unterschiedlichen Knoten im Netz ausgeführt werden können.

In einem derartigen Szenario wird klar, daß nicht mehr irgendein herkömmliches lokales Transaktionsverwaltungssystem auf nur einem Knoten im Netz die Atomaritätseigenschaft für die *gesamte* verteilte ("globale") Transaktion sicherstellen kann. Deshalb wird hier eine *gemeinsame Kommunikationsunterstützung* zur Abwicklung eines *Protokolls* zur Sicherstellung der Atomaritätseigenschaft auch verteilter Transaktionen notwendig. Diese hat insbesondere die Aufgabe, zwischen allen beteiligten Knoten die jeweils erforderlichen Nachrichten (wie z.B. Aufträge, Antworten etc.) so sicher zu übertragen, daß - im Zusammenwirken der Kommunikationsunterstützung mit den jeweiligen lokalen (Transaktions-) Sicherungsmechanismen der einzelnen Teilknoten - eine insgesamt sichere Abwicklung der übergeordneten verteilten Transaktion *(Atomic Commit)* auch in möglichst vielen Fehlerfällen gewährleistet werden kann. Wie in anderen Kommunikationsdiensten auch, wird dieses Ziel sowohl durch die sichere Übertragung bestimmter vordefinierter *Nachrichten* zwischen den transaktionsverarbeitenden Knoten im Netz als auch durch ein bestimmtes *Ablaufprotokoll* für eine geordnete Verwendung dieser Nachrichten durch die beteiligten Knoten erreicht. Die Funktionsweise einer Kommunikationsunterstützung für verteilte Transaktionen wird im folgenden an einem einfachen Beispiel erläutert.

Das einfachste *Anwendungsbeispiel* verteilten Transaktionsverarbeitung stellt eine übergeordnete 'Debit/Credit'-Transaktion mit zwei verteilten Teiltransaktionen dar, die zur Übertragung eines bestimmten Betrages von einem Konto auf einem Rechnerknoten im Netz auf ein anderes auf einem anderen Rechner im Netz dient (siehe Abbildung 5-7). Dabei initiiert ein sogenannter "Koordinatorknoten" sowohl das Abbuchen des betreffenden Betrages auf dem einem als auch das Zubuchen dieses Betrages auf dem jeweils anderen Knoten im Netz. Eine wichtige Randbedingung dabei ist, daß spezifische semantische Integritätsbedingungen der Anwendung (zum Beispiel hier, daß die Summe beider an der verteilten Transaktion beteiligten Konten vor und nach Transaktionsausführung jeweils gleich ist) auch in Fehlerfällen (insbesondere des Netzes oder einzelner beteiligter Knoten) gewährleistet bleiben. D.h. entweder werden *alle (commit)* oder *keine (rollback)* Operation(en) der "globalen" verteilten Transaktion auf *allen* Teilknoten ausgeführt, damit - in diesem Beispiel - "kein Geld verloren geht" oder nach Transaktionsende "zu viel vorhanden ist".

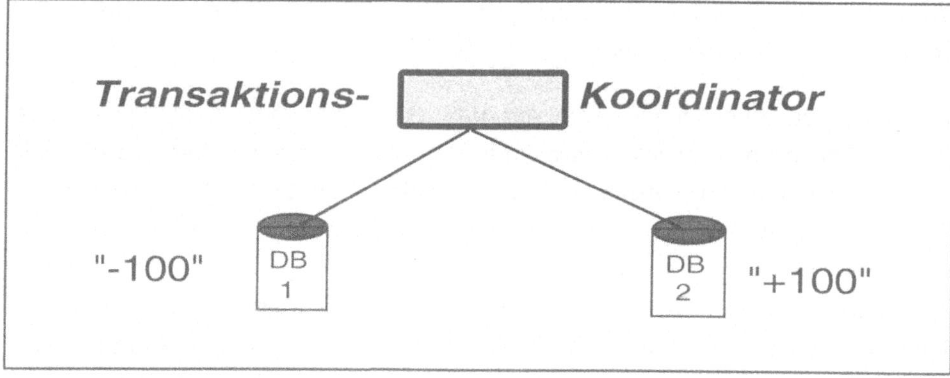

Abb. 5-7:   Einfaches Beispiel verteilter Transaktionsverarbeitung: Verteilte 'Debit/Credit'-Transaktion

Das *Kommunikationssystem* hat nun dafür zu sorgen, daß zunächst alle Teilaufträge (z.B. "buche 100 ab oder zu") vom Koordinator sicher an die beteiligten Endknoten übertragen werden, daß dann die Entscheidungen der Teilknoten, ob die Teiltransaktionen erfolgreich ausgeführt werden konnten *(commit)* oder zurückgesetzt werden mußten *(rollback)*, sicher zum Koordinator zurückgesandt werden und schließlich der Koordinator die Entscheidung über die Gesamttransaktion sicher an alle beteiligten Endnoten übermittelt. Die beteiligten *Endsysteme* haben schließlich

- unabhängig vom Kommunikationssystem - dafür zu sorgen, daß alle sicher übermittelten Aufträge auch tatsächlich weisungsgemäß ausgeführt werden (i.d.R. als lokale Teiltransaktionen - evtl. in Konkurrenz zu anderen parallelen lokalen Transaktionen) und daß der Ausgang dieser Ausführung wiederum korrekt an das Kommunikationssystem zur Übermittlung an die anderen beteiligten Knoten übergeben wird.

Daraus lassen sich die folgenden *Anforderungen* an die am verteilten Transaktionsprotokoll beteiligten Komponenten *(Globale Commit-Regeln)* ableiten:

1. Wenn mindestens ein an der Gesamttransaktion beteiligter Knoten für einen Abbruch *(Abort)* der Gesamttransaktion stimmt, soll der Koordinator ein globales 'Abort' für alle beteiligten Knoten ausrufen und über dieses über das Kommunikationssystem allen beteiligten Knoten bekannt machen.

2. Wenn alle beteiligten Knoten für ein erfolgreiches Transaktionsende *(Commit)* stimmen, so muß der Koordinator die Gesamttransaktion mit 'Commit' beenden.

Weiterhin wird vorausgesetzt, daß alle beteiligten Knoten (bzw. Prozesse auf Rechnerknoten, falls es dort mehrere an der verteilten Transaktion beteiligte gibt) sich "vernünftig" verhalten, was man in Anlehnung an [Reut90] wie folgt definieren kann:

- Alle Knoten, die im Rahmen des verteilten Transaktionsprotokolls eine Entscheidung treffen, treffen letztendlich *dieselbe.*

- Eine einmal getroffene Entscheidung kann von einem Knoten nicht mehr revidiert werden.

- Ein 'Commit' kann nur durchgeführt werden, wenn *alle* Knoten zustimmen.

- Wenn keine Fehler auftreten und alle Knoten zustimmen, wird das 'Commit' durchgeführt.

- Wenn in einer Sequenz von Operationen nur solche Fehler auftreten, die der Algorithmus zu tolerieren in der Lage ist, und wenn alle solche Fehler nach endlicher Zeit beseitigt sind und wenn während einer hinreichend langen Zeit danach keine neuen Fehler mehr auftreten, dann werden alle Knoten letztendlich eine Entscheidung treffen.

5.3.3 Zwei-Phasen-Commit-Protokoll (2PC)

Das verteilte *2-Phasen-Commit-Protokoll* (2PC) stellt die wichtigste elementare Realisierung der oben genannten wesentlichen Grundeigenschaften einer Kommunikationsunterstützung für verteilte Transaktionen dar. Auch hier läuft das entsprechende Protokoll im einfachsten Fall zwischen jeweils einem Koordinator (Wurzel- oder Teilknoten) und allen ihm untergeordneten Knoten eines (verteilten) Transaktionsbaumes ab. Abbildung 5-8 gibt ein Beispiel für einen derartigen, einfachen Transaktionsbaum mit einem Koordinator und drei ihm direkt untergeordneten Teilknoten, auf denen jeweils eine Teiltransaktion abläuft. In Verallgemeinerung des obigen Beispiels sendet dabei der Koordinator in einer *ersten Phase* des Kommunikationsprotokolls den Auftrag, die laufenden Teiltransaktionen zu beenden, an die ihm untergeordneten Teilknoten (Aktion 1 in Abbildung 5-8: 'prepare to commit'). Diese schreiben daraufhin die bis zu diesem Zeitpunkt seit Transaktionsbeginn geänderten Daten in eine lokale Log-Datei (Aktion 2 in Abbildung 5-8: 'write log'), antworten dann dem Koordinator, ob sie ihre jeweilige Teiltransaktion erfolgreich beenden konnten (Aktion 3 in Abbildung 5-8: 'ready'?), der dann wiederum die einzelnen Ergebnisse zusammenfaßt und in sein lokales Logbuch schreibt (Aktion 4 in Abbildung 5-8: 'log'). Damit ist die erste Phase der Gesamttransaktion abgeschlossen. Alle Teiltransaktionen können zu diesem Zeitpunkt noch sowohl erfolgreich abgeschlossen als auch zurückgesetzt werden. (Die Änderungen sind ja bisher nur in den lokalen Logbüchern vorgenommen worden und daher noch nicht "nach außen" für andere parallele Teilnehmer sichtbar!).

Die daran anschließende *zweite Phase* des 2PC-Protokolls hängt nun vom Ausgang der einzelnen Teiltransaktionen ab: Konnten *alle* diese erfolgreich abgeschlossen werden (Aktion 5 in Abbildung 5-8: 'commit'), gibt der Koordinator den Auftrag an alle Teilknoten, zunächst die Originaldaten tatsächlich wie geplant zu ändern (Aktion 6 in Abbildung 5-8: 'change DBs'), dann die Durchführung dieser Aktion in ihre jeweiligen lokalen Logbücher lokal zu vermerken (Aktion 7 in Abbildung 5-8: 'write log') und schließlich den jeweiligen Abschluß der Teiltransaktion dem Koordinator (bzw. im allgemeinen: dem übergeordneten Knoten im Transaktionsbaum) mitzuteilen (Aktion 8 in Abbildung 5-8: 'ok'), damit dieser dann - wie nun auch alle anderen Knoten - sein lokales Logbuch bzgl. dieser (Teil-) Transaktion löschen kann (im Falle eines 'Rollback' entsprechend).

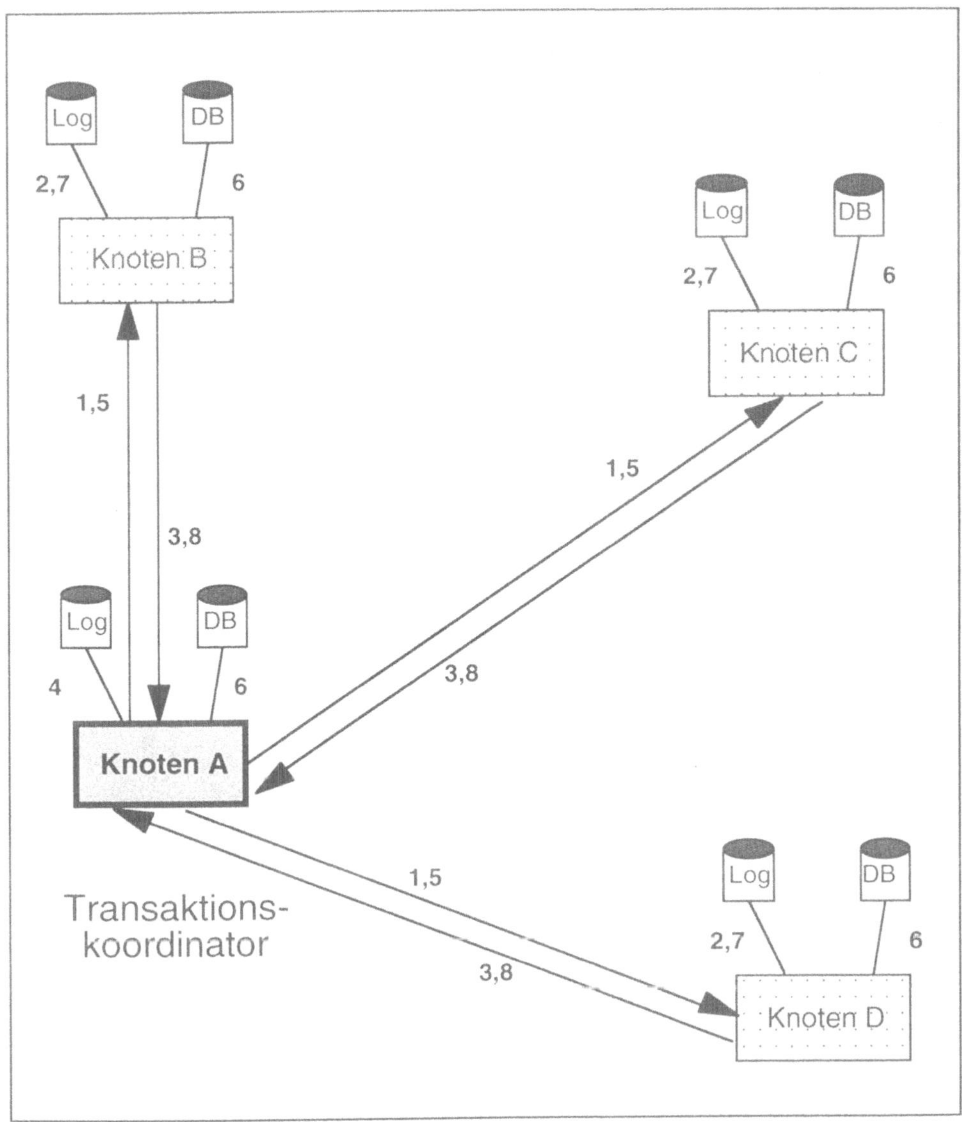

Abb. 5-8: Beispiel für die Abwicklung eines verteilten Zwei-Phasen-Commit-Protokolls

Ein dieses Protokoll realisierender 2PC-Algorithmus ist in [ÖsVa91] angegeben und graphisch wie in Abbildung 5-9 dargestellt.

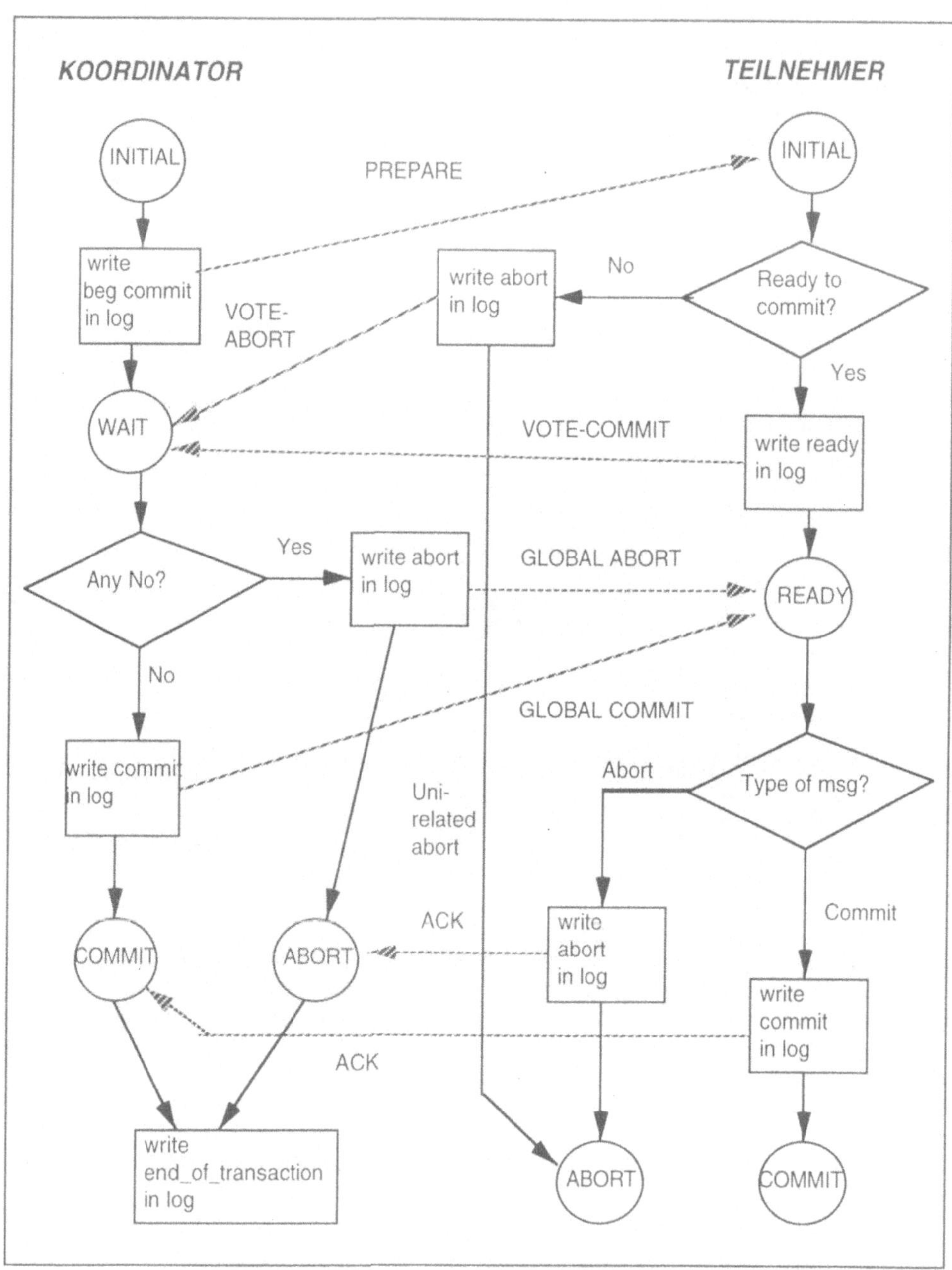

Abb. 5-9:   Ablaufschema für das Zwei-Phasen-Commit-Protokoll nach [ÖsVa91]

Kommunikationsalternativen für das 2PC-Protokoll

Interessant für die Komunikationsunterstützung verteilter Transaktionen ist weiterhin der (in offenen verteilten Systemen evtl. auch standardisierte) Kommunikationsablauf zwischen Koordinator und beteiligten Teilknoten: Im einfachsten und am weitesten verbreiteten Fall wird hier der Nachrichtenversand *zentralisiert* vom Koordinator aus gesteuert (Abbildung 5-10a).

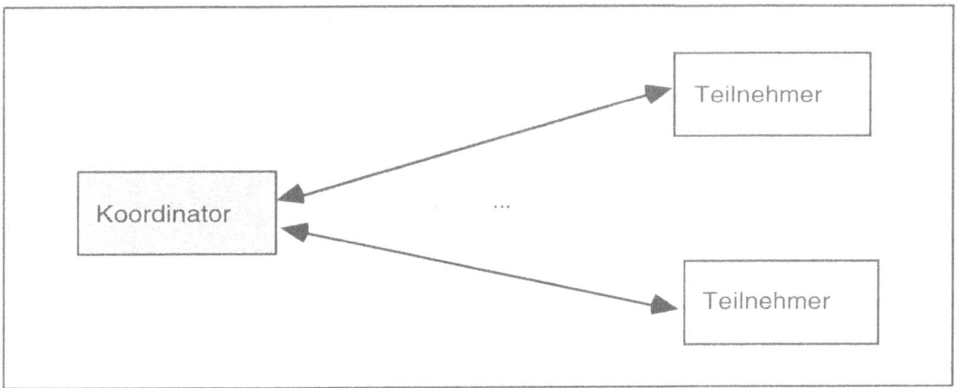

Abb. 5-10a: *Zentralisierter* Kommunikationsablauf beim 2PC-Protokoll

Für bestimmte Anwendungsszenarien (bzw. Netztopologien) kann es aber auch vorteilhaft sein, daß der Koordinator seine an alle Teilknoten gerichtete Nachricht lediglich an einen ersten (z.B. besonders leicht erreichbaren) Teilknoten übermittelt, dieser dann an den nächsten etc. - bis auf diese Weise alle Teilknoten die Nachricht des Koordinators erhalten (bzw. ihre an den Koordinator zurückgesandt) haben *(linearer* Kommunikationsablauf, siehe Abbildung 5-10b).

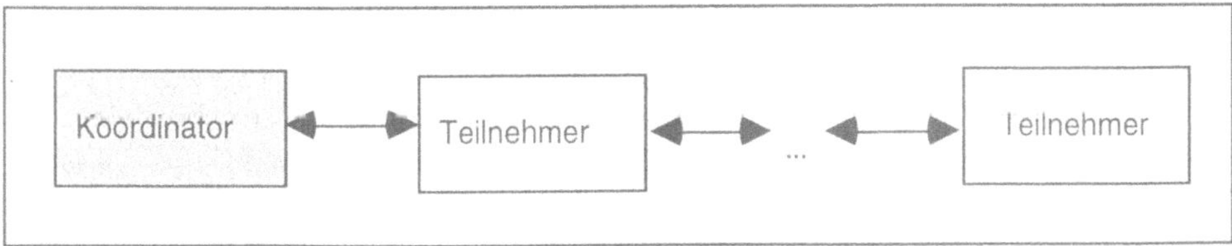

Abb. 5-10b: *Linearer* Kommunikationsablauf beim 2PC-Protokoll

Schließlich gibt es noch die Möglichkeit, daß sowohl der Koordinator Nachrichten an ausgewählte Teilknoten sendet als auch diese untereinander Nachrichten austauschen können *(verteilter* Kommunikationsablauf, siehe Abbildung 5-10c).

In bestimmten Fällen ermöglicht dies Optimierungen des Nachrichtenlaufes, erfordert aber auch ein höheres Maß an Koordination. Wenn in einem derartigen Szenario *alle* Teilknoten untereinander kommunizieren können, ist die zweite Phase des 2PC-Protokolls im Prinzip überflüssig, da sich dann ja die Komponenten direkt untereinander vollständig über den Ausgang ihrer Teiltransaktionen informieren und so auch ohne Intervention des Koordinators selbst "richtig" über den Ausgang der übergeordneten, globalen Transaktion entscheiden können.

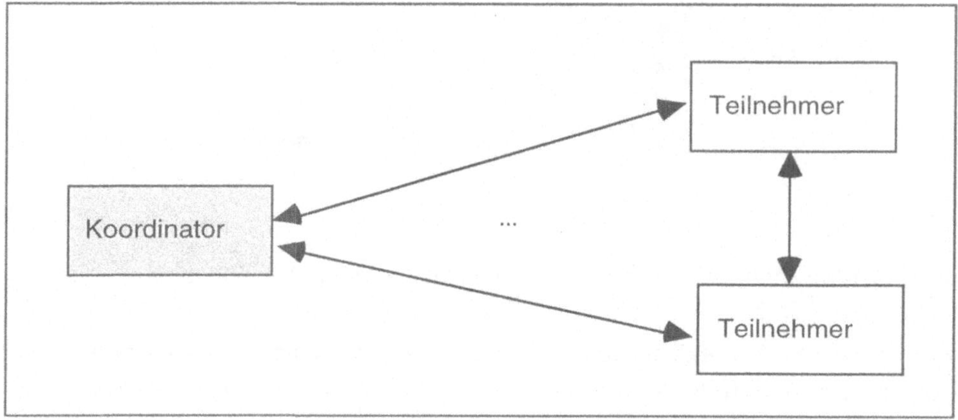

Abb. 5-10c: *Verteilter* Kommunikationsablauf beim 2PC-Protokoll

Entscheidend für die *Kommunkations*unterstützung der Abwicklung von hierarchisch geschachtelten Transaktionen in verteilter Systemen ist schließlich der *Nachrichtenlauf* zwischen Koordinator und direkt und indirekt darunter liegenden Teilknoten. Ein Beispiel eines solchen Nachrichtenverlaufes wird im folgenden (siehe Abbildung 5-11b) für einen übergeordneten (Koordinator-) und vier ihm direkt und indirekt untergeordnete (Teil-) Knoten auf zwei unterschiedlichen Ebenen gegeben. Zur Darstellung des Nachrichtenlaufes (in der zentralisierten Variante des 2PC-Protokolls) dient dabei ein dreistufige verteilter Transaktionsbaum, der in Abbildung 5-11a widergegeben ist.

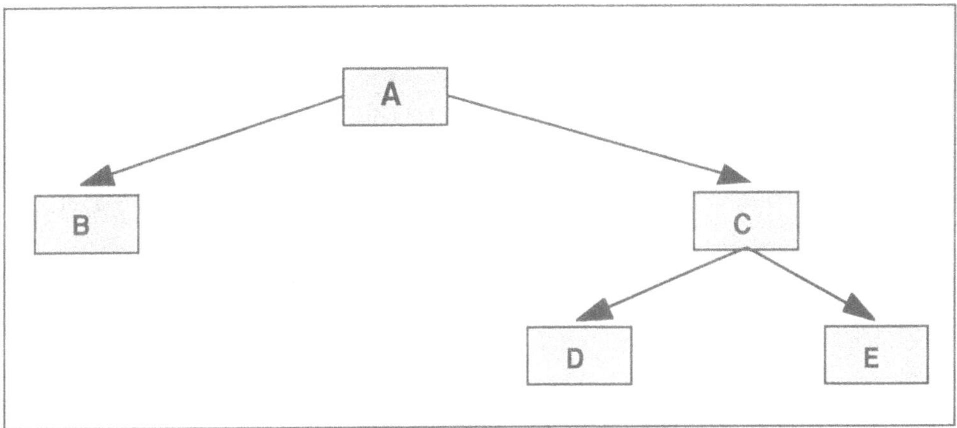

Abb. 5-11a: Beispieltransaktionsbaum für "Zwei-Phasen-Commit"

Für die Beschreibung des zur Kordinatione dieses verteiltes Transaktionsbaumes abzuwickelnden Protokolls wird eine im Bereich der Kommunikation geläufige graphischen Form verwendet (Abbildung 5-11b). Dabei geben die senkrechten, dicken Balken die einzelnen Knoten wider. Die Zeitachse verläuft von oben nach unten und die zwischen den einzelnen Knoten bei der Abwicklung des 2PC-Protokolls ausgetauschten Nachrichten sind - wie oben am ersten Beispiel des 2PC-Protokolls eingeführt - etwas vereinfacht dargestellt als: *prepare* (P), *ready* (R), *commit* (C) und *ok* (ok). Die erste Phase des 2PC-Protokolls ist in diesem Beispiel genau dann beendet, wenn die letzte 'Ready'-Nachricht beim Wurzelknoten (A) eingetroffen ist.

5.3.4 Zur Bewertung des 2PC-Protokolls

Eine erste *Bewertung der Eigenschaften* des 2PC-Protokolls kann nach [Reut90] anhand der folgenden Kriterien vorgenommen werden:

- **Fehlertoleranz:**

   Das 2PC-Protokoll toleriert prinzipiell sowohl Knotenausfälle als auch Kommunikationsfehler (inkl. Netzwerkpartitionierung).

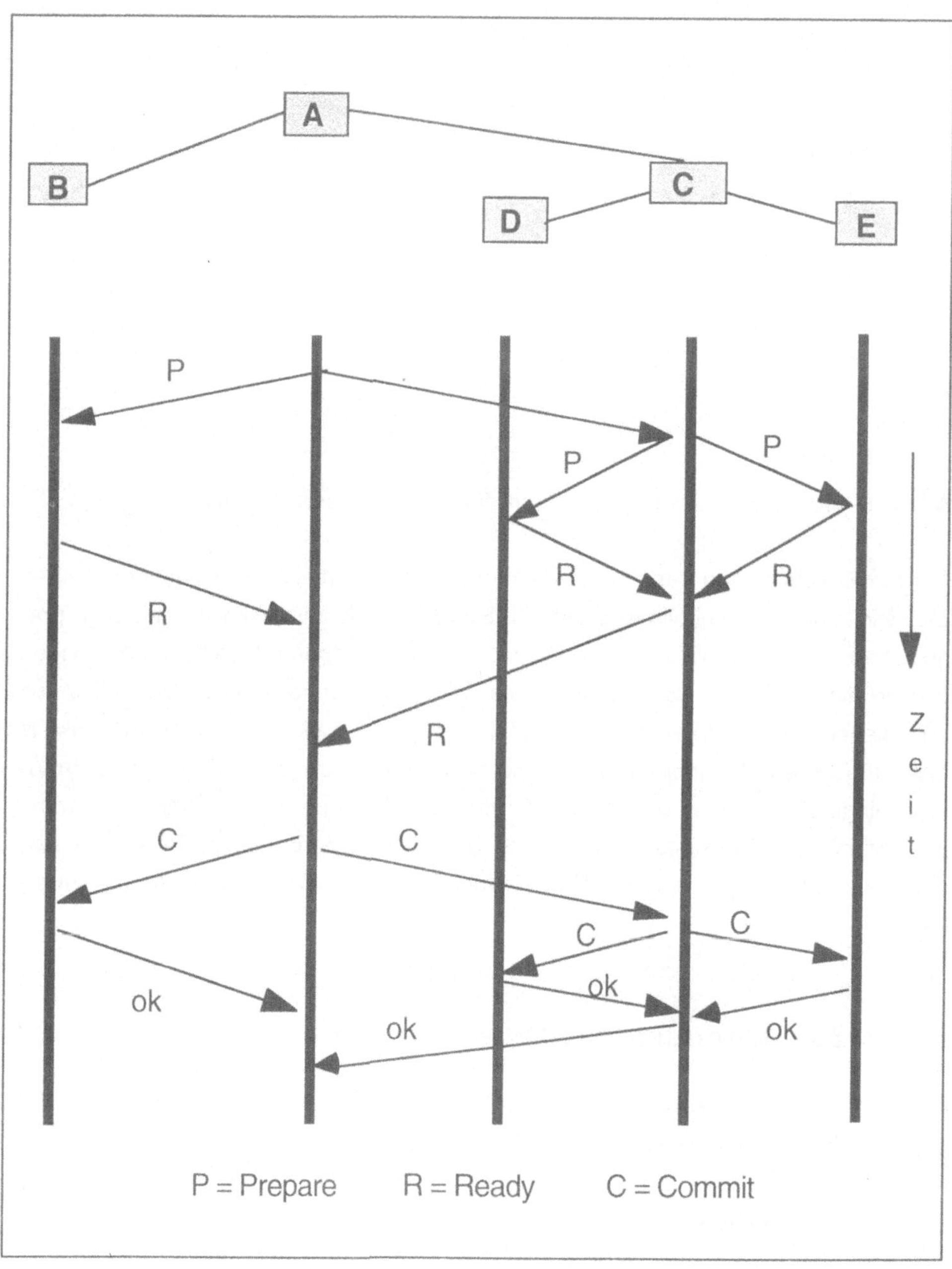

Abb. 5-11b: Nachrichtenverlauf beim verteilten Zwei-Phasen-Commit-Protokoll

- **Blockierung**:

  Das 2PC-Protokoll ist in der Grundform ein *blockierendes* Protokoll. D.h. die durch die verteilte Transaktion veränderbaren Daten auf *allen* Knoten des Transaktionsbaumes bleiben solange gesperrt, bis die Teiltransaktionen auf *allen* Knoten dieses Baumes zu einem definierten Ende gekommen sind. Dadurch ist jeder Knoten blockiert, der noch nicht sicher weiß, welche Entscheidung er letztendlich erreichen wird und der nur mit solchen kommuniziert, die dies auch noch nicht wissen. Gerade bei unsicheren Netzverbindungen oder Knoten kann das zu unerträglich langen Verzögerungen führen.

- **Zeitkomplexität**:

  Ohne Auftreten von Fehlern benötigt das 2PC-Protokoll drei Kommunikationsrunden. In Fehlerfällen können dazu noch zwei weitere Kommunikationsrunden hinzukommen.

- **Nachrichtenkomplexität**:

  Im Normalfall werden bei der Abwicklung eines 2PC-Protokolls insgesamt dreimal so viele Nachrichten gesendet wie Knoten am 2PC-Protokoll teilnehmen.

Optimierungen des 2PC-Protokolls

Insbesondere wegen der Eigenschaft des 2PC-Protokolls, in bestimmten Fällen *alle* anderen, an einem Transaktionsbaum beteiligten (Teil-) Transaktionen zu *blockieren*, sind eine Reihe von *Optimierungen* in der Literatur vorgeschlagen und z.T. auch bereits in den entsprechenden Kommunikationsstandards (z.B. [ISO-TP]) berücksichtigt worden. Dazu gehören vor allem Optimierungen mit dem Ziel, die notwendigen Log-Eintragungen oder die Anzahl der zu versendenden Nachrichten zu reduzieren.

Die folgenden Optimierungsalternativen dienen vor allem dazu, den 2PC-Implementierungen zu ermöglichen, den Zugriff auf entfernte Kommunikations-Ressourcen zu optimieren:

- *Read-Only*-Optimierung:

  Wenn ein lokaler, an einem 2PC-Protokoll teilnehmender Knoten auf die 'Pre-pare'-Nachricht des Koordinators zurückmeldet, daß auf seinem Knoten im Verlauf der Transaktion lediglich *Lese*operationen durchgeführt worden sind, kann der entsprechende Knoten in der zweiten Phase der Abwicklung des globalen 2PC-Protokolls unberücksichtigt bleiben.

- *One Phase Commit* (1PC)-Protokoll:

  Hier kann bei einem ändernden Zugriff auf nur *einen einzigen* Knoten im Verlauf einer verteilten Transaktion die erste Phase des 2PC-Protokolls weg-gelassen werden (1PC), d.h. der Daten ändernde lokale Knoten kann sofort selbständig über den Ausgang der Transaktion entscheiden und die geänder-ten Daten freigeben, und der Koordinator braucht deshalb derartige Transak-tionen auch nicht weiter zu berücksichtigen.

Die *heuristischen* Optimierungsalternativen dienen vor allem dazu, zu lang andau-ernde Blockierungen lokaler Ressourcen (z.B. bei partiellen Kommunikations- oder Knotenfehlern) zu vermeiden. Im wesentlichen kann dabei ein lokaler Knoten - in Blockadesituationen nach erfolgreichem 'Prepare' selbständig (d.h. ohne Einfluß des Koordinators) entscheiden, wie er die Transaktion lokal beenden will, und da-nach die von dieser Transaktion gehaltenen Daten auch selbständig wieder freige-ben. Nach Wiederaufnahme der Kommunikation mit dem Koordinator müssen dann ggf. entstandene Inkonsistenzen festgestellt und mit Mitteln außerhalb der Transak-tionsverwaltung wieder beseitigt werden.

Unterschiedlich kann schließlich auch der Koordinator auf die zu lang andauernde Nichterreichbarkeit von externen Knoten reagieren, um daraus resultierende zu lange Blockadesituationen auf anderen an einer gemeinsamen globalen Transak-tion beteiligte Knoten zu vermeiden:

- *Presumed Rollback:*

  Hier wird im Falle der Nichterreichbarkeit von Knoten vom Koordinator ange-nommen, daß diese ihre (Teil-) Transaktion *zurücksetzen* (auch auf die Gefahr hin, daß sich dies später als falsch erweist; in derartigen Fällen müssen Feh-lererholungsmaßnahmen von außerhalb des Protokolls aus eingeleitet werden) und der Koordinator kann die Transaktion nach einem globalen *Rollback* vergessen.

- *Presumed Commit:*

  Hier wird im Falle der Nichterreichbarkeit von Knoten angenommen, daß diese ihre Transaktion *erfolgreich* beenden konnten, d.h. der Koordinator kann die Transaktion nach dem globalen 'Commit' vergessen.

Das "Drei-Phasen-Commit"-Protokoll

Weitere Verbesserungen des 2PC-Protokolls ergeben sich durch *grundsätzliche* Vermeidung von Blockadesituationen: Ein *nicht-blockierendes* Protokoll stellt z.B das sogenannte *Drei-Phasen-Commit* (3PC)-Protokoll dar. Es realisiert durch Einführung eines zusätzlichen Protokollzustandes insbesondere die folgenden beiden Protokolleigenschaften, die garantieren, daß es im Protokollablauf nicht zu Blockierungen kommt:

1. Kein anderer Zustand ist den Zuständen 'Abort' und 'Commit' gleichzeitig benachbart.

2. Kein "nicht-commitbarer" Zustand ist dem Zustand 'Commit' direkt benachbart.

Eine graphische Darstellung des Ablaufschemas des 3PC-Protokolls gibt Abbildung 5-12 (ebenfall nach [ÖzVa91]).

Erweiterte Transaktionskonzepte

Viele Forschungsarbeiten haben sich in den vergangenen Jahren darüber hinaus mit zusätzlichen *Erweiterungen von Transaktionskonzepten,* insbesondere im Zusammenhang mit neuartigen Anwendungen (z.B. besonders lange, komplex strukturierte Transaktionen z.B. in Büro-, Entwurfs- und Entwicklungsumgebungen etc.) befaßt. Eine gute und aktuelle Übersicht dazu gibt z.B. [Elma92]. Auch weitergehende Fragen der *Optimierung von Protokollen* zur Transaktionsunterstützung in verteilten Systemen werden in aktuellen Forschungsarbeiten behandelt (Beispiele dafür siehe etwa in [Jabl90], [Reut89], [RoPa90], [JoLa90] etc.). Dieses Kapitel beschränkt sich jedoch auf die zur Realisierung des ISO/OSI-RDA notwendigen und in der internationalen Standardisierung in diesem Zusammenhang bisher diskutierten Transaktionsvarianten und Optimierungsalternativen (siehe dazu auch Kapitel 6, 8 und - vor allem - 7).

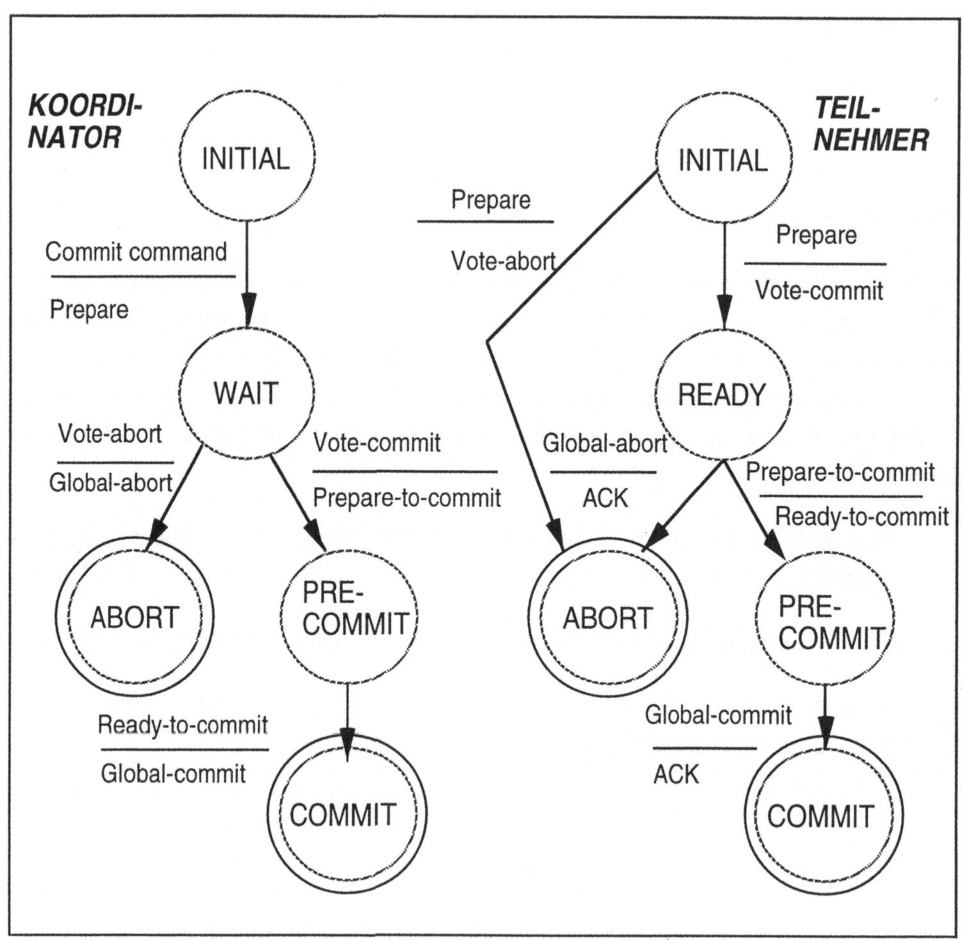

Abb. 5-12: Ablaufschema des 3PC-Protokolls nach [ÖsVa91]

6 ISO/OSI-Fernzugriff auf Datenbanken in offenen Rechnernetzen

6.1 Einleitung

Mit der Integration von *Datenbanken in Rechnernetze* entstehen neuartige Möglichkeiten, die vielfältigen, komfortablen und meist aufwendigen Datenbankdienste auch entfernt arbeitenden Datenbanknutzern über Netzverbindungen direkt vor Ort zur Verfügung zu stellen. Dadurch kann einerseits bei der Anwendungsprogrammierung lokaler Aufwand eingespart werden, andererseits können so auch die mit der Datenhaltung verbundenen Kosten durch bessere Ausnutzung der dafür benötigten Ressourcen reduziert werden. Insbesondere im Kontext *offener* Systeme führt diese Entwicklung zu einem zunehmenden Interesse von Anwendern an verteilten Client/Server-Konfigurationen auch im Bereich der Datenbanken und Informationssysteme. Wie bereits in Kapitel 2 dargestellt, werden dabei Datenbankdienste in generell verfügbaren (z.B. öffentlichen oder von Dritten angebotenen), im allgemeinen *heterogenen* Netzumgebungen für - im Prinzip beliebige - entfernte Benutzer zugänglich und nutzbar gemacht. Trotz dieser prinzipiellen Zugriffsmöglichkeiten sollen jedoch die einzelnen Datenbanksysteme möglichst *autonom*, d.h. nicht von Dritten kontrollierbar sein.

Ein typisches Anwendungsszenario für den Zugriff auf autonome Datenbanken in Rechnernetzen ergibt sich damit zum einen aus - in der Regel lokal untereinander verbundenen - Arbeitsstationen (Klienten), zum anderen aus - oft entfernten - speziellen Datenbank-Diensterbringern (Servern). Deren meist umfangreiches und komfortables Angebot können so auch entfernte Arbeitsstationen zur effizienten Verwaltung größerer Datenbestände gemeinsam nutzen. Vorausgesetzt wird dabei, daß die dedizierten, oft in ihren Details den entfernten Nutzern gar nicht bekannten Datenbank-Server für die Arbeitsstationen über geeignete, gemeinsam vereinbarte (d.h. standardisierte) Schnittstellen und Kommunikationsmechanismen im Netz möglichst jederzeit sicher und zuverlässig erreichbar sind. Darüber hinaus vereinfacht es die verteilte Anwendungsprogrammierung stark, wenn möglichst viele Details der Komplexität von Datenverteilung, Kommunikation und Kooperationsunterstützung vor den Anwendungsprogrammierern weitgehend verborgen bleiben können ("Verteilungstransparenz").

Gefördert wird die Verbreitung von Client/Server-Architekturen im Bereich der verteilten Informationssysteme durch die zunehmende Verbreitung von Arbeitsstationen mit lokaler Intelligenz, die hohe Verbreitung und Verfügbarkeit, die geringer werdenden Übertragungskosten sowie die gestiegene Zuverlässigkeit der - oft heterogenen und offenen - Netze (siehe Kapitel 3) sowie der darauf aufbauenden anwendungsnahen Kommunikationsfunktionen (wie z.B. 'Remote Procedure Call', siehe Kapitel 4) und zusätzlicher, übergreifender Funktionen zur Kooperationsunterstützung (wie 'Distributed Transaction Processing', siehe Kapitel 5 und 7).

Wegen der Vielfalt der heute zur Verfügung stehenden Netzarchitekturen und -dienste ist auch eine anwendungsspezifische Kooperation in heterogener Umgebung jedoch prinzipiell nur auf Grund von allgemein akzeptierten adäquaten *anwendungsnahen* Kommunikationsstandards, in diesem Falle speziell für den Zugriff auf Datenbanken in offenen Rechnernetzen *(Remote Database Access*, RDA), möglich. Basis für eine Kommunikationsinfrastruktur in offenen Rechnernetzen sind weiterhin international abgesprochene *elementare* Kommunikationsfunktionen, entweder als "de-facto"-Standards - wie z.B. TCP/IP [Davi88] - oder - wie bei der Spezifikation des RDA zunächst vorausgesetzt - die von der ISO vorgeschlagenen Kommunikationsdienste und -protokolle der 'Open Systems Interconnection' (OSI) [ISO-BRM].

Schließlich wird über die elementaren und anwendungsspezifischen Mechanismen für die Kommunikation in offenen Systemen hinaus heute zunehmend auch eine weitergehende "Interoperabilität" von offenen verteilten Systemumgebungen gefordert, die auch Möglichkeiten der *Portabilität* von Software - über die Grenzen einer heterogenen Rechnernetzstruktur hinaus - bietet.

Der Lösungsansatz für viele Probleme einer derartigen Interoperabilität verteilter Systemumgebungen besteht grundsätzlich darin, der Heterogenität der beteiligten Dienste, Funktionen und Knoten in offenen Rechnernetzen durch die Verwendung einheitlicher Software-Schnittstellen zu begegnen (neben und zusätzlich zu einheitlichen Kommunikationsdiensten und -protokollen). Dies gilt insbesondere für die Schnittstellen verteilter Client/Server-Datenbankanwendungen in offenen Rechnernetzumgebungen. Sie machen Datenbanken in heterogenen Netzumgebungen für entfernte Rechner und Arbeitsstationen nicht nur prinzipiell (d.h. mit einem oft nicht unerheblichen Aufwand) verfügbar, sondern ermöglichen es auch, datenintensive Anwendungs-Software über Rechnergrenzen (und damit unterschiedliche heterogener Hard- und Software-Umgebungen) hinweg einfach portier- und austauschbar zu machen.

Zusätzlich zu standardisierten Kommunikationsdiensten und -protokollen bilden damit *einheitliche* Datenbanksprach-, Betriebssystem- und Kommunikationsdienst-*schnittstellen* eine wesentliche Basis für die Portabilität von Datenbankanwendungen in verteilten Umgebungen. Derartige Schnittstellenstandards wurden von der Praxis (insbesondere von den Entwicklern von Datenbankanwendungsprogrammen) oft gefordert, in der ersten Phase der internationalen Standardisierung der Kommunikationsprotokolle jedoch vernachlässigt. (Diese konzentrierte sich auf die Realisierung der reinen 'Interconnection', d.h. nur der *grundsätzlichen* Möglichkeit zur Kommunikation in offenen Systemen - ohne ergänzende Spezifikation der die Kommunikationsdienste anbietenden Software-Schnittstellen.) Inzwischen widmen sich jedoch neue, internationale Standardisierungsaktivitäten (z.B. Erweiterungen der Datenbanksprache SQL, X/Open-Spezifikationen etc.) auch der einheitlichen Definition von Software-Schnitstellen von bereits standardisierten Kommunikationsfunktionen (siehe dazu speziell Kapitel 8).

6.2 ISO/OSI-'Remote Database Access' (RDA)

6.2.1 Überblick

Der internationale Standard zur Unterstützung des Zugriffs auf entfernte Datenbanken in offenen Rechnernetzen berücksichtigt also als reiner *Kommunikations*standard zunächst die Interoperabilitätsanforderungen von unabhängig voneinander implementierten Datenbank-Klienten (d.h. verteilten Datenbankanwendungen) und von diesen zugegriffenen autonomen Datenbank-Servern (d.h. dedizierten Datenbankverwaltungssystemen) in offenen verteilten Umgebungen. Ende 1993 wurden derartige Kommunikationsfunktionen in einer ersten Version unter der Bezeichnung "Fernzugriff auf Datenbanken in Rechnernetzen" (engl. *Remote Database Acces*, RDA) von der 'International Standards Organisation' (ISO) im Rahmen der Anwendungsebene des Referenzmodells für die 'Open Systems Interconnection' (OSI) als internationaler Standard Nr. IS 9579 fertiggestellt und publiziert [ISO-RDA]. Auch für den deutschen Bereich wurde der Original-Text des genannten ISO/OSI-RDA-Standards direkt als entsprechende deutsche DIN/ISO-Norm übernommen.

RDA-Architektur

Gemäß einem allgemeinen Client/Server-Modell [Svob85] für die Datenverwaltung in verteilten Systemen geht auch die dem RDA zugrunde liegende Systemarchitektur von einem Datenbank-Klienten (z.B. einem PC oder einer Arbeitsstation) auf der einen Seite und einem Datenbank-Server auf der anderen Seite aus. Der Datenbank-Klient nutzt die ISO/OSI-Kommunikationsdienste - inkl. der anwendungsspezifischen RDA-Unterstützung - dazu, auf einen oder mehrere entfernte(n) Datenbank-Server in einer heterogenen, offenen Rechnernetzumgebung zuzugreifen. Für ein einfaches Beispielszenario dazu siehe Abbildung 6-1.

Nach diesem Modell realisiert RDA einen *asymmetrischen* Kommunikationsdienst. Er erlaubt es, in der einen Richtung Klienten-Anfragen, in der anderen Server-Antworten über offene Rechnernetze gemäß den Vorschriften des Standards als einheitlich kodierte Nachrichten zwischen beliebigen, einander im Prinzip unbekannten Kommunikationspartnern zu verschicken. Auf der Seite des RDA-Klienten stehen dabei den Endanwendungen die einzelnen RDA-Dienstelemente über eine zunächst nicht normierte, meist herstellerspezifische, lokale Anwendungsschnittstelle (engl. *Application Program Interface*, API) zur Verfügung. Auf der anderen Seite (d.h. auf der des Datenbank-Servers) vermittelt ein - ebenfalls nur lokal spezifizierter, herstellerspezifischer - Server-Prozeß zwischen ein- und ausgehenden RDA-Nachrichten und dem dadurch angesprochenen Datenbankverwaltungssystem (siehe dazu Abbildung 6-5).

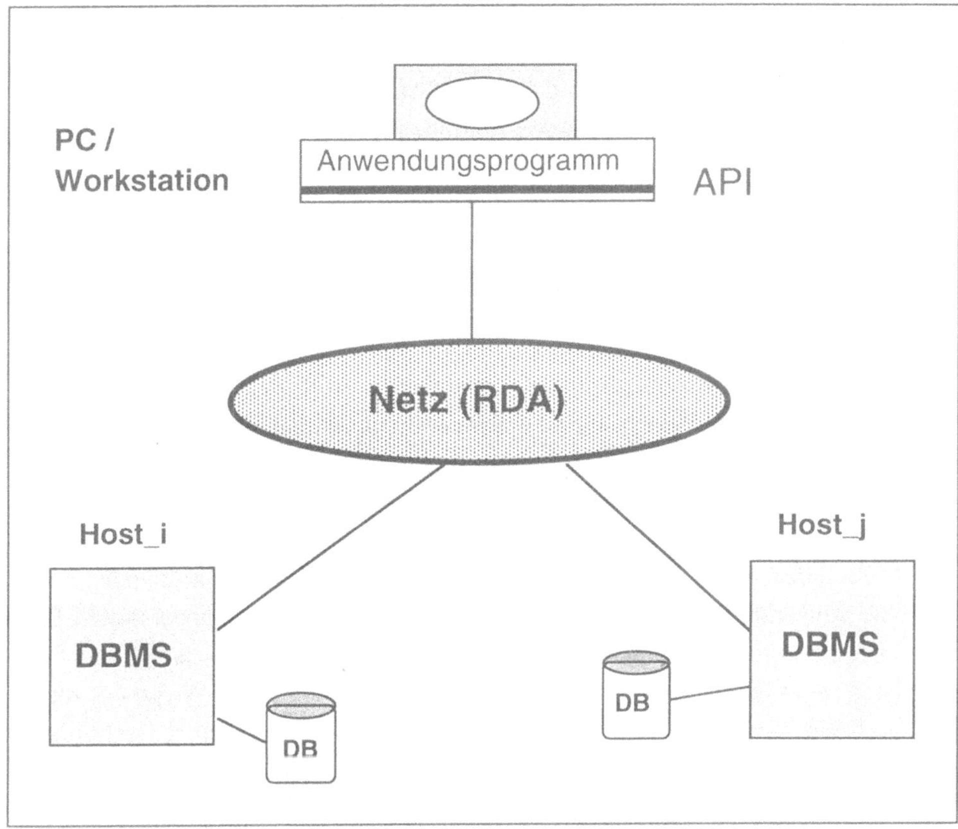

Abb. 6-1:   Anwendungsszenario für den Zugriff auf Datenbanken in offenen
Rechnernetzen (RDA)

Die wesentlichen Teilprobleme, die für den Zugriff auf entfernte Datenbank-Server
in offenen Netzumgebungen gelöst werden müssen, sind:

- Die *Kommunikation in offenen Systemen* ('Open Systems Interconnection',
  OSI): Einheitliche Kommunikationsdienste und -protokolle müssen in heterogenen, möglicherweise aus unterschiedlichen (lokalen, Weitverkehrs- etc.)
  Einzelnetzen zusammengesetzen Rechnernetzstrukturen den Austausch von
  Nachrichten zwischen Prozessen auf beliebigen Rechnern möglichst einfach
  und sicher gewährleisten. Eine derartige Kommunikationsinfrastruktur wird
  beim ISO/OSI-RDA auf der Grundlage der elementaren *OSI-Kommunikationsdienste* der ISO/OSI-Ebenen eins bis sechs [ISO-BRM] vorausgesetzt. Er-

gänzt werden diese grundlegenden Kommunikationsdienste dann zunächst für den Aufruf beliebiger entfernter Dienste und Prozeduren durch Mechanismen des 'Remote Procedure Calls' (RPC, siehe Kapitel 4 und [ISO-ROSE]). Speziell für die Erfordernisse des Aufrufes entfernter *Datenbank*operationen wurden schließlich die hier vorgestellten Kommunikationsdienste und Protokolle des ISO/OSI-RDA als Teil der ISO/OSI-Anwendungsebene spezifiziert und international normiert.

- Eindeutige *Programmierschnittstelle* ('Application Program Interface', API): Um die beteiligten Komponenten von verteilten Client/Server-Datenbankanwendungen möglichst unabhängig voneinander halten zu können, sollen Datenbankanwendungen in offenen Systemumgebungen unabhängig von den Details und Spezifika des letztendlich zugegriffenen konkreten Datenbankverwaltungssystems entworfen und implementiert werden. Von daher ist es notwendig, daß für die Anwendungsprogrammierer eine semantisch und syntaktisch stabile Programmierschnittstelle definiert wird, auf deren Grundlage sie ihre Anwendungsprogramme unabhängig von der später zugegriffenen Datenbank entwickeln können und die dann im Prinzip von beliebigen Datenbankverwaltungssystemen - evtl. auf ganz unterschiedliche Weise - konkret realisiert wird. Sehr weitgehend wird diese Forderung durch die schon vor Jahren spezifizierten und laufend weiterentwickelten Standards für *Datenbanksprachen* und hier vor allem durch den SQL-Standard einer relationalen Datenbanksprache [ISO-SQL] erfüllt.

- *Verteilte Kontrolle* ('Distributed Transaction Processing', DTP): Wie bereits in Kapitel 5 beschrieben, erfordert der Zugriff auf mehr als eine Datenbank (wie in einfachster Form z.B. in Abbildung 6-1 dargestellt) in verteilten Umgebungen zusätzliche Unterstützung auch auf Seiten der Kommunikationsfunktionen (z.B. zur Abwicklung eines 2PC-Protokolls). Unabhängig von den speziellen Erfordernisses des Zugriffs auf Datenbanken in offenen verteilten Umgebungen spezifizieren und normieren im Rahmen des ISO/OSI-Referenzmodells die beiden - später noch näher vorgestellten - Standards für *Commitment, Concurrency and Recovery* (CCR) [ISO-CCR] und für *Distributed Transaction Processing* (TP) [ISO-TP] eine Kommunikationsunterstützung für verteilte Transaktionen. Sie werden daher auch im Rahmen des RDA-Protokolls für den Zugriff auf mehrere Datenbanken in offenen Rechnernetzen verwendet und im anschließenden Kapitel vorgestellt.

6.2.2　Historische und organisatorische Entwicklung

Erste Vorschläge zur Definition eines Standardprotokolls für den Zugriff auf entfernte Datenbanken in offenen Rechnernetzen entstanden bereits in den Jahre 1983 bis 1985 im Rahmen der 'European Computer Manufacturers Association' (ECMA) in deren Untergruppe (TC 22), die sich mit Datenbanken beschäftigte. Nachdem dort RDA-ähnliche Funktionen zunächst als monolithischer Dienst - d.h. ohne Bezug zu irgendwelchen anderen Kommunikationsdiensten - diskutiert wurden, bezog man sich in einer zweiten Phase der Arbeiten am RDA im Rahmen der ECMA in den Jahren 1986 bis 1988 dann speziell auf die auch in diesem Zeitraum entwickelten Dienste einer Kommunikationsunterstützung für allgemeine entfernte Prozeduraufrufe (welche im Rahmen der ISO schließlich im ROSE-Standard [ISO-ROSE] - siehe Unterabschnitt 4.3.3 - normiert und veröffentlicht wurde).

Als Ende der 80er Jahre klar war, daß Fragen des Zugriffs auf Datenbanken über Rechnernetze von so allgemeiner Bedeutung sind, daß eine separate Standardisierung nur im Rahmen der ECMA nicht mehr ausreichend erschien, wurden die offiziellen Normungsarbeiten am RDA von der ECMA aufgegeben und im Rahmen der nationalen Standardisierungsgremien sowie international im Rahmen der ISO fortgesetzt. Aber auch nach dieser Zeit blieb die ECMA aktiv an der weiteren Entwicklung des RDA-Standards beteiligt.

Im Rahmen der *International Standards Organization* (ISO) werden generell Standardisierungsfragen der Informationstechnik ('Information Technology') in einem gemeinsamen technischen Komitee (JTC1) zusammen mit der Internationalen Organisation der Elektro-Ingenieure (IEC) behandelt. Subkomitee SC21 von ISO/IEC JTC1 beschäftigt sich grundsätzlich mit Fragen der Kommunikation in offenen Systemen, der Datenverwaltung und der verteilten Verarbeitung ('Open Systems Interconnection', 'Data Management' und 'Open Distributed Processing'). Innerhalb dieses Subkomitees behandelt Arbeitsgruppe 3 ('Working Group', WG3) die Standardisierung der Datenbanken und deren Untergruppe 3.1 ('Rapporteur Group', RG 3.1) speziell die internationale Normierung des *Remote Database Access* (RDA).

Mitglieder der ISO sind generell die nationalen Standardisierungsgremien (wie z.B. DIN für Deutschland). Im Bereich der Normung des RDA waren u.a. die Länder USA, Großbritannien, Deutschland, Frankreich, Kanada, Australien und Japan mit ihren jeweiligen nationalen Standardsorganisationen (wie z.B. ANSI X3H2, BSI,

DIN NI 21.3, AFNOR, etc.) und den entsprechenden nationalen Untergruppen für die Normierung des RDA aktiv.

Aus deren Arbeit heraus entstand ein erster offizieller ISO-Vorschlag ('Committee Draft', CD) für einen RDA-Standard in den Jahren 1988 und 1989, eine zweite verbesserte Version im Jahre 1990 und schließlich ein offizieller Standardvorschlag ('Draft International Standard', DIS) in den Jahren 1991 und 1992. Dieser wurde - nach weiterer ausführlicher internationaler Diskussion - 1993 noch einmal international zur Abstimmung gestellt und Ende des Jahres 1993 als offizieller internationaler Standard *(International Standard,* IS) fertiggestellt und publiziert.

Schließlich formierte sich Ende der 80er Jahre in den USA noch eine weitere, private Organisation von vielen (vorwiegend Datenbank-) Herstellern und -anwendern als industrielle Interessengruppen, die sogenannte *SQL-Access Group* (SAG - für weitere Einzelheiten dazu siehe Kapitel 8). Sie setzte sich zunächst das Ziel, die Entwicklung eines RDA-ähnlichen Standards selbständig und zeitlich beschleunigt voranzutreiben, sowie das Funktionieren eines RDA-Prototypen durch Zusammenarbeit verschiedener Software-Hersteller auch frühzeitig auch praktisch zu erproben und auf Austellungen zu demonstrieren. In den darauf folgenden Jahren jedoch gelang eine Absprache mit den dadurch berührten Standardisierungsprojekten der ISO (wie z.B. RDA, SQL), nach der sich die SAG vorwiegend auf die Spezifikation der Syntax einer erweiterten Benutzerschnittstelle ('Call Level Interface', CLI) für den Fernzugriff auf Datenbanken in Rechnernetzen beschränkte und die Ergebnisse dieser Arbeit auch wieder in die "offizielle" Normung von ANSI und ISO (hier vor allem des RDA sowie der entsprechenden SQL-Erweiterungen) einbrachte.

6.2.3 RDA-Architektur und Kommunikationsmodell

Die dem RDA-Standard zugrunde liegende Architektur beruht auf der Grundlage eines Client/Server-Kooperationsmodells, in dem Anwendungsprogramme (Klienten) auf entfernte Datenbanken (Server) über das RDA-Protokoll zugreifen. Dabei wird der RDA-Kommunikationsdienst als - im Prinzip - asymmetrischer ISO/OSI-Anwendungsdienst (d.h. Teil der Ebene sieben des ISO/ OSI-Referenzmodells) sowohl auf der Seite des Klienten als auch auf der des Servers erbracht. Basis für die

Realisierung des RDA-Dienstes sind die Dienste und Protokolle der darunter liegenden Schichten sechs bis eins des ISO/OSI-Referenzmodells.

Alternativen der RDA-Client/Server-Kooperation

Zwei Alternativen für mögliche RDA-Client/Server-Architekturen (und damit auch für
die Komplexität der zu deren Unterstützung jeweils notwendigen Kommunikationsdienste) lassen sich grundsätzlich nach der Anzahl der zusammenarbeitenden Cli-
ent/Server-Komponenten wie folgt unterscheiden:

Single Server-RDA

Greift in der einfacheren Alternative des RDA-Kooperationsmodells *(Single Server-
RDA)* ein Klient (also ein einzelnes Anwendungsprogramm) nur auf eine *einzige*
entfernte Datenbank zu (siehe Abbildung 6-2), so sind hier lediglich - in der Richtung vom Klienten zum Server - Aufträge an die Datenbank zu übertragen und - in
der anderen Richtung - Resultate oder Fehlermeldungen zurückzugeben. Im wesentlichen sind bei dieser Alternative des RDA-Kommunikationsprotokolls nur die
dafür notwendigen Nachrichtenformate und Nachrichtenfolgen eindeutig zu spezifizieren. Insbesondere Aufgaben einer Kommunikationsunterstützung für eine verteilte (Transaktions-) Kontrolle (von *mehreren* Endknoten) fallen bei dieser einfachen Alternative des RDA nicht an.

Abb. 6-2:   'Single Server'-RDA

Multi Server-R D A

Anders dagegen ist es, wenn ein Anwendungsprogramm nicht nur auf eine einzige, sondern auf *mehrere* entfernte Datenbanken - evtl. auch mehrstufig zu einer Baumstruktur erweitert - "parallel" zur Erfüllung einer zusammengehörigen Aufgabe zugreifen kann (für ein Beispiel siehe Abbildung 6-3). Wie bereits in Kapitel 5 gezeigt, muß in diesem Falle auch das Kommunikationssystem, etwa durch Implementierung eines Zwei-Phasen-Commit-Protokolls, für den gesamten sich daraus ergebenden Transaktionsbaum dafür sorgen, daß wesentliche Transaktionseigenschaften (vor allem die Atomarität der übergeordneten Gesamttransaktion) in der verteilten Umgebung - auch in Fehlerfällen - gewährleistet sind. Die Kommunikationsanforderungen derartiger Architekturvarianten des koordinierten Zugriffs auf mehrere entfernte Datenbanken unterstützt die *Multi Server*-Variante des RDA - wie in Abbildung 6-3 veranschaulicht - in Zusammenarbeit mit der entsprechenden Kommunikationsunterstützung für die Verwaltung verteilter Transaktionen in offenen Rechnernetzen auf der Grundlage von ISO/OSI-TP und -CCR (siehe Kapitel 8).

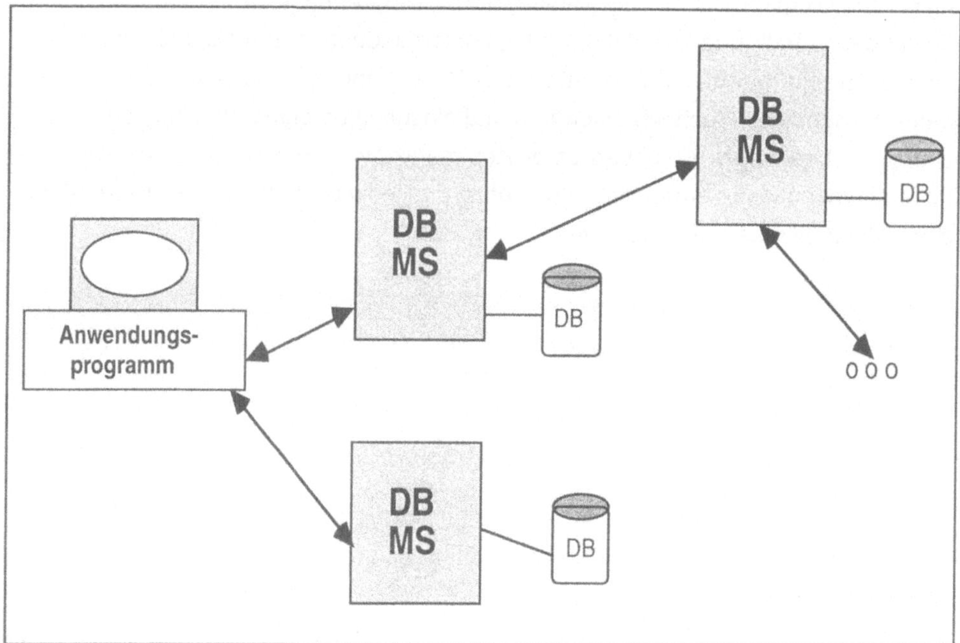

Abb. 6-3:   'Multi Server'-RDA

Einordnung in das ISO/OSI-Referenzmodell

Im Rahmen der sieben Schichten des ISO/OSI-Referenzmodells werden also RDA-Dienst und -protokoll als Teil der Anwendungsebene sieben spezifiziert. Dabei stellt RDA selbst ein anwendungsspezifisches Dienstelement der OSI-Anwendungsebene dar, das direkt die Dienste der darunter liegenden OSI- Präsentationsebene benutzt und seinen RDA-Kommunikationsdienst den übergeordneten Anwendungsprogrammen zur Verfügung stellt. Beide Arten von RDA-Anwendungen (d.h. sowohl RDA-Klient als auch RDA-Server) sind dabei im Sinne des OSI-Referenzmodells jeweils 'Open Systems', die selbst außerhalb der vom OSI-Referenzmodell erfaßten Funktionalität von Kommunikationsdiensten liegen. Die übrigen Ebenen des OSI-Referenzmodells erbringen die in [ISO-BRM] grundsätzlich beschriebenen und in den entsprechenden Standards für die einzelnen Ebenen im Detail normierten Dienste und Funktionen für die Kommunikation in heterogenen offenen Rechnernetzumgebungen (siehe Abbildung 6-4).

In diesem Zusammenhang sei betont, daß die Spezifikation sowie eine erfolgreiche Implementierung der RDA-Dienste und des RDA-Protokolls nicht notwendig von den darunter liegenden Ebenen einer *ISO/OSI*-Kommunikationshierarchie abhängig sind. Aufgrund der in einzelne Schichten gegliederten Abstraktionshierarchie der OSI-Kommunikationsdienste und -protokolle ist es auch vorstellbar, daß Dienste von "oberen" OSI-Kommunikationsebenen (z.B. RDA und die dazugehörigen Teildienste der Ebene sieben) über einheitliche (Kommunikationsdienst-) Schnittstellen (z.B. die Transportschnittstelle) auch andere "darunter" liegende Kommunikationsmechanismen - wie z.B. die des weit verbreiteten Industriestandards *TCP/IP* [Davi88] - verwenden. Gerade dieser TCP/IP-Variante eines RDA-"Transportsystems" kommt in der Praxis der "de facto"-Standards im Bereich der UNIX-Betriebssystemumgebungen eine nicht unerhebliche Bedeutung zu. (Genereller Nachteil einer größeren Zahl von Varianten im Kommunikationsbereich ist jedoch, daß durch sie die angestrebte, möglichst weit gehende Interoperabilität immer stärker behindert wird: Die Wahrscheinlichkeit, bei den - im Prinzip ja unbekannten Kommunikationspartnern in einer großen, offenen Netzumgebung jeweils die gleichen Kommunikationsprotokolle vorzufinden, nimmt ja mit der Anzahl der möglichen Varianten ab!)

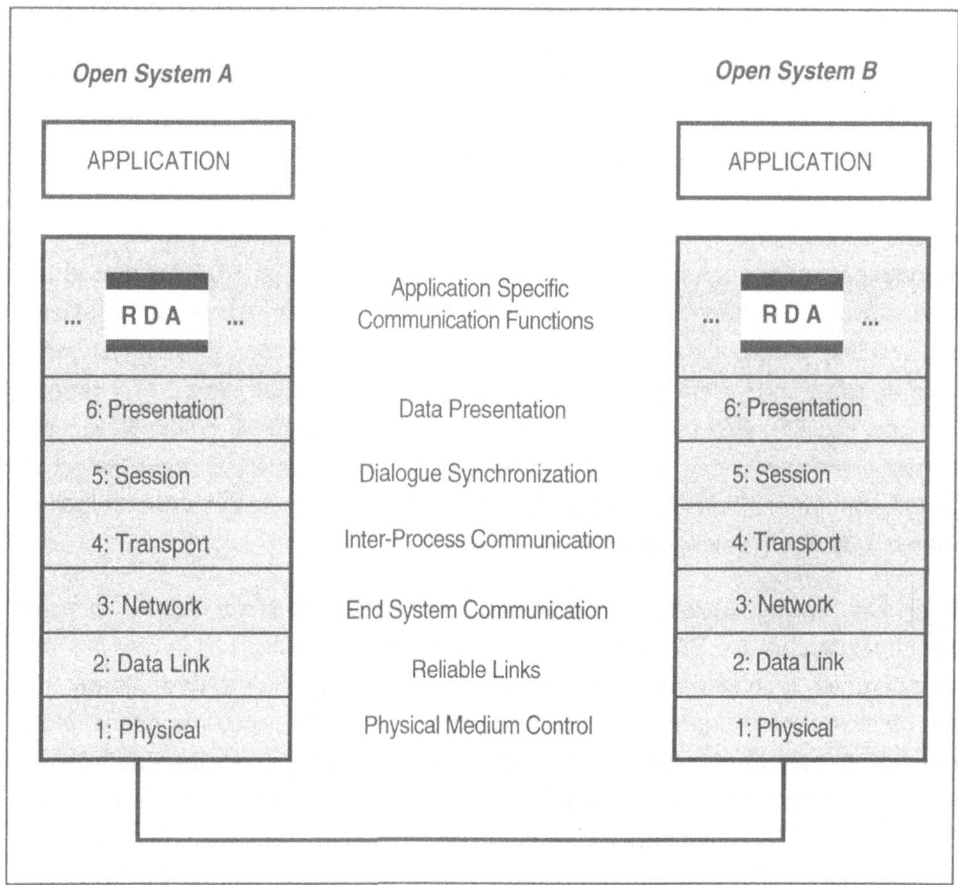

Abb. 6-4:   RDA in der Anwendungsebene des ISO/OSI-Referenzmodells

RDA-Modell

Das Grundmodell einer RDA-basierten Kommunikation zwischen einem Datenbank-Klienten *(RDA-Klient)* auf der einen und einem Datenbank-Server *(RDA-Server)* auf der anderen Seite ist in Abbildung 6-5 widergegeben. Dabei ist nach [ISO-
RDA] der *RDA-Klient* ein Anwendungsprozeß eines offenen Systems, der Datenbankdienste von einem anderen (meist entfernten) Anwendungsprozeß (genannt
"Datenbank-Server") anfordert. Der *Datenbank-Server* ist ein Anwendungsprozeß,
der Datenbankdienste anbietet und diese über OSI-Mechanismen entfernten RDA-

Klienten zur Verfügung stellt. RDA-Klient und Datenbank-Server kommunizieren über den *RDA-Dienst*, der wiederum durch den *RDA-Diensterbringer* ('RDA Service Provider') realisiert wird. Der Teil des Datenbank-Servers, der den RDA-Dienst zur Kommunikation mit RDA-Klienten verwendet, wird auch *RDA-Server* genannt. Dabei wird zwischen RDA-Klient und RDA-Server ein *asymmetrisches* Protokoll abgewickelt, d.h. RDA-Klienten können jeweils nur Dienstanforderungen an RDA-Server absetzen, während RDA-Server jeweils nur Antworten darauf (bzw. Fehlermeldungen) an die RDA-Klienten zurücksenden können. (Die Asymmetrie dieser beiden unterschiedlichen Teile von RDA-Dienst und -Protokoll schließt natürlich nicht aus, daß eine standardkonforme RDA-Implementierung jeweils beide Rollen umfaßt und auf jeder Seite dann nur die dort benötigten Teile verwendet werden.)

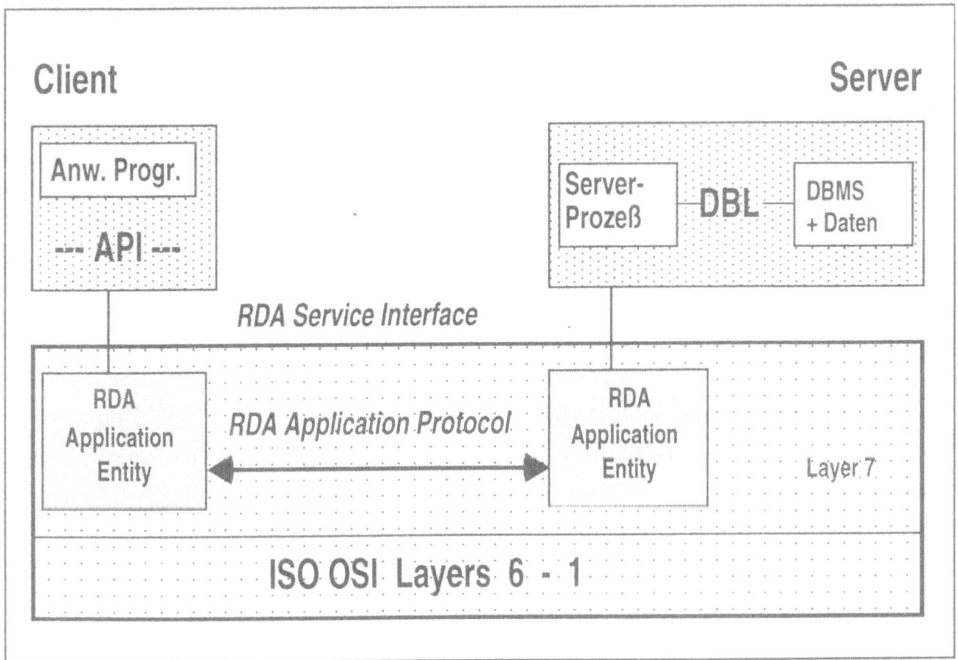

Abb. 6-5:   Client/Server-Kooperation mit ISO/OSI-RDA

Der RDA-Klient enthält somit das Anwendungsprogramm, das über eine - zunächst noch nicht allgemein standardisierte - Anwendungsprogrammschnittstelle ('Application Program Interface', API) und die darunter liegenden RDA-Kommunikationsdienste mit der entfernten Datenbank zusammenarbeitet. Auf der anderen Seite enthält der Datenbank-Server das Datenbankverwaltungssystem (zusammen mit den eigentlichen Daten), das seine Dienste externen Benutzern in einer offenen Umgebung über eine normierte Datenbanksprache ('Database Language', DBL) verfügbar macht, sowie schließlich mindestens einen "Server-Prozeß", der alle auf dieses Datenbanksystem zugreifenden Benutzer (externe und auch lokal ange-schlossene) bedient.

6.3   RDA-Dienst

In den folgenden Unterabschnitten wird zunächst nach einem einfachen Beispiel für eine typische Verwendung der RDA-Dienstelemente eine Übersicht über den Grundaufbau des zwischen den RDA-Kommunikationspartnern ausgetauschten Nachrichtenflusses sowie die wichtigsten Hauptgruppen von RDA-Diensten und ihre Einteilung in einzelne Dienstgruppen (engl. 'Functional Units') gegeben. Im Anschluß daran werden die einzelnen Elemente des RDA-Dienstes (RDA-Dienste-lemente oder RDA-"Operationen" genannt) - gruppiert nach sogenannten "Funk-tionseinheiten" ('Functional Units') - nacheinander vorgestellt.

6.3.1   Einführende Übersicht

Im Rahmen des ISO/OSI-Referenzmodells wird die eigentliche, anwendungsorien-tierte (d.h. am speziellen Fall des Zugriffs auf entfernte Datenbanken orientierte) RDA-Kommunikationsunterstützung als Teil der Ebene sieben auch *RDA Applica-tion Entity* genannt. Sie bietet den *RDA-Dienst*, der aus den im folgenden näher beschriebenen *RDA-Operationen* besteht, gruppiert nach einzelnen Dienstgruppen ('Functional Units') über die *RDA-Dienstschnittstelle* ('RDA Service Interface') po-tentiellen Klienten im Netz an. Wie in allen anderen ISO/OSI-Standards auch wer-den diese RDA-Dienstelemente nur "funktional", d.h. bzgl. dessen, was sie nach Vorgabe des Standards leisten müssen (z.B. die "Übertragung einer Datenbankan-frage an eine entfernte Datenbank mit Rückübertragung des zugehörigen Resul-tats"), nicht aber syntaktisch oder gar semantisch formal spezifiziert. Dabei wird der RDA-Dienst insgesamt - ebenfalls nach Art aller ISO/OSI-Standards - einerseits durch Abwicklung des spezifischen, im RDA-Standard normierten RDA-Protokolls (s.u.), andererseits durch Verwendung der Dienste der darunter liegenden ISO/

OSI-Ebene (sechs bis eins) erbracht. (Darüber hinaus verwendet RDA allerdings zur Realisierung seines Funktionsumfanges auch noch weitere Teildienste der ISO/OSI-Ebene sieben; näheres dazu siehe in Kapitel 7).

Im folgenden wird zunächst ein einführendes *Beispiel* für eine typische Verwendung der RDA-Dienstelemente zum Zugriff auf eine entfernte Datenbank gegeben (siehe Abbildung 6-6). Zur dabei verwendeten *Notation* sei angemerkt: Alle RDA-Dienstelemente und 'Functional Units' werden syntaktisch direkt so bezeichnet wie sie im RDA-Standard [ISO-RDAa] zu finden sind (daher beginnen z.B. alle Bezeichner von RDA-Dienstelementen mit 'R-').

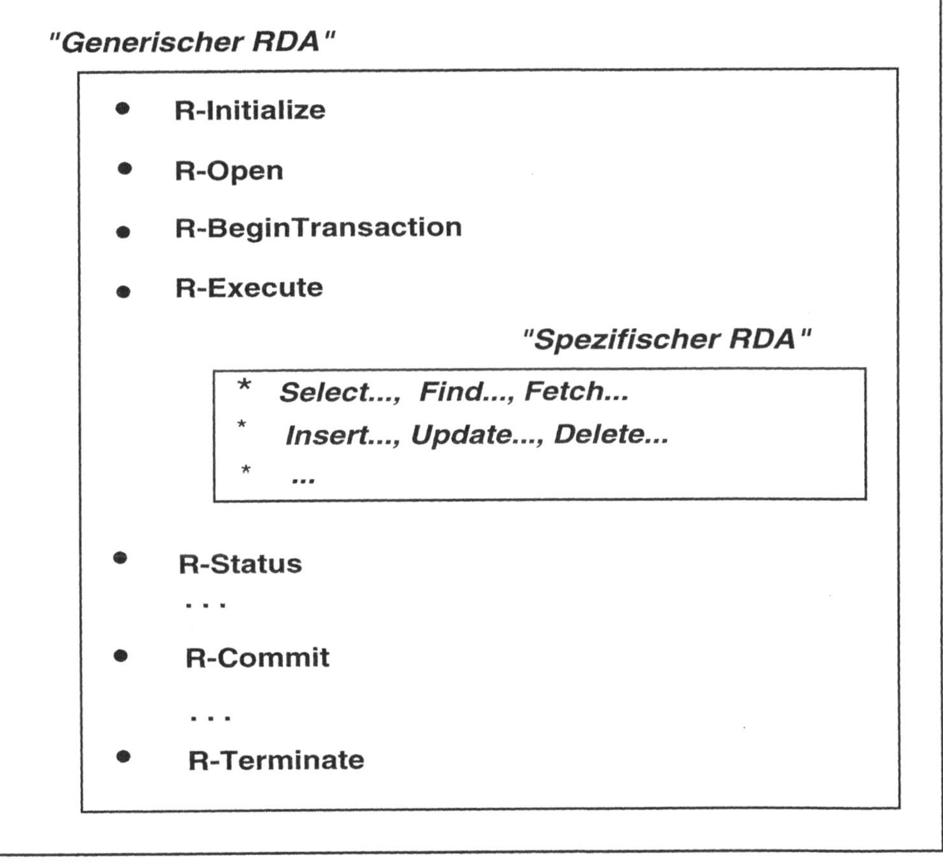

Abb. 6-6:   Beispiel für eine typische RDA-Dienstaufruffolge

Wie das in Abbildung 6-6 angegebene Beispiel zeigt, kann ein RDA-Klient zunächst den RDA-Dienstaufruf 'R-Initialize' dazu verwenden, eine Verbindung zu dem Knoten (bzw. Prozeß) im Netz herzustellen, auf dem die entfernte Datenbank zur Verfügung steht (nähere Einzelheiten zu allen RDA-Dienstaufrufen siehe unten). Daran anschließend kann beispielsweise mit Hilfe des RDA-Dienstelementes 'R-Open' dort eine Datenbank und auf dieser mittels 'R-BeginTransaction' eine lokale Transaktion eröffnet werden. Dann kann der Klient über den Dienstaufruf 'R-Execute' Datenbankbefehle absetzen, mit 'R-Status' evtl. deren Abarbeitungsstatus abfragen, darauf mittels 'R-Commit' zunächst die Transaktion und schließlich mittels 'R-Terminate' die Verbindung wieder beenden.

Der Gesamtumfang der RDA-Dienste ist in zwei voneinander weitgehend unabhängige Teile untergliedert: Die bisher am obigen Beispiel beschriebenen Dienstelementaufrufe bilden zunächst den (Datenbank-) sprachunabhängigen *generischen* Teil des RDA [ISO-RDAa]. Aber erst ein - (Datenbank-) sprachabhängiger - *spezifischer* Teil des RDA spezifiziert für jede normierte Datenbanksprache im einzelnen, welche Befehle - z.B. beim Zugriff auf eine spezielle SQL-Datenbank [ISO-RDAb] - innerhalb des 'R-Execute'-Dienstaufrufes an die entsprechende entfernte Datenbank geschickt werden dürfen (Einzelheiten s.u.).

Bevor nun in den folgenden Unterabschnitten die einzelnen RDA-Dienstelemente vorgestellt werden, sei zunächst die *gemeinsame Struktur* der für fast alle RDA-Dienstelemente zwischen RDA-Klient und RDA-Server ausgetauschten *Nachrichtenfolgen* (d.h. der Folgen von durch RDA normierten sogenannten "Protokolldateneinheiten") beschrieben und graphisch dargestellt. Die dabei immer wieder verwendete Kommunikationsstruktur ergibt sich grundsätzlich aus dem Paradigma des in Kapitel 4 vorgestellten "entfernten Prozeduraufrufes": D.h. es wird jeweils ein *Paar* von zusammengehörigen Nachrichten (Prozeduraufruf und zugehörige Antwort bzw. Fehlermeldung) zwischen RDA-Klient und RDA-Server ausgetauscht (siehe Abbildung 6-7).

Wie in Abbildung 6-7 dargestellt, wird jeweils nach Aufruf eines RDA-Dienstelementes auf der Seite des RDA-Klienten *(request)* eine entsprechende Nachricht an den RDA-Server übertragen und dort angezeigt *(indication)*. Da fast alle RDA-Dienstelemente "bestätigte" Dienste sind (mit alleiniger Ausnahme des Dienstelementes zum Initiieren einer entfernten Transaktion, das nur im Fehlerfalle bestätigt wird), wird auf der Seite des RDA-Servers eine Antwortnachricht *(response)* generiert, deren Ankunft schließlich wieder auf der Seite des RDA-Klienten angezeigt wird *(confirmation)*.

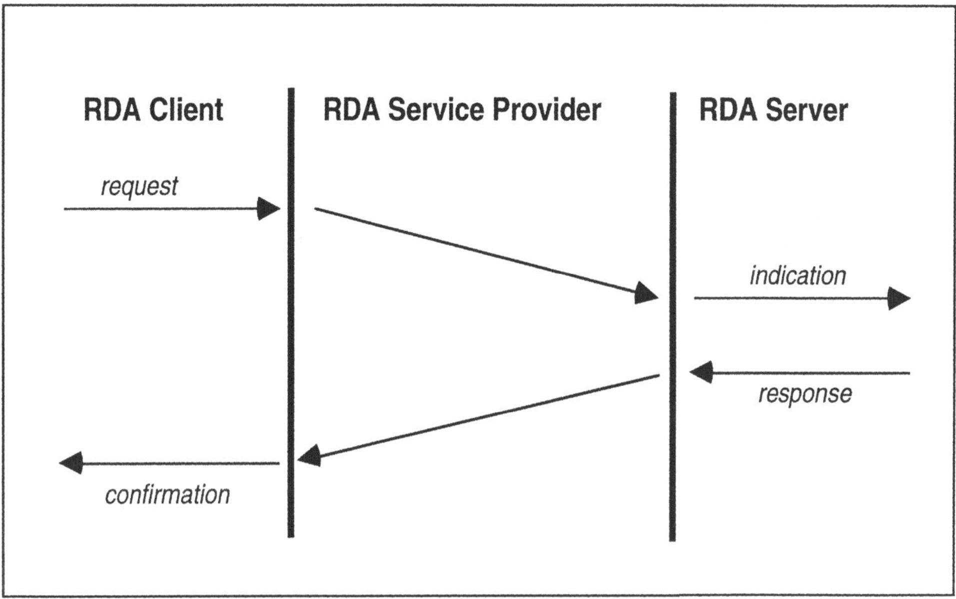

Abb. 6-7:	Struktur des Nachrichtenaustausches für RDA-Dienstelemente zwischen RDA-Klient und RDA-Server

Abschließend sei zum Kommunkationsablauf des RDA noch erwähnt, daß im Prinzip fast alle RDA-Dienste auch *asynchron* initiiert werden können: d.h. der RDA-Klient muß prinzipiell nach Absenden einer Nachricht an den RDA-Server nicht auf deren Bestätigung warten bevor er eine nächste Nachricht initiiert. Damit kann es vorkommen, daß ein RDA-Klient gleichzeitig auf die Ergebnisse *mehrerer* Dienstaufrufe innerhalb eines einzigen RDA-Dialoges wartet. Einzige Ausnahmen von dieser Regel sind die RDA-Dienstelemente zum Auf- und Abbau eines RDA-Dialoges sowie zum (erfolgreichen oder erfolglosen) Beenden einer Transaktion. Diese müssen *synchron* aufgerufen werden, d.h. nach deren Verwendung dürfen auf der Seite des RDA-Klienten nicht sofort weitere RDA-Dienstaufrufe folgen. (Allerdings kann es auch die *Anwendungs*sematik erfordern, daß doch noch weitere, einschränkende Reihenfolgeregelungen zwischen dem Versenden und dem Empfangen von einzelnen RDA-Nachrichten getroffen und eingehalten werden müssen.)

Normalerweise wird schließlich davon ausgegangen, daß RDA-Operationen beim RDA-Server auch in der *Reihenfolge ausgeführt* werden, in der sie von ihm empfangen wurden. Sinnvolle Ausnahmen von dieser Regel stellen jedoch die unten beschriebenen "RDA-Kontrolldienste" (z.B. 'R-Status') dar, die sinnvollerweise - nach Möglicheit der verwendeten Netztechnologie - mit höherer Priorität als die "normalen" Dienste übertragen und auch bevorzugt beim RDA-Server bearbeitet und beantwortet werden sollten.

6.3.2 RDA-Dienstgruppen

Betrachtet man die durch eine Implementierung des RDA-Protokolls mittels der jeweils zugehörigen Protokolldateneinheiten in einer 'RDA Application Entity' realisierten RDA-Dienstelemente, so können diese in die folgenden *Hauptgruppen* unterteilt werden:

- **Dialog- und Ressourcen-Verwaltung**

  Diese Gruppe von RDA-Dienstelementen umfaßt Dienstelemente, die zum Auf- und Abbau eines zeitlich befristeten "Dialoges" zwischen RDA-Klient und RDA-Server verwendet werden. Daneben stehen Dienste zum Öffnen und Schließen von anwendungsbezogenen, sogenannten Daten-Ressourcen (wie z.B. ganzen Datenbanken, einzelnen Relationen, 'Views' etc.) je nach Angebot und Möglichkeiten des zugegriffenen Datenbankverwaltungssystems.

- **Transaktionsverwaltung**

  Die RDA-Dienstelemente zur Steuerung verteilter Transaktionen werden vor allem zur Abwicklung eines verteilten Transaktionsprotokolls entweder in *einer* (1PC) oder in *zwei* Phasen (2PC) verwendet. Dazu werden insbesondere Dienstelemente zum Initiieren und Beenden von verteilten (Datenbank-) Transaktionen auf den entfernt zugegriffenen Knoten benötigt. Für die einfachere Version des RDA ('Single Server RDA', s.o.) werden dabei elementare Dienste und Protokolldateneinheiten zur Verwaltung verteilter Transaktionen vom RDA-Protokoll selbst, für die komplexere Version des RDA ('Multi Server RDA', s.o.) durch Verwendung von Diensten und Protokolldateneinheiten der entsprechenden transaktionsverwaltenden Dienste der ISO/OSI-Anwendungsebene (CCR [ISO-CCR] und TP [ISO-TP]) erbracht (nähere Einzelheiten dazu siehe im folgenden Kapitel 7).

• **Übermittlung von DBL-Anfragen und Resultaten**

Diese Gruppe von RDA-Dienstelementen realisiert die wichtigsten Funktionen, die RDA-Kommunkationsverbindungen zur Verfügung stellen: nämlich die Übertragen von Datenbankanfragen - und auch allen anderen normierten Datenbankoperationen zum Zugriff auf und zur Änderung von Daten-Ressourcen - vom RDA-Klienten an den RDA-Server sowie zur Übertragung von Resultaten bzw. Fehlermeldungen in der umgekehrten Richtung.

• **Kontrolldienste**

Schließlich stellt RDA Dienstelemente zur Kontrolle der Ausführung entfernter Datenbankoperationen bereit. So ist es z.B. möglich, daß ein RDA-Klient länger als erwartet auf die Bestätigung einer durch ein RDA-Dienstelement initiierten Datenbankoperation warten muß. Um in derartigen Fällen zunächst einmal den "Status" (d.h. Zustand der Bearbeitung auf dem Knoten des Datenbankverwaltungssystems) erfahren zu können, stellt der RDA-Dienst spezielle Nachrichten zur Verfügung, diesen Zustand für vorab initiierte Operationen zunächst zu erfahren und dann eventuell die entsprechende Operation vorzeitig auch zu beenden.

Im RDA-Standard [ISO-RDAa] sind über diese Grobeinteilung des RDA-Dienstes hinaus noch alle RDA-Dienstelemente in die in den folgenden Unterabschnitten vorgestellten Dienstgruppen von sogenannten *Functional Units* zusammengefaßt. Damit wird RDA-Klient und RDA-Server-Implementierungen die Möglichkeit gegeben, bereits beim Aufbau eines RDA-Dialoges zu vereinbaren, daß bestimmte Gruppen von Dienstelementen (z.B. zur Transaktionsverwaltung) während eines Dialoges *nicht* verwendet werden dürfen. Beispiele für eine Notwendigkeit dafür könnten sein, daß die eine der beiden Seiten diese Dienstelemente nicht implementiert hat oder daß sie auf einer Seite (z.B. bei einem DBMS ohne Transaktionsverwaltung) nicht sinnvoll angewendet werden können.

Im einzelnen unterscheidet der RDA-Standard die in Tabelle 6-1 zur Übersicht jeweils mit ihren zugehörigen RDA-Dienstelementen zusammengefaßten *Functional*

Units (nähere Erläuterung der einzelnen Dienstgruppen und Dienstelemente im folgenden).

RDA Functional Units	RDA Service Elements
DialogueInitialization:	R-Initialize
DialogueTermination:	R-Terminate
ResourceHandling:	R-Open
	R-Close
TransactionManagement:	R-BeginTransaction
	R-Commit
	R-Rollback
Status:	R-Status
Cancel:	R-Cancel
ImmediateExecutionDBL:	R-Execute
StoredExecutionDBL:	R-DefineDBL
	R-InvokeDBL
	R-DropDBL

Tab. 6-1:   RDA-Dienstgruppen *(Functional Units)* und zugehörige RDA-Dienstelemente *(Service Elements)*

6.3.3 Dialog- und Ressourcen-Verwaltung

Wie die meisten anderen ISO/OSI-Anwendungselemente beruht auch RDA auf *verbindungsorientierter* Kommunikation zwischen den beteiligten Kommunikationspartnern *(Peers)*. Dabei ist eine eindeutig bezeichnete RDA-Client/Server-Verbindung, ein sogenannter *RDA-Dialog,* nach [ISO-RDA] eine "kooperative Beziehung zwischen RDA-Klient und RDA-Server, innerhalb derer alle RDA-Interaktionen ablaufen. Der RDA-Dialog wird durch den RDA-Klienten initialisiert und hat einen eindeutigen Bezeichner, der von der RDA 'Application Entity Invocation' vergeben wird, wenn der RDA-Dialog erstmalig initialisiert wird." Dialoge sind also logische Beziehungen zwischen Kommunikationspartnern der OSI-Anwendungsebene, innerhalb derer die gesamte Kommunikation zwischen den Kommunikationspartnern abläuft und die prinzipiell auch zwischenzeitliche Störungen des darunter liegenden Kommunikationssystems überdauern.

RDA-Dienste zur Dialogverwaltung

Zur Dialogverwaltung stellt RDA explizite Dienstelemente zum Auf- und Abbau eines RDA-Dialoges bereit: 'R-Initialize' und 'R-Terminate' (siehe Tabelle 6-2).

Die in diesem und in den nachfolgenden Unterabschnitten aufgeführten Tabellen stellen jeweils die einzelnen, zu einer *Functional Unit* gehörigen Dienstelemente zusammen, geben eine Kurzbeschreibung ihrer Bedeutung und nennen die dafür auf beiden Seiten der Kommunikationsbeziehung auftretenden Ereignisse beim Absenden bzw. Ankommen der entsprechenden Nachrichten. Die Grundstruktur der dabei ablaufenden Kommunikation ist jeweils wieder wie oben dargestellt (siehe Abbildung 6-1): Der RDA-Klient übermittelt an den RDA-Server zunächst den Wunsch, eine bestimmte Operation entfernt auszuführen *(request)*. Dieser Wunsch wird nach der Übertragung über das Netz beim RDA-Server angezeigt *(indication)* und initiiert dort eine entsprechende Aktion des RDA-Servers. Dieser sendet darauf (fast immer) ein Ergebnis zurück *(response)*, das schließlich wiederum beim RDA-Klienten angezeigt wird *(confirmation)*.

Dienstelement	Beschreibung	Client	Server
R-Initialize	Beginn eines RDA-Dialoges	*request* *confirmation*	*Indication* *response*
R-Terminate	Ende eines RDA-Dialoges	*request* *confirmation*	*indication* *response*

Tab. 6-2:　　RDA-Dienste zur Dialogverwaltung: 'RDA DialogueInitialization Functional Unit' und 'RDA DialogueTermination Functional Unit'

Am Beispiel des Dienstelementes zum Aufbau eines RDA-Dialoges ('R-Initialize') sei im folgenden genauer erläutert, welche Einzelheiten der RDA-Standard weiter für die bei Verwendung diese Dienstelementes (eindeutig) zu übermittelnden Eigenschaften des Dialoges spezifiziert: Zunächst sind als Teil der zum Dialogaufbau vom RDA-Klienten an den RDA-Server übermittelten Nachricht *(request/indication)* die folgenden Parameter (z.B. zum "Verhandeln" über Einzelheiten der vom Klienten gewünschten bzw. dem Server möglichen Eigenschaften diese Dialoges) näher zu spezifizieren:

- eindeutige Dialogidentifikation,
- Identifikation des Benutzers (evtl. mit Authentisierungsangaben),
- vom RDA-Server erwünschte 'Functional Units',
- vom RDA-Server erwünschte Kontrolldienste.

Dann sind - für die Resultatnachricht *(response/confirmation)* des *RDA-Servers* auf den Verbindungsaufbauwunsch des RDA-Klienten hin - die entsprechenden Antwortmöglichkeiten und -komponenten vorzusehen, wie etwa

- die vom RDA-Server angebotenen Kontrolldienste,
- die vom RDA-Server angebotenen 'Functional Units' und/oder
- spezielle Authentisierungsdaten etc.

Schließlich sind - ebenfalls für die Antwortnachricht *(response/confirmation)* des RDA-Servers auf den Verbindungsaufbauwunsch des RDA-Klienten hin - auch noch alle möglichen *Fehlerfälle* zu berücksichtigen, wie etwa die einer

- bereits vergebenen Dialogidentifikation,
- Verletzung der Zugangsvorschriften,
- dem RDA-Protokoll nach unzulässige Nachrichtenfolge (inkl. Fehlerdiagnostikinformation),
- vorzeitigen Beendigung der Operation (mit Angabe von Gründen),
- fehlerhafte Benutzerauthentisierung,
- etc.

Alle diese Parameter der RDA-Nachrichten zum Dialogaufbau (wie auch der übrigen RDA-Dienstelemente) sind unterteilt in solche, die in *jedem* Falle zu übertragen sind *(mandatory*, wie z.B. die Operations- oder Dialogbezeichnung) und solche, die nur unter bestimmten *Bedingungen* übertragen werden *(conditional*, wie z.B. die Spezifikation bestimmter gewünschter bzw. angebotener Kontrolldienste beim Dialogaufbau). Weiterhin gibt es Parameter, die nur dann genutzt werden können, wenn RDA-Klient und/oder -Server dies ausdrücklich wollen *(user option,* wie z.B. die Angabe von Authentisierungsparametern).

Zusätzlich sind schließlich alle von RDA-Klienten an den RDA-Server sowie umgekehrt übertragenen Nachrichten mit einer *eindeutigen Kennung* ('OperationId') zu versehen, die zunächst zur Zuordnung der zusammengehörigen Anfragen und Antworten, dann aber auch zur Identifikation eines in einer "Status"-Anfrage adressierten Dienstaufrufes verwendet wird.

Nach Absetzen eines 'R-Initialize' oder eines 'R-Terminate'-Dienstaufrufes muß der RDA-Klient die nachfolgenden Dienstaufrufe so lange verzögern, bis er eine (positive oder negative) Bestätigung *(confirmation)* der genannten Operationsaufrufe vom RDA-Server zurückerhalten hat. (Dies stellte eine Ausnahme vom sonst meist *asynchronen* Aufruf von Folgen von RDA-Dienstelementen dar!).

RDA-Dienste zur Ressourcen-Verwaltung

Während eines RDA-Dialoges können vom RDA-Klienten an den RDA-Server Nachrichten übermittelt werden, die bedeuten, daß auf Seite des Servers bestimmte "Ressourcen" dem entfernten Kommunikationspartner verfügbar gemacht bzw. von diesem wieder freigegeben werden sollen. Dabei sind Ressourcen benannte, von der Anwendung zu bestimmende Teile der Datenbank, die z.B. von einzelnen Tupeln bis hin zur gesamten Datenbank reichen können und sowohl RDA-Klient als auch RDA-Server gemeinsam bekannt sind. Daten-Ressourcen können grundsätzlich auch ineinander *geschachtelt* sein; in diesem Falle muß ein RDA-Klient immer erst die entsprechende(n) "Eltern"-Ressource(n) öffnen, bevor er eine davon abhängige "Kind"-Ressource verwenden darf.

In gleicher Weise wie bei den vorangegangenen 'Functional Units' sind auch in Tabelle 6-3 die RDA-Dienstelemente zum Anfordern bzw. Öffnen ('R-Open') sowie zur Freigabe bzw. zum Schließen ('R-Close') einer Daten-Ressource in der *RDA Resource Handling Functional Unit* zusammengestellt.

Dabei macht ein erfolgreiches Öffnen einer Daten-Ressource diese grundsätzlich für den RDA-Klienten zum nachfolgenden Zugriff und für weitere Operationen der vereinbarten Datenbanksprache verfügbar. Zusätzlich können beim Öffnen einer Daten-Ressource aber auch Restriktionen vereinbart werden, die den Zugriff auf die Daten-Ressource in bestimmter Weise einschränken (z.B. nur Lesen der Daten). Als Ergebnis der Öffnung der Daten-Ressource wird ein Bezeichner ('Handle') zurückgegeben, der dann den nachfolgenden Operationen zur Identifikation der betreffenden Daten-Ressource dient.

Dienstelement	Beschreibung	Client	Server
R-Open	Anforderung einer Daten-Ressource	*request* *confirmation*	*indication* *response*
R-Close	Freigabe einer Daten-Ressource	*request* *confirmation*	*indication* *response*

Tab. 6-3:   'RDA ResourceHandling Functional Unit'

Unter den *Fehlermeldungen* kann z.B. die Nachricht vom RDA-Server an den RDA-Klienten zurückgegeben werden, daß die bezeichnete Daten-Ressource (zumindest unter dem angegebenen Namen) nicht vorhanden oder verfügbar ist oder daß die Daten-Ressource bereits im laufenden Dialog geöffnet wurde und benutzt wird, daß eine gemäß RDA-Protokoll inkorrekte Reihenfolge der Operationsaufrufe vorliegt oder die Meldung, daß die Operation - bevor sie beendet werden konnte - bereits durch einen 'R-Cancel'-Aufruf (s.u.) explizit abgebrochen wurde. (Auch diese Fehlermeldung kann in den meisten Fällen von RDA-Dienstaufrufen vorkommen.)

Ebenfalls kann bei fast allen RDA-Dienstaufrufen zudem die Fehlermeldung auftreten, daß die betreffende Operation nicht in den beim Verbindungsaufbau vereinbarten 'Functional Units' enthalten ist und daher nicht ausgeführt werden konnte.

6.3.4 Transaktionsverwaltung und Kontrolle

RDA-Dienste zur Verwaltung verteilter Transaktionen

Die Dienstelemente der *RDA Transaction Management Functional Unit* werden verwendet, um auf einem entfernten Datenbankknoten (dort lokale) Transaktionen zu initiieren bzw. zu beenden. Dabei ist nach [ISO-RDAa] eine *RDA-Transaktion* eine "logisch zusammengehörige Verarbeitungseinheit, die vom RDA-Klienten definiert wird." Die während einer RDA-Transaktion abgesetzten Datenbankoperationen sollen *atomar* (d.h. entweder *ganz* oder *gar nicht*) ausgeführt werden. Ein RDA-Server soll zu jedem einzelnen Zeitpunkt jeweils nur höchstens eine RDA-Transaktion pro RDA-Dialog ausführen können.

Die 'RDA Transaction Management Functional Unit' bietet insgesamt drei elementare Kommunikationsdienstelemente zur Abwicklung eines einphasigen 'Commit'-Protokolls (1PC) an: zunächst zum *Initiieren* einer entfernten Transaktion ('R-Begin-Transaction') dann zum Anstoßen entweder des *erfolgreichen Beendens* ('R-Commit') oder des *Zurücksetzens* ('R-Rollback') einer solchen Transaktion (siehe Tabelle 6-4). Dabei ist der Dienst 'R-BeginTransaction' das einzige aller RDA-Dienstelemente, das nicht explizit durch eine Antwortnachricht bestätigt wird, wenn es fehlerfrei übermittelt und ausgeführt wird; anderenfalls werden ein Fehlerkode sowie evtl. zusätzliche diagnostische Informationen zurückgegeben.

Nach Absenden eines 'R-Commit' darf der RDA-Klient bis zu dessen 'Confirmation' durch den RDA-Server keine weiteren Nachrichten an die entfernte Datenbank absenden. Als "Resultat" wird dann zurückgemeldet, ob die entfernte Transaktion erfolgreich *(committed)* oder erfolglos *(rolledback)* beendet werden konnte.

Der Aufruf der RDA-Operation 'R-Rollback' soll schließlich beim entfernten RDA-Server das Zurücksetzen einer entfernten Transaktion explizit initiieren. Auch danach dürfen bis zu dessen Bestätigung durch den RDA-Server keine weiteren Operationen auf der entfernten Datenbank vom RDA-Klienten angestoßen werden.

Dienstelement	Beschreibung	Client	Server
R-Begin Transaction	Beginn einer RDA-Transaktion	*request* *confirmation*	*indication* *response*
R Commit	Erfolgreiches Ende einer RDA-Transaktion	*request* *confirmation*	*indication* *response*
R-Rollback	Erfolgloses Ende einer RDA-Transaktion	*request* *confirmation*	*indication* *response*

Tab. 6-4:   'RDA TransactionManagement Functional Unit'

Eine wesentlich weiter gehende Kommunikationsunterstützung für die Koordination und Verwaltung verteilter Transaktionen steht als Alternative (!) zu den genannten elementaren RDA-Dienstelementen zur Verwaltung entfernter Transaktionen im 'Single Server'-Fall für die Variante der 'Multi Server'-Architektur des RDA zur Verfügung. In diesem RDA-"Anwendungskontext" (näheres dazu siehe Kapitel 7) werden allerdings die Dienste zur Kommunikationsunterstützung verteilter Transaktionen nicht mehr vom RDA selbst, sondern durch direkte Verwendung der entsprechenden OSI-Anwendungsdienstelemente zur Steuerung verteilter Transaktionen (d.h. aus ISO-CCR und -TP) erbracht. Dadurch wird für diese Fälle vermieden, daß RDA die auch für andere OSI-Anwendungen wichtigen Grundfunktionen einer Kommunikationsunterstützung für die verteilte Transaktionsverwaltung eigens neu spezifizieren muß. Weitere Einzelheiten dazu siehe in Kapitel 7.

RDA-Kontrolldienste

Die *RDA Status Functional Unit* (siehe Tabelle 6-5 oben) enthält ein Dienstelement zur Abfrage des aktuellen "Status" einer vorab initiierten und beim RDA-Klienten noch nicht bestätigten Operation auf dem RDA-Server. Zur Identifikation dieser Operation dient dabei deren eindeutiger 'OperationID'. Da diese Operation in vielen Fällen mit höherer Priorität behandelt werden soll als - z.B. - die durch sie abgefragte Operation selbst (anderenfalls wäre ihr Ergebnis meist sinnlos!), kann über eigene Parameter vereinbart werden, daß die zu diesem Dienstaufruf gehörigen Nachrichten z.B. über einen anderen Dialog (mit höherer Priorität) versendet werden, wenn immer das darunter liegenden Kommunikationssystem dies zuläßt. Als *Ergebnis* einer erfolgreichen Statusabfrage wird für eine Operation angegeben, ob sie

- beim RDA-Server *unbekannt* ist,
- dort noch auf die Bearbeitung *wartet* oder gerade *bearbeitet* wird,
- bereits *beendet* ist (aber das Ergebnis noch nicht vollständig an den RDA-Klienten übertragen wurde),
- vom RDA-Klient *abgebrochen* wurde (aber die Bestätigung dafür beim RDA-Klienten noch nicht vorliegt) oder
- auf der Seite des RDA-Servers *abgebrochen* wurde und auch die Bestätigung dafür beim RDA-Klienten noch nicht vorliegt.

Dienstelement	Beschreibung	Client	Server
R-Status	Zustand einer DBL-Operation feststellen	*request* *confirmation*	*indication* *response*
R-Cancel	DBL-Operation abbrechen	*request* *confirmation*	*indication* *response*

Tab. 6-5:　　'RDA Status Functional Unit' und 'RDA Cancel Functional Unit'

Die *RDA Cancel Functional Unit* (siehe Tabelle 6-5 unten) enthält ein Dienstelement, das den Abbruch einer bereits beim RDA-Server initiierten und über die 'OperationId' identifiziert Operation bewirkt. Eine positive Rückmeldung vom RDA-Server auf diesen Wunsch des RDA-Klienten bedeutet, daß ein Abbruch der betreffenden Operation angestoßen wurde (nicht aber, daß sie bereits abgebrochen wurde; die Verantwortung dafür liegt beim entfernten DBMS und damit außerhalb des RDA!). Wenn die Operation tatsächlich erfolgreich abgebrochen wurde, wird diese Tatsache durch die Fehlermeldung 'operationCancelled' als Antwort auf die abzubrechende Operation selbst deutlich.

6.3.5　Datenbanksprachdienste

Die RDA-*Datenbanksprachdienste* dienen dazu, Datenbanksprachbefehle einer normierten und zu Dialogbeginn von RDA-Klient und RDA-Server gemeinsam vereinbarten Datenbanksprache vom RDA-Klienten zur Bearbeitung an den RDA-Server zu übertragen. Dabei kann der Inhalt der dafür zu übertragenden Nachricht grundsätzlich in zwei verschiedenartige Teile unterteilt werden:

- Zum einen besteht die vom RDA-Klienten an den RDA-Server zu übermittelnde Nachricht aus von der konkreten Datenbank und von ihrer nach außen angebotenen (Datenbank-) Sprachschnittstelle *unabhängigen* Komponenten (wie Bezeichner der Operation, der Daten-Ressource, Spezifikation der Argumente und Resultate etc.). Dieser Teil eines Aufrufs einer entfernten (Datenbank-) Operation folgt strikt dem Grundmuster eines entfernten Prozeduraufrufes (siehe Kapitel 4) und ist in einem - datenbanksprachunabhängigen - ersten Teil des RDA-Standards, dem sogenannten *generischen RDA* [ISO-RDAa] spezifiziert. In diesem Kapitel (sowie im gesamten vorliegenden Buch) werden im wesentlichen Struktur und Inhalt dieser *generischen* RDA-Datenbank- dienste beschrieben.

- Zum anderen wird als Teil der allgemeinen Nachricht zum Aufruf einer ent- fernten (Datenbank-) Operation im konkreten Fall immer - syntaktisch korrekt in der ausgewählten normierten Datenbanksprache ausgedrückt - ein *speziel- ler Datenbankbefehl* vom RDA-Klienten an den RDA-Server übertragen (z.B. bei einer entsprechend der SQL-Norm [ISO-SQL] realisierten Datenbank- sprachschnittstelle der SQL-Befehl: "select ... from ... where ..."). Dieser spezi- fische Datenbankbefehl wird als Parameter der oben beschriebenen Grund- struktur einer allgemeinen Datenbankoperation spezifiziert und an den Da- tenbank-Server geschickt. Einzelheiten darüber, welche Nachrichten bei einer vorgegebenen normierten Datenbanksprache hier vorkommen können, wer- den im ISO/OSI-RDA in jeweils einem eigenen Teil für jede derartige Daten- banksprache spezifiziert (dem *spezifischen RDA).* Für den in der ersten Ver- sion Ende 1993 fertiggestellten RDA-Standard liegt allerdings bisher nur eine einzige Version eines derartigen zweiten Teils vor, nämlich die *RDA-SQL- Spezialisierung* [ISO-RDAb] für die standardisierte relationale Datenbank- sprache SQL [ISO-SQL]. Da dieser Teil des RDA-Standards entsprechend eng der Struktur des SQL-Standards folgt (d.h. im wesentlichen für jeden SQL-Befehl eine eindeutige Kodierung als Nachricht festlegt), wird auf diese SQL-Spezialisierung des RDA-Standards im vorliegenden Buch nur am Rande eingegangen.

Um Datenbankoperationen also auf einem entfernten Datenbank-Server ausführen zu lassen, muß der RDA-Klient die betreffenden Datenbankoperationen in entspre- chende *Nachrichten* an den RDA-Server umsetzen und diese mit den RDA-Daten- banksprachdiensten an den Server übermitteln. Dabei enthält die Nachricht für eine Datenbankoperation u.a in der Regel einen Operationsbezeichner und immer mindestens einen konkreten Datenbankbefehl sowie potentiell auch Argument- werte und -spezifikationen und/oder Resultatspezifikationen. Die Argument- und Resultatspezifikationen eines Datenbanksprachbefehls legen dabei das konkrete Format der Daten fest, die zur Übermittlung von den jeweiligen Argument- und Re- sultatwerten vom RDA-Klienten an den RDA-Server und zurück übertragen werden. Dabei wird die Argumentspezifikation stets vom RDA-Klienten, die Resultatspezifi-

kation entweder vom RDA-Klienten oder - falls das nicht erfolgte - nach Operations-
ausführung vom RDA-Server festgelegt.

RDA-Datenbanksprachdienste

Grundsätzlich können Datenbankbefehle vom RDA-Klienten an den RDA-Server
entweder zur *sofortigen* oder auch zur Speicherung und dann erst zur *späteren
Ausführung* übermittelt werden.

Als vollständige Befehle zur *sofortigen Ausführung* können sie mit dem RDA-
Dienstelementaufruf 'R-ExecuteDBL' innerhalb der *RDA Immediate Execution
Functional Unit* übermittelt werden (siehe Tabelle 6-6):

Dienstelement	Beschreibung	Client	Server
R-ExecuteDBL	Ausführung einer DBL-Operation	*request* *confirmation*	*indication* *response*

Tab. 6-6:   'RDA ImmediateExecutionDBL Functional Unit'

Dabei ist jeweils der wichtigste Parameterwert des 'R-ExecuteDBL'- oder des 'R-
DefineDBL'-Dienstaufrufes ein *spezieller Datenbankbefehl* ('specificDBLStatement') in der beim Verbindungsaufbau ausgewählten normierten Datenbanksprache. Dessen Syntax und Kodierung für die Übertragung durch RDA-Dienste finden
sich im Falle der SQL-Spezialisierung in [ISO-RDAb]. Weitere Parameter des 'R-
ExecuteDBL'-Dienstaufrufes (wie im wesentlichen auch des 'R-DefineDBL') sind
dann - neben Operations- und Daten-Ressourcen-Bezeichnern, Argument- und Resultatspezifikationen - besonders noch einzelne oder mehrere (Listen von) *Argu-
mentwerte(n)*. Als mögliche *Resultatwerte* sind neben dem Operationsbezeichner,
speziellen Terminierungskodes, evtl. eine Resultatspezifikation vor allem (evtl. eine
Liste von) *Resultatwerte(n)* vorgesehen. Diese bestehen jeweils aus einem Aus-
nahmekode zur Verwendung durch den Datenbank-Server ('DBLexception', näher
definiert in der jeweiligen RDA-Spezialisierung) sowie den eigentlichen Resultat-
werten der Auswertung der Operation auf der entfernten Datenbank.

In der zweiten Alternative der Übermittlung von Datenbankbefehlen an den RDA-Server zur Speicherung und erst späteren Ausführung (d.h. bei deren 'stored execution') werden Datenbankbefehle vom RDA-Klienten an den RDA-Server zunächst nur mit dem RDA-Dienstaufruf 'R-Define' innerhalb der *RDA Stored Execution Functional Unit* (siehe Tabelle 6-7) *vordefiniert* und bis zur weiteren Verwendung auf dem RDA-Server abgelegt. Dabei wird jeweils ein eindeutiger Bezeichner ('CommandHandle') für jeden derartigen Befehl vom RDA-Server an den RDA-Klienten zurückgegeben. Der RDA-Klient kann dann mit Hilfe dieses Bezeichners später die betreffende Datenbankoperationen explizit (meist schneller, effizienter, wiederholt mit jeweils unterschiedlichen Parameterwerten etc.) durch Aufruf des RDA-Dienstelementes 'R-Invoke' zur Ausführung bringen. Der RDA-Dienstaufruf 'R-Drop' schließlich dient dazu, anhand der eindeutigen Befehlsbezeichner den RDA-Server explizit zum Löschen solcherart vordefinierter Datenbankoperationen zu veranlassen.

Als Resultatwerte eines Datenbankbefehls in *Fehlerfällen* sind u.a. spezielle RDA-Kodierungen vorgesehen für:

- fehlerhafter Wiederholungswerte ('Repetition Count', s.u.),
- nicht bekannte Daten-Ressourcen,
- fehlerhafte Operationssequenzen,
- Operationen, die bereits vom Datenbanksystem oder vom RDA-Klienten beendet wurden (jeweils mit entsprechenden Diagnostikinformationen),
- nicht vereinbarte Dienstelemente,
- zurückgesetzte Transaktionen sowie
- weitere, spezielle Fehlerkodes zur Verwendung durch die jeweilige RDA-Spezialisierung.

Für beide Arten des Aufrufes entfernter Datenbankoperationen ('immediate' oder 'stored execution') kann durch weitere Parameter angegeben werden, daß ein Datenbankbefehl entweder eine feste Anzahl ('Repetition Count') von Malen mit den jeweils gleichen Parameterwerten hintereinander auszuführen ist oder mit mehreren Argumentwerten ('multipleArgument') - jeweils so oft, wie (Listen von) Parameterwerte(n) in der Argumentwertfolge vorhanden sind.

Dienstelement	Beschreibung	Client	Server
R-Define DBL	Validierung und Speicherung einer DBL-Operation	*request* *confirmation*	*indication* *response*
R-Invoke DBL	Aufruf einer vordefi- nierten DBL-Operation	*request* *confirmation*	*indication* *response*
R-Drop DBL	Löschen einer vordefi- nierten DBL-Operation	*request* *confirmation*	*indication* *response*

Tab. 6-7:　　'RDA StoredExecution DBL Functional Unit'

6.4　RDA-Protokoll

6.4.1　Protokollaufbau und Namenskonventionen

Im RDA-Protokoll werden zunächst - und vor allem - die einzelnen Kodierungen aller erlaubten RDA-Nachrichten *(Application Protocol Data Units, APDUs)* eindeutig formal spezifiziert, die beim Aufruf der genannten RDA-Dienstelemente jeweils zwischen RDA-Klient und RDA-Server ausgetauscht werden können. Dabei wird im Regelfall zunächst je einem *Aufruf* eines RDA-Dienstelementes jeweils eine Nachricht entsprechen, die vom RDA-Klienten an den RDA-Server geschickt wird (die *Request*-Nachricht, die in den nachfolgenden ASN.1-Spezifikationen immer durch die Endung '-RI' gekennzeichnet ist). Dazu gehört - in der umgekehrten Richtung - jeweils eine *Antwortnachricht*, die nach Bearbeitung der entsprechenden Operation vom RDA-Server an den RDA-Klienten zurückgeschickt wird: im Fehlerfalle ist diese eine *Error*-Nachricht, im Erfolgsfalle eine *Response*-Nachricht (beide Arten von Antwortnachrichten werden in den nachfolgenden ASN.1-Spezifikationen immer durch die Endung '-RC' gekennzeichnet).

Eine formale Beschreibung der *abstrakten Syntax* dieser Nachrichten erfolgt - wie bei anderen ISO/OSI-Kommunikationsstandards auch - im RDA-Standard in der

BNF-ähnlichen *Abstract Syntax Notation One* (ASN.1) [ISO-ASN]. Aus dieser abstrakten formalen Spezifikation der Struktur der zwischen den RDA-Kommunikationspartnern gemäß RDA-Protokoll austauschbaren PDUs kann mit Hilfe standardisierter *Kodierungsregeln* (wie z.B. in [ISO-BER] spezifiziert) eine für beliebige Kommunikationspartner ("bis auf jedes einzelne Bit") eindeutige Repräsentation aller RDA-Nachrichten abgeleitet werden.

Zu den in der abstrakten RDA-Syntax verwendeten *Namenskonventionen* für die Protokollspezifikation in [ISO-RDA] ist noch anzumerken: Wie schon bei der RDA-Dienstbeschreibung eingeführt, beginnen alle RDA-Dienstelemente - ebenso wie auch alle RDA-APDUs der obersten Ebene - mit dem Präfix 'R-'. Nach ASN.1-Konvention beginnen zusätzlich alle lokalen Namen und die Bezeichner von Werten jeweils mit kleinen, die Bezeichner von Typen dagegen mit großen Buchstaben. Die Namen der RDA-APDUs werden im übrigen wie folgt direkt aus den Namen der zugehörigen RDA-Dienstelemente abgeleitet:

-   Eine RDA-APDU, die als Konsequenz eines RDA-Dienstaufrufes vom RDA-Klienten an den RDA-Server geschickt wird *(Request)*, wird durch Ergänzung des Namens des betreffenden RDA-Dienstaufrufes um die Endung '-RI' gebildet.

-   Der Name einer RDA-Dienstanzeige *(Indication)* beim RDA-Server wird durch Weglassen der Endung '-RI' von der zugehörigen RDA-APDU gebildet.

-   Eine RDA-APDU, die als Konsequenz einer Antwort auf einen Dienstaufruf vom RDA-Server an den RDA-Klienten geschickt wird *(Response)*, wird durch Ergänzung des Namens des betreffenden RDA-Dienstaufrufes um die Endung '-RC' gebildet.

-   Der Name einer Antwortbestätigung auf einen RDA-Dienstaufruf beim RDA-Klienten *(Confirmation)* wird durch Weglassen der Endung '-RI' von der zugehörigen RDA-APDU gebildet.

Die Parameter der einzelnen Operationen der ASN.1-Spezifikation werden ebenso wie die in den zugehörigen RDA-Dienstelementaufrufen bezeichnet.

6.4.2 RDA-Protokolldateneinheiten

Die verschiedenen RDA-Protokolldateneinheiten der obersten Ebene des abstrakten Syntaxbaumes der RDA-APDUs sind in Auszügen in Tabelle 6-8 zusammengefaßt. Darin finden sich u.a. auch die APDUs wieder, auf deren Funktion bereits in Abschnitt 6.3 eingegangen wurde.

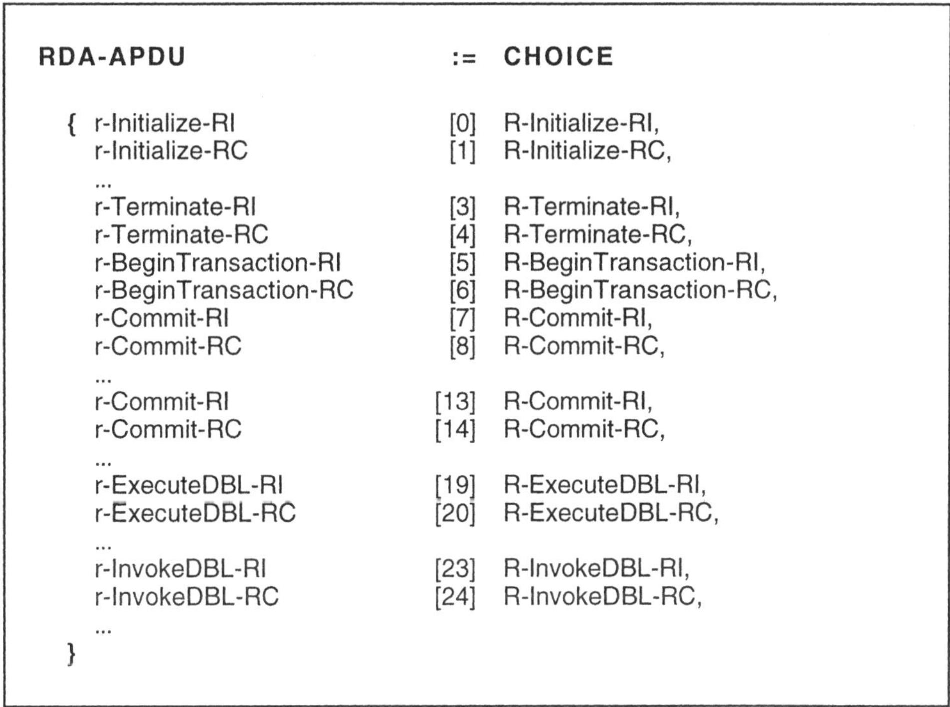

Tab. 6-8:   'Top-level'-Auswahl der Dateneinheiten (APDUs) im RDA-Protokoll

In der BNF-ähnlichen ASN.1-Notation sind in jeder Zeile zunächst der zu spezifizierende (Komponenten-) Wert, dann dessen lokal eindeutige numerische Kodierung und schließlich der Komponententyp angegeben (zusätzlich evtl. auch noch ein 'DEFAULT'-Wert für die entsprechende Komponente). Der Komponententyp besteht entweder aus einem elementaren ASN.1-Typ, oder er wird im folgenden weiter spezifiziert. Zum Aufbau von zusammengesetzten Werten können in ASN.1-Konstruktoren wie 'SEQUENCE' oder 'CHOICE' verwendet werden. Optionale Komponenten werden durch Hinzufügen von 'OPTIONAL' kenntlich gemacht.

In Tabelle 6-9 finden sich exemplarisch die beiden Nachrichtentypen, die (in jeder Richtung, jeweils zwischen RDA-Klient und RDA-Server) beim Aufbau eines RDA-Dialoges versendet bzw. empfangen werden.

```
R-Initialize-RI      ::=  SEQUENCE

  { operationID                      OperationID,
    r-Initialize-req           [0]   R-Initialize-Request
  }


R-Initialize-RC      ::=  SEQUENCE

  { operationID                      OperationID,
    res-or-err              CHOICE
    { r-Initialize-res         [0]   R-Initialize-Result,
      r-Initialize-err         [1]   R-Initialize-Error
    }
  }
```

Tab. 6-9:   ASN.1-Spezifikation der 'R-Initialize-RI' und 'R-Initialize-RC'-Protokolldateneinheiten

Die bei der Spezifikation der RDA-PDUs für das 'R-Initialize' verwendeten Komponententypen werden wie in Tabellen 6-9a (für die *Request*-Nachricht) und 6-9b (für die *Response*- und die *Error*-Nachricht) angegeben in ASN.1 definiert.

```
R-Initialize-Request   ::=  SEQUENCE

  { dialogueIDSuffix            [0]   DialogueIDSuffix,
    identityOfUser             [1]   VisibleString,
    userAutheticationData      [2]   UserAuthenticationData OPTIONAL,
    controlService DataRequested [3] BOOLEAN DEAFULT FALSE,
    functionalUnitsRequested   [4]   FunctionalUnits,
    specificInitializeArgument [30]  SpecificInitializeArgument OPTIONAL
  }
```

Tab. 6-9a: ASN.1-Spezifikation der 'R-Initialize-Request'-Protokolldateneinheit

```
R-Initialize-Result   ::= SEQUENCE

{ controlServiceData          [0]   ::=     SEQUENCE
  { controlServicesAllowed         [0]   BOOLEAN DEAFULT TRUE,
    controlAutheticationData       [1]   AuthenticationData OPTIONAL,
  } OPTIONAL,
  functionalUnitsAllowed         [1]   FunctionalUnits,
  specificInitializeResult       [30]  SpecificInitializeResult OPTIONAL
}


R-Initialize-Error      ::= CHOICE

{ accessControlViolation            AccessControlViolation,
  duplicateDialogueID               DuplicateDialogueID,
  invalidSequence                   InvalidSequence,
  operationAborted                  OperationAborted,
  userAuthenticationFailure         UserAuthenticationFailure,
  specificInitializeError           SpecificInitializeError
}
```

Tab. 6-9b: ASN.1-Spezifikation der 'R-Initialize-Result' und der 'R-Initialize-Error' Protokolldatoneinhoiton

In einem abschließenden Beispiel wird nachfolgend die ASN.1-Spezifikation der wohl wichtigsten RDA-Protokolldateneinheit angegeben, die als Konsequenz eines 'R-ExecuteDBL'-RDA-Dienstelementaufrufes generiert wird und deren zugehöriges RDA-Dienstelement im vorangegangenen Abschnitt erläutert wurde.

Wie im ersten Beispiel zeigt auch hier zunächst Tabelle 6-10 den Grundaufbau einer 'R-ExecuteDBL'-PDU. Danach werden jeweils die bereits bei der zugehörigen RDA-Dienstelementdefinition näher erläuterten Komponentenspezifikationen für die *Request*-Nachricht in Tabelle 6-10a und die *Response*- bzw. *Error*-Nachricht in Tabelle 6-10b widergegeben.

```
R-ExecuteDBL-RI ::=  SEQUENCE

  { operationID                      OperationID,
    r-ExecuteDBL-req          [0]    R-ExecuteDBL-Request
  }


R-ExecuteDBL-RC::=  SEQUENCE

  { operationID                      OperationID,
    res-or-err               CHOICE
    { r-ExecuteDBL-res        [0]    R-ExecuteDBL-Result,
      r-ExecuteDBL-err        [1]    R-ExecuteDBL-Error
    }
  }
```

Tab. 6-10:   ASN.1-Spezifikation der 'R-ExecuteDBL-RI' und 'R-ExecuteDBL-RC'-Protokolldateneinheiten

```
R-ExcuteDBL-Request   ::=  SEQUENCE

  { dataResourceHandle          [0]   DataResourceHandle OPTIONAL,
    specificDBLStatement        [1]   SpecificDBLStatement,
    specificDBLArg.Spec.        [2]   SpecificDBLArg.Spec. OPTIONAL,
    specificDBLResultSpec.      [3]   SpecificDBLResultSpec. OPTIONAL,
    dblArguments          CHOICE
    { singleArgument            [4]   SEQUENCE
      { repetitionCount             [0]    INTEGER DEFAULT 1,
        specificDBLArgumentValues [1]    SpecificDBLArgumentValues OPT.,
      },
      multipleArgument          [5]   SEQUENCE
      { listOfSpecificDBLArg.Values    [0] SEQ. OF SpecificDBLArg.Values,
      },
    } OPTIONAL
  }
```

Tab. 6-10a: ASN.1-Spezifikation der 'R-ExcuteDBL-Request'-Protokolldateneinheit

```
R-ExcuteDBL-Result   ::=  SEQUENCE

   { specificTerminationCode        [0]  SpecificTerminationCode OPTIONAL,
     specificDBLResultSpec.         [1]  SpecificDBLResultSpec. OPTIONAL,
     listOfResultValues             [2]  SEQ. OF ResultValues OPTIONAL
   }


R-ExcuteDBL-Error    ::=  CHOICE

   { badRepetitionCount                BadRepetitionCount,
     dataResourceHandleNotSpecified    DataResourceHandleNotSpecified,
     dataResourceHandleUnknown         DataResourceHandleUnknown,
     duplicateOperationID              DuplicateOperationID,
     invalidSequence                   InvalidSequence,
     noDataResourceAvailable           NoDataResourceAvailable
     operationAborted                  OperationAborted
     operationCancelled                OperationCancelled
     serviceNotNegotiated              ServiceNotNegotiated
     transactionRolledBack             TransactionRolledBack
     specificExecuteDBLError           SpecificInitializeError
   }
```

Tab. 6-10b: ASN.1-Spezifikation der 'R-ExcuteDBL-Result' und der 'R-Excute-DBL-Error'-Protokolldateneinheiten

6.4.3 Reihenfolgeregelungen für PDUs

Der zweite wichtige Teil eines Kommunikationsprotokolles enthält die Spezifikation der *Reihenfolgeregelungen*, die die "legalen" Folgen von Protokolldateneinheiten (PDUs) definieren, die in einem korrekten Protokollablauf (ausschließlich) zwischen den am Protokollablauf beteiligten Kommunikationspartnern ausgetauscht werden dürfen. (Insofern als durch den engen Zusammenhang von Dienstaufrufen und zugehörigen PDUs damit auch Reihenfolgeregelungen über korrekte Folgen von Dienstaufrufen spezifiziert werden, kann man diesen Teil der Protokollspezifikation z.T. auch als Bestandteil der Dienstspezifikation auffassen.)

Alle Reihenfolgeregelungen für RDA-Dienstelementaufrufe werden logisch in sogenannten abstrakten *Protokollmaschinen*, beim RDA etwa jeweils einer für den RDA-Klienten und einer für den RDA-Server, zusammengefaßt. Diese Protokollmaschinen spezifizieren damit das Verhalten von RDA-Klient- und RDA-Server-Implementationen bzgl. ihrer möglichen Zustände, der erwarteten Ereignisse (insbesondere "abgehender" und "ankommender" Nachrichten), der daraus resultierenden Aktionen (insbesondere der Änderungen des Protokollzustandes) sowie der nach jedem Ereignis vorzunehmenden Zustandsübergänge.

Formales Beschreibungsmittel für die Spezifikation der Protokollmaschinen sind sogenannte *Zustandsübergangsdiagramme*, die jeweils alle in einem bestimmten Zustand der Protokollabwicklung erlaubten Folgeereignisse und -zustände aufführen. Im Standard sind diese meist (so auch in [ISO-RDA]) als zweidimensionale *Tabellen* über einerseits Protokollzustände und andererseits Ereignisse bzw. Dienstaufrufe als Teil der Protokoll(maschinen)spezifikation notiert. Dazu wird in zusätzlichen "Anmerkungen" zu den einzelnen Zustandsübergängen (informal) weitere Protokollsemantik (oft auch unter Verwendung gemeinsamer globaler Variabler) spezifiziert. Die Gesamtmenge dieser zusätzlichen, bei der RDA-Spezifikation [ISO-RDAa] durchaus umfangreichen und nur informal (!) spezifizierten Anforderungen an das Verhalten insbesondere des RDA-Servers wird auch als *Server Execution Rules* (s.u.) bezeichnet.

Eine andere Art, die Zustandsübergangsdiagramme von Protokollmaschinen auszudrücken, ist eine *graphische* Notation, in der Zustände durch rechteckige Kästen und Zustandsübergänge durch mit den betreffenden Ereignissen bezeichnete gerichtete Kanten dargestellt werden. Auch bei dieser Darstellungsweise gilt: Nur die explizit angegebenen Zustandsübergänge sind - gemäß Protokollvorschrift - "legal" - alle anderen bedeuten nicht weiter definierte Fehlerfälle, die prinzipiell zu Protokollabbrüchen führen können.

Abbildung 6-8 stellt in dieser graphischen Notation exemplarisch für die RDA-Protokollspezifikation dar, welche Reihenfolgeregelungen der RDA-Standard z.B. für die einfache Version des RDA ('Single Server' oder 'Basic Application Context', s.u.) in einer leicht vereinfachten Form des Protokollablaufes auf der Seite des RDA-Klienten vorschreibt.

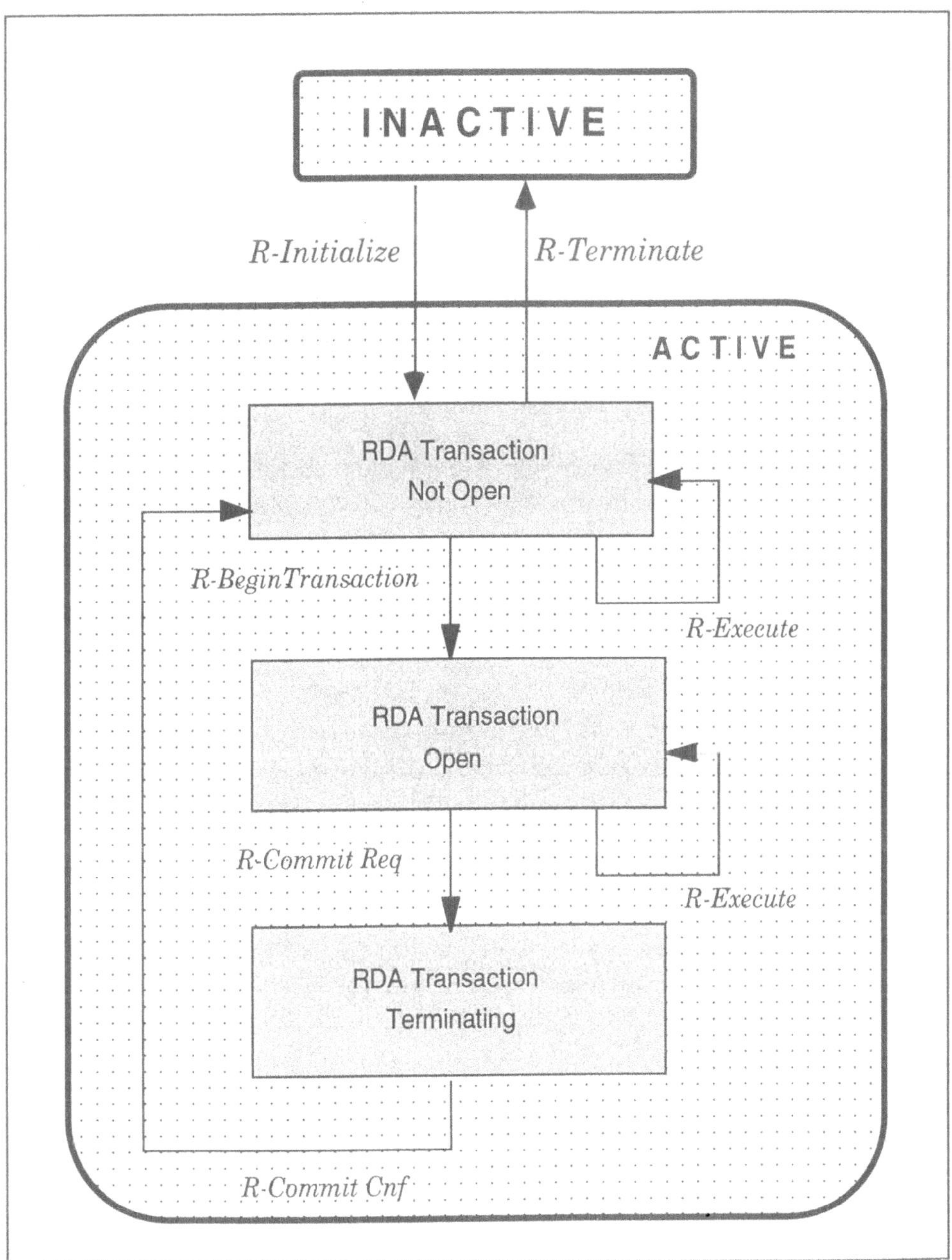

Abb. 6-8: Zustandsübergangsdiagramm für den RDA-Klienten ('Single Server RDA' bzw. 'Basic Application Context', vereinfacht)

Beispielsweise ist schon an diesem vereinfachten Zustandsübergangsdiagramm für den RDA-Klient zu sehen, daß ein Aufruf eines RDA-Dienstelementes 'R-Initialize' einen RDA-Dialog von einem "inaktiven" in einen "aktiven" Zustand versetzt. Falls Transaktionsunterstützung vorgesehen ist, kann in diesem Zustand durch 'R-BeginTransaction' eine Transaktion eröffnet werden. Im Folgezustand 'RDA Transaction Open' können dann Datenbankbefehle abgesetzt werden. Schließlich können - durch ein erfolgreich bestätigtes 'R-Commit Req' und nachfolgendes 'R-Terminate' - erst die Transaktion und dann auch der Dialog wieder beendet werden.

6.4.4 'RDA Server Execution Rules'

Abschließend für die RDA-Protokollspezifikation legen schließlich die *RDA Server Execution Rules* der protokollgerechten Implementation eines RDA-Servers noch eine Reihe von zusätzlichen Beschränkungen (über die reinen Reihenfolgeregelungen hinaus) auf. Diese spezifizieren im einzelnen, was als Reaktion auf die Ankunft spezieller RDA-Protokolldateneinheiten - vor allem auf der Seite des RDA-Servers - an Aktionen zu erfolgen hat, d.h. insbesondere auch, wie der RDA-Server seinen Zustand (inkl. einer Reihe von lokalen Variablen) zu verändern hat. Auch die *RDA Server Execution Rules* sind informal formuliert - aber detaillierter als die Anmerkungen zu den einzelnen Dienstelementbeschreibungen. Sie beziehen sich vor allem auf die folgenden zwei Aspekte des Zustandes des RDA-Servers:

- *Dialogue State Model:* In diesem Teil der Beschreibung des RDA-Protokollzustandes werden alle sich im Laufe der Protokollabwicklung möglicherweise dynamisch ändernden Eigenschaften des Dialogzustandes zusammengefaßt. Die Spezifikation dieser Änderungen ist Teil der "generischen" RDA-Spezifikation [ISO-RDAa].

- *Database State Model:* Dieser Teil des Zustandes des RDA-Servers beschreibt den Zustand der von allen RDA-Klienten gemeinsam genutzten Daten (d.h. der entfernten Datenbank). Änderungen dieses Teils des RDA-Servers kommen durch Ausführung von - durch RDA-Kommunkationsdienste übertragenen - Datenbanksprachbefehlen zustande und werden daher als Teil der jeweiligen RDA-Spezialisierung (für SQL also beispielsweise in [ISO-RDAb]) spezifiziert.

Wesentliche Komponenten des hier ausschließlich behandelten und in [ISO-RDAa] spezifizierten Dialogzustandes ('Dialogue State Model') sind:

- *RDA Operation Entity:* Sie beschreibt alle wesentlichen Eigenschaften der zu einem Zeitpunkt beim RDA-Server bekannten und bearbeiteten Operationen (d.h. z.B. deren Bezeichner, Typ, Status etc.).

- *RDA Dialogue Entity:* Sie wird bei Dialogbeginn (bis zum Dialogende) angelegt und beschreibt die zwischen RDA-Klient und RDA-Server vereinbarten Eigenschaften des Dialoges (wie Bezeichner, Benutzername, Authentisierungsdaten, erlaubte Kontrolldienste, vereinbarte RDA-Dienstgruppen, Status evtl. geöffneter Transaktionen etc.).

- *Opened Data Resource Entity:* Sie wird für jede Daten-Ressource nach deren Öffnen (bis zu deren Schließen) angelegt und beschreibt im wesentlichen deren Bezeichner, 'Handle' sowie Eltern-Ressource-'Handel' (falls existent).

- *Defined DBL Entity:* Darin sind alle mit 'R-DefineDBL' beim RDA-Server vordefinierten Datenbankbefehle mit ihrem 'Command'-Bezeichner, Dialog-Bezeichner sowie zugehöriger Daten-Ressource zusammengefaßt.

Die RDA 'Server Execution Rules' spezifizieren im einzelnen, welche Änderungen (u.a.) dieser verschiedenen Komponenten des Zustandes des RDA-Servers sich bei welchem Protokollereignis ergeben. Je nachdem, welcher Teil des Zustandes des RDA-Servers dabei näher betrachtet wird, lassen sie sich weiter unterteilen in

- *Entity Manipulation Rules*, die die Änderungen des Dialogzustandes als Reaktion auf die Ausführung von RDA-Operationen spezifizieren,

- *Result Rules*, die Bedingungen beschreiben, unter denen Antworten (Resultate) als Reaktion auf Anfragen des RDA-Klienten beim RDA-Server generiert werden, sowie

- *Error Rules,* die alle Bedingungen festlegen, unter denen Fehlermeldungen generiert und zum RDA-Klienten zurückgeschickt werden.

Zusätzlich zur Spezifikation der genannten Einschränkungen des *generischen* RDA-Protokolls kommen in der Regel noch weitere Bedingungen für die korrekte Implementierung eines speziellen, vollständigen RDA-Protokolls (inkl. RDA-Spezialisierung) hinzu, die sich aus der spezifischen Semantik der RDA-Spezialisierung ergeben. Auch diese können sich auf alle drei oben genannten Aspekte der 'Server Execution Rules' beziehen.

Auf eine weitere Beschreibung von Einzelheiten der umfangreichen 'Execution Rules' des RDA-Servers wird hier verzichtet. (Mehr Details dazu siehe in [ISO-RDA].) Die wesentlichen Aspekte der Semantik der einzelnen RDA-Dienstelemente sind ja bereits in den vorangegangenen Abschnitten dargestellt worden. Genau diese semantischen Beschreibungen der einzelnen Aktionen, die als Folge des Aufrufes von RDA-Dienstelementen und des Versendens der entsprechenden Protokolldateneinheiten auf der Seite des RDA-Servers ausgeführt werden sollen, sind im einzelnen in diesen 'Server Execution Rules' (informell) spezifiziert.

Damit definieren gerade die 'Server Execution Rules' ganz wesentliche Teile der intendierten *Semantik* der beim RDA-Protokollablauf zwischen RDA-Klient und RDA-Server ausgetauschten Nachrichten (RDA-PDUs). Sie legen damit genauer fest, daß das, was bei der (im wesentlichen informellen und damit potentiell unvollständigen, fehlerhaften, mißverständlichen etc.) Beschreibung der einzelnen RDA-Dienstelemente "gemeint" war, als Reaktion auf die in Konsequenz eines derartigen Dienstaufrufes versandten Nachrichten auch tatsächlich beim RDA-Server passiert.

7 RDA in der ISO/OSI-Anwendungsebene

Die *Anwendungsebene* (Ebene sieben) des ISO/OSI-Referenzmodells enthält unter den ISO/OSI-Kommunikationsmechanismen zwar auch noch allgemein verwendbare ("generische") Kommunikationsfunktionen, diese aber in einer am weitesten auf die Anforderungen bestimmter Klassen von Anwendungen zugeschnittenen Form. Deshalb wird RDA - wie auch andere anwendungsnahe OSI-Dienste wie z.B. elektronische Post (MHS), zuverlässiger Dateitransfer (RTS), entfernter Dateizugriff (FTAM) etc. - als Teil dieser Ebene des ISO/OSI-Referenzmodells spezifiziert.

Schon seit längerem hat man darüber hinaus versucht, die ISO/OSI-Anwendungsebene systematisch weiter in einerseits *gemeinsame* (d.h. für ganz unterschiedliche Anwendungsklassen taugliche) und andererseits *spezielle* (d.h. besonders auf die Erfordernisse einzelner Anwendungsklassen zugeschnittene) Anwendungsdienste zu unterteilen. Generell ist eine derartig strikte Trennung wegen der vielen gegenseitigen Abhängigkeiten der einzelnen Anwendungsdienste jedoch schwierig. Allerdings lassen sich in Einzelfällen durchaus anwendungs"nähere" Dienste der Ebene sieben als (durch anwendungsspezifische Teile ergänzte) Kombination von eher "generischen" Diensten der OSI-Anwendungsebene verstehen. Ein derartig modularer Aufbau moderner OSI-Anwendungsdienste liegt auch den inzwischen als (Teil-) Standard der Ebene sieben offiziell verabschiedeten Regeln zur "Strukturierung der OSI-Anwendungsebene" ('Application Layer Structure', ALS) [OSI-ALS] zugrunde.

Die vorliegenden Norm des ISO/OSI-RDA ist der erste Standard der ISO/OSI-Anwendungsebene, der auf der Basis einer systematischen Strukturierung dieser Anwendungsebene ganz konsequent *modular* aufgebaut ist, d.h. dessen Protokoll so weit wie möglich auf bereits existierenden gemeinsamen Teilstandards der OSI-

Anwendungsebene beruht. Grundlage für eine derartige Aufteilung sind die konzeptionell in den einleitenden Kapiteln dieses Buches bereits dargestellten drei wichtigsten *Grundfunktionen* der durch RDA realisierten Kommunikationsunterstützung für den Zugriff auf entfernte Datenbanken in offenen Rechnernetzen:

- verbindungsorientierte Kommunikationsmechanismen auf der Basis *logischer Verbindungen* ('Associations') zwischen den beteiligten OSI-Kommunikationspartnern,

- die Grundstruktur eines allgemeinen Zugriffs auf *entfernte Operationen* in offenen Rechnernetzen ('Remote Procedure Call') sowie

- eine Kommunikationsunterstützung für *verteilte Transaktionen* für alle die Fälle, bei denen auf mehr als ein entferntes Datenbanksystem zugegriffen werden soll.

Genau diese drei Grundfunktionen, die eine Grundlage für eine ganze Reihe von anwendungsnahen Diensten der OSI-Anwendungsebene bilden, werden im Rahmen des ISO/OSI-Referenzmodells von den folgenden drei "generischen" Teilstandards der Anwendungsebene unterstützt:

- Elementare Funktionen der Verbindungsverwaltung durch den ISO/OSI-Dienst *Association Control Service Element* (ACSE) [OSI-ACSE],

- Kommunikationsunterstützung für den Aufruf *entfernter Operationen* durch den ISO/OSI-Dienst *Remote Operations Service Element* (ROSE) [OSI-ROSE] und

- für verteilte *Transaktionsverwaltung* durch die beiden ISO/OSI-Dienste *Commitment Concurrency and Recovery* (CCR) [OSI-CCR] und *Distributed Transaction Processing Service Element* (TP) [OSI-TP].

Deshalb setzt sich die Spezifikation einer modular aufgebauten *RDA-Konfiguration* nach [ISO-RDA] nun auch aus genau diesen generischen Teildiensten der OSI-Anwendungsebene zusammen. Damit ergibt sich der in Abbildung 7-1 widergegebene Aufbau des RDA-Protokolls aus diesen OSI-Teildiensten. (Allerdings wird dabei der - in seiner bisher spezifizierten Form recht einfache - OSI-Dienst ROSE nicht direkt, sondern nur prinzipiell, d.h. seiner Struktur nach, zur Definition des RDA-Protokolls verwendet.)

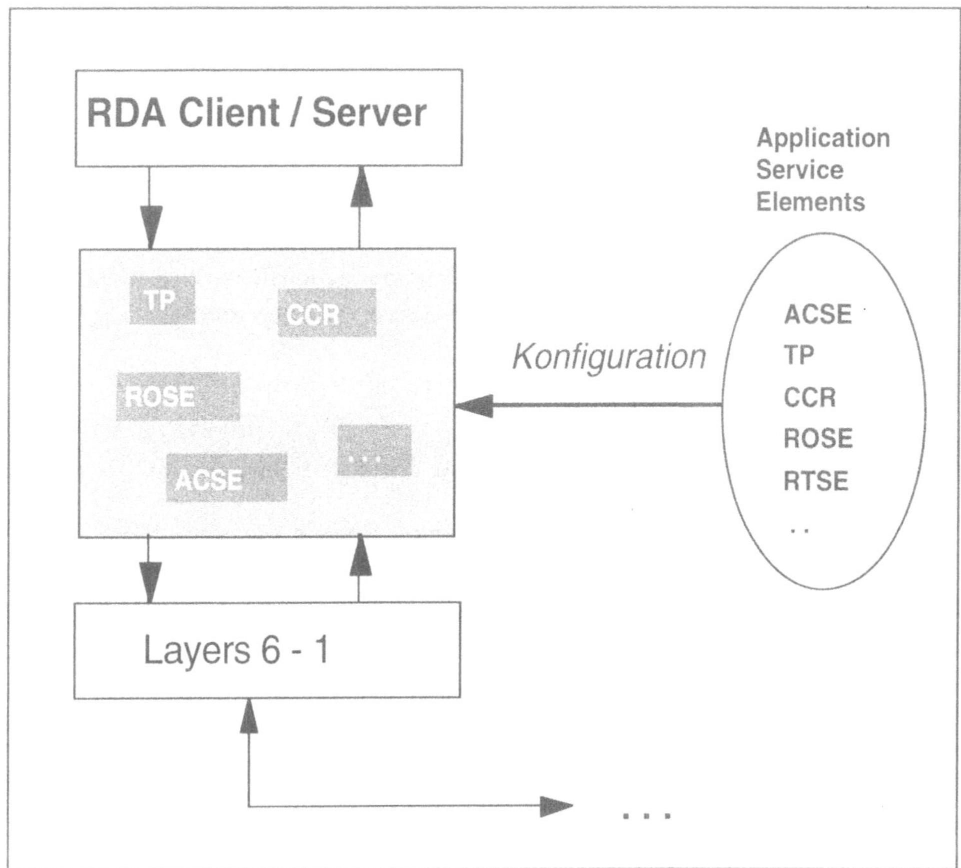

Abb. 7-1: Struktur des RDA-Protokolls in der ISO/OSI-Anwendungsebene

Im folgenden werden zunächst die genannten und für RDA relevanten OSI-Teildienste kurz erläutert; danach wird auf ihre Funktion bei der Kommunikationsunterstützung für den Zugriff auf entfernte Datenbanken in heterogenen offenen Rechnernetzen im Kontext von RDA eingegangen.

7.1 ISO/OSI-Anwendungsdienste

Wie bereits gesagt, beschreibt der OSI-Standard zur *Application Layer Structure* (ALS) [OSI-ALS] im einzelnen, wie sich ein komplexer OSI-Anwendungsdienst aus

bereits vorgegebenen generischen Teildiensten der OSI-Anwendungsebene, genannt 'Application Service Elements' (ASEs), zusammensetzen läßt. Der ISO-ALS-
Standard spezifiziert damit grundsätzlich die Struktur von speziellen Anwendungs-
standards der OSI-Anwendungsebene sieben - wie z.B. RDA.

In diesem Abschnitt werden zunächst die beiden ASEs vorgestellt, die die Grundlage für alle Varianten des RDA-Protokolls bilden, im folgenden dann die beiden
ASEs, die zusätzlich dazu die notwendigen Kommunikationsfunktionen für die Verwaltung verteilter Transaktionen in der 'Multi-Server'-Variante des RDA zur Verfügung stellen.

7.1.1 'Association Control Service Element' (ACSE)

Der generische OSI-Dienst *Association Control Service Element* (ACSE) [ISO-
ACSE] ist ein Basisdienst zur Kontrolle einer elementaren Anwendungsverbindung
zwischen zwei 'Application Entities' (d.h. miteinander kommunizierenden OSI-Part-
nern oder 'Peers'), die über eine gemeinsame Präsentationsverbindung (d.h. einen
Dienst der ISO/OSI-Ebene sechs) untereinander Nachrichten austauschen. ACSE
ist damit grundlegender Bestandteil *aller* wesentlicher verbindungsorientierter OSI-
Anwendungsdienste.

Die durch ACSE realisierten *Dienstelemente* unterstützen im einzelnen vor allem
den Auf- und Abbau einer logischen Verbindung zwischen zwei kommunizierenden Prozessen ('Association'). Darüber hinaus bieten sie sowohl dem ACSE-
Dienstnutzer ('Service User') als auch dem ACSE-Dienstanbieter ('Service Provider') die Möglichkeit, Fehlermeldungen abzusetzen, um so eine derartige Verbindung auch in Fehlerfällen kontrolliert zu beenden (siehe Tabelle 7-1).

In den folgenden Tabellen zu den hier vorgestellten OSI-ASEs werden jeweils der
Name der entsprechenden Dienstelemente der dargestellten ASE, der Typ der
Dienstelemente (d.h. insbesondere eine Angabe darüber, ob es sich um ein "bestätigtes" oder ein "unbestätigtes" Dienstelement handelt) sowie eine kurze Beschreibung des Dienstelementes selbst gegeben.

Dienstelement	Typ	Beschreibung
A-Associate	*confirmed*	Beginn der Nutzung einer Verbindung durch zwei Partner-ASEs
A-Release	*confirmed*	Normales Ende der Nutzung einer Verbindung (ohne Informationsverlust)
A-Abort	*unconfirmed*	Abnormales Ende einer Verbindung (mit potentiellem Informationsverlust)
A-P-Abort	nur *indication*	Abnormales Ende einer Verbindung durch die Präsentationsebene (mit potentiellem Informationsverlust)

Tab. 7-1:   ISO/OSI-ACSE: Dienstelemente

7.1.2 'Remote Operations' (ROSE)

Der generische OSI-Anwendungsdienst *Remote Operations* (ROSE) [OSI-ROSE] unterstützt die zum Aufruf entfernter Prozeduren (bzw. Operationen) notwendigen Kommunikationsfunktionen. Dabei werden - wie bereits in Kapitel 4 dargestellt - prinzipiell jeweils unterschiedliche Varianten des Aufrufes entfernter Prozeduren unterschieden. Das RDA-Kommunikationsprotokoll allerdings nutzt davon i.d.R. lediglich die Alternativen eines *asynchronen* (und nur in wenigen Fällen synchronen, s.o.) Aufrufes entfernter Prozeduren - mit (fast immer, s.o.) *eindeutiger Ergebnisrückgabe* (d.h. 'Operation Class 2' oder auch: 'Operation Response' 1 und 'Operation Call' 2).

Die ROSE-*Nachrichten* zwischen den beiden Kommunikationspartnern bestehen in diesem Fall lediglich aus dem Operationsaufruf in der einen und der Ergebnisrückgabe in der anderen Richtung, wobei das minimale ROSE-*Protokoll* nur die genannte Reihenfolge diese Nachrichtenflusses festlegt. Die ROSE-*Dienstelemente* enthalten im einzelnen den Aufruf und die Resultat- oder Fehlerrückgabe für entfernte Prozeduraufrufe sowie jeweils eine Möglichkeit für den Dienstnutzer *(User)* oder den Diensterbringer *(Provider)*, die Übertragung eines entfernten Prozeduraufrufes zurückzuweisen (siehe Tabelle 7-2).

Dienstelement	Typ	Beschreibung
RO-Invoke	*unconfirmed*	Aufruf einer entfernten Operation
RO-Result	*unconfirmed*	Rückgabe des Resultates des Aufrufes einer entfernten Operation
RO-Error	*unconfirmed*	Fehleranzeige
RO-Reject-U	*unconfirmed*	Zurückweisung des Aufrufes einer entfernten Operation durch den Dienst *nutzer*
RO-Reject-P	*unconfirmed*	Zurückweisung des Aufrufes einer entfernten Operation durch den Dienst *erbringer*

Tab. 7-2:   ISO/OSI-ROSE: Dienstelemente

Zusätzlich definiert der ROSE-Standard noch eine spezielle *ROS-Notation*, die im wesentlichen aus ASN.1-Makros für den Auf- und Abbau von logischen ROSE-Verbindungen sowie für den entfernten Operationsaufruf (inkl. möglicher Fehlerfälle) mit Abbildung auf darunter liegende ACSE-, RTS- und ROSE-Dienste besteht.

Da das RDA-Protokoll im wesentlichen jedoch nur die eine genannte Variante der allgemeinen OSI-ROSE-Anwendungsdienste verwendet und man Implementierern von RDA-Protokollen die Komplexität der dabei nicht benutzten Teile von ROSE ersparen wollte, basiert - nach zwischenzeitlichen Änderungen - die letztendlich 1993 standardisierte Version des RDA nur noch auf dem ROSE zugrundeliegenden Kommunikations*paradigma*, nicht mehr jedoch auf dem ROSE-Kommunikations*protokoll.* (Auch die ASN.1-Makro-*ROS-Notation* wurde bei der Spezifikation des RDA-Standards schließlich nicht mehr verwendet.)

RDA-Spezialisierungshierarchie

Konzeptionell kann man zusammenfassend die zum Zugriff auf eine konkrete entfernte Datenbank (mit vorgegebener standardisierter Sprachschnittstelle) verwendeten OSI-Kommunkationdienste als dreistufige *Spezialisierungshierarchie* wie folgt verstehen:

- Zunächst gehorcht auch RDA dem Kommunikationsparadigma einer Kommunikationsunterstützung für den Aufruf (zunächst beliebiger) generischer allgemeiner entfernter Operationen ('Remote Operations').

- Innerhalb einer derartigen Kommunikationsstruktur spezifiziert dann der "generische" RDA [ISO-RDAa] genauer, wie die speziell zum Aufruf entfernter *Datenbank*operationen vorgesehenen entfernten Prozeduraufrufe im einzelnen aussehen dürfen; diese Spezifikation ist jedoch noch vollständig unabhängig von der (im nächsten Schritt ausgewählten) Sprachschnittstelle der dabei konkret zugegriffenen Datenbank.

- Schließlich spezifiziert darüber hinaus erst die ausgewählte RDA-"Spezialisierung" (also z.B. [ISO-RDAb]), wie genau der Aufruf von entfernten DBL-Operationen in einer speziellen Datenbanksprache (im Beispiel: SQL89 oder SQL92, level1) im standardkonformen Nachrichtenformat auszusehen hat.

Abbildung 7-2 veranschaulicht den zweiten Teil dieser RDA-Spzialisierungshierarchie anhand der Ersetzung des - im generischen RDA nicht weiter spezifizierten - Parameters 'specificDBLStatement' im generischen RDA-Operationsaufruf 'R-Execute' durch einen konkreten SQL-Befehl in der RDA-SQL-Spezialisierung.

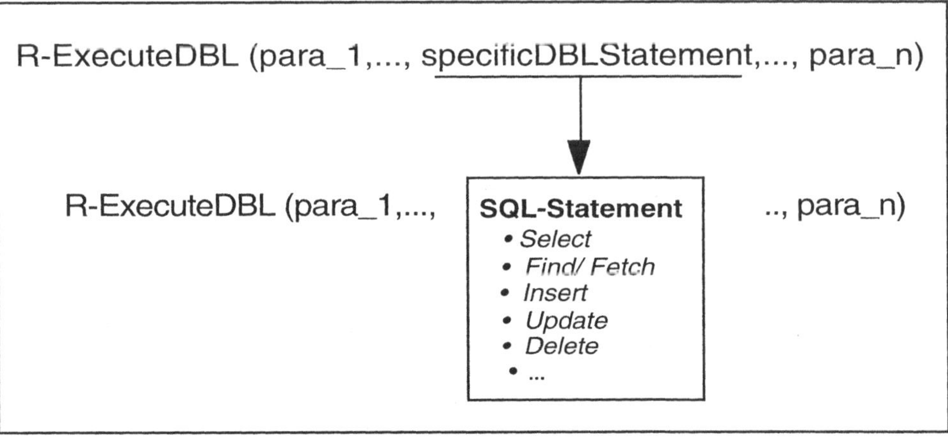

Abb. 7-2: RDA-Spezialisierungshierarchie

7.2   Transaktionsunterstützung im ISO/OSI-RDA

In diesem Abschnitt wird im Überblick gezeigt, wie die in Kapitel 5 konzeptionell vorgestellten Kommunikationsdienste zur Unterstützung der Verwaltung verteilter Transaktionen (im wesentlichen zur Abwicklung des "Zwei-Phasen-Commit"-Protokolls mit einigen wenigen Optimierungen) im Rahmen des ISO/OSI-Referenzmodells spezifiziert und damit - als Teile der 'Multi Server'-Variante - auch im RDA-Protokoll verwendet werden können.

Die Dienste zur Unterstützung verteilter Transaktionen sind - aus im wesentlichen historischen Gründen - in der Anwendungsebene des ISO/ OSI-Referenzmodells in *zwei* unterschiedliche Anwendungsdienstelemente aufgeteilt. Sie finden sich (jeweils zum Teil) in den beiden ISO/ OSI-Standarddokumenten *Distributed Transaction Processing* (TP) und *Commitment, Concurrency, and Recovery* (CCR), die in den beiden nachfolgenden Unterabschnitten vorgestellt werden.

7.2.1 'Commitment, Concurrency, and Recovery' (CCR)

Der OSI-Anwendungsdienst zur Unterstützung von *Commitment, Concurrency, and Recovery* (CCR) [ISO-CCR] spezifiziert einen Basisdienst und ein zugehöriges Protokoll zur Abwicklung eines verteilten "Zwei-Phasen-Commits" zwischen jeweils *direkt benachbarten* Knoten eines verteilten Transaktionsbaumes über eine einzige Kommunikationsverbindung. Damit stellt CCR auch eine Basis für die im OSI-Anwendungsdienstelement für 'Distributed Transaction Processing' (TP) spezifizierte vollständige Abwicklung des 2PC-Protokolls in einem beliebig geschachtelten Transaktionsbaum als (TP) Dienst dar.

Der CCR-Standard für den Austausch von Nachrichten zwischen direkt benachbarten Knoten, die an verteilten Transaktionen beteiligt sind, definiert zunächst eine einzelne Transaktion *(Atomic Action)* als "Sequenz von Operationen einer verteilten Anwendung mit ACID-(Transaktions-) Eigenschaften". Weiter wird ein "Zweig" eines Transaktionsbaumes *(Atomic Action Branch)* als "Beziehung zwischen logisch benachbarten CCR-Benutzern während einer 'Atomic Action' definiert, der auch Verbindungsfehler überleben kann". Ein "verteilter Transaktionsbaum" *(Atomic Action Tree)* schließlich stellt eine "hierarchische Beziehung zwischen CCR-Benutzern dar, die an der Ausführung einer verteilten 'Atomic Action' beteiligt sind".

Dabei wird jeweils der "über" bzw. "unter" geordneten Knoten in einem 'Atomic Action Tree' als *Superior* bzw. *Subordinate* bezeichnet.

Tabelle 7-3 gibt eine Übersicht über die einzelnen Dienstelemente von CCR. Im wesentlichen sind dies die bereits aus Kapitel 4 bekannten Operationen zur Steuerung verteilter Transaktionen. Dabei ist in Tabelle 7-3 jeweils noch hinzugefügt, ob es sich um "bestätigte" *(confirmed)* oder "unbestätigte" *(unconfirmed)* Operationsaufrufe handelt und wer ('Superior' oder 'Subordinate') jeweils das entsprechende Dienstelement verwenden darf.

Dienstelement	Typ	Benutzer
C-Begin	*optionally confirmed*	Superior
C-Prepare	*unconfirmed*	Superior
C-Ready	*unconfirmed*	Subordinate
C-Commit	*confirmed*	Superior
C-Rollback	*confirmed*	Superior o. Subordinate
C-Recover	*optionally confirmed*	Superior (Subordinate)

Tab. 7-3: OSI-CCR: Dienstelemente

7.2.2 'Distributed Transaction Processing' (TP)

Der OSI-Anwendungsdienst für verteilte Transaktionsverwaltung in offenen Systemen *(Distributed Transaction Processing*, TP) [ISO-TP] stellt eine Kommunikationsunterstützung für die Realisierung von (ACID-) Transaktionseigenschaften von geschachtelten Transaktionsbäumen in verteilten Systemen dar.

Die dabei von den verteilten (Teil-) Transaktionen auf den jeweiligen Knoten (entsprechend der Semantik der Anwendung) im Netz zugegriffenen Daten werden als *Bound Data* bezeichnet. TP-Transaktionen gewährleisten insbesondere, daß derartige Daten durch verteilte Transaktionen nur "ganz oder gar nicht" *(atomic)* und ohne Sichtbarkeit von Zwischenresultaten *(isolated)* geändert werden. Als Kommunikationsunterstützung bietet TP dafür im wesentlichen ein "Zwei-Phasen-Commit"-Protokoll (mit leichten Erweiterungen) unter Verwendung der oben beschriebenen Teildienste von CCR (zwischen jeweils benachbarten Knoten) an. Dadurch realisiert TP einen *vollständigen Dienst* zum geordneten Auf- und Abbau sowie zur Verwaltung verteilter Transaktionen und stellt damit die wohl wichtigste Komponente der standardisierten Kommunikationsunterstützung verteilter Transaktionen in heterogenen, offenen Rechnernetzen dar.

Auch der OSI-TP-Standard wurde von der zweiten Hälfte der 80er Jahre an auf intensives Betreiben der großen Software-Hersteller (zeitweilig in Konkurrenz zu, später in Abstimmung mit LU 6.2 [IBM-LU62] innerhalb der IBM-'Systems Network Architecture', SNA [IBM-SNA]) zunächst im Rahmen der 'European Computer Manufacturers Association' (ECMA) entwickelt. Wie auch RDA so wurde OSI-TP dann von der ISO aufgegriffen (in der ISO/IEC JTC1 SC21 WG 5) und nach intensiver Diskussion dort bereits 1988 zum 'Committee Draft', 1990/91 zum 'Draft International Standard' (DIS) und 1992 zum 'International Standard' (IS) gemacht.

Im einzelnen bestehen die Hauptaufgaben des *TP-Dienstes* in der

- Unterstützung für den Auf- und Abbau von TP-Dialogen,
- Verwaltung von Transaktionsbäumen im Netz,
- Synchronisation und Recovery nach Fehlern sowie in
- Zugangskontrolle und Autorisierung.

Dazu definiert der OSI-TP-Standard die folgenden *Hauptgruppen* von TP- *Dienstelementen*:

- **Dialogverwaltung:**   zum Auf-, Abbau von "TP-Dialogen" sowie

- **Recovery:**   zur Fehlerbehandlung, Dialog- und Transaktions-'Recovery',

- **Commitment:**   zur Koordination von verteilten Ressourcen mit *(coordination level commitment)* oder ohne *(coordination level none)* 2PC-Protokoll

- **TP-Data:**   kein eigentlicher TP-Dienst, sondern nur "Platzhalter" innerhalb von TP zur Möglichkeit der Übertragung von Daten und Dienstaufrufen (z.B. von RDA!) innerhalb von verteilten Transaktionen.

Dabei sind die *OSI-TP-Dienstelemente* in die folgenden Gruppen von TP-*Functional Units* (mit zugehörigen *TP-Dienstelementen)* aufgeteilt:

7.2.2.1 Dialogverwaltung

TP-Dialoge sind logische Kommunikationsbeziehungen zwischen TP-Kommunikationspartnern (d.h. Knoten in verteilten Transaktionsbäumen), innerhalb derer Daten transferiert, Fehler erkannt, verteilte Transaktionen abgewickelt und die Kommunikation synchronisiert werden kann. TP-Dienstelemente zur Verwaltung von TP-Dialogen dienen zum Initiieren von Dialogauf-, -abbau und -abbruch (entweder durch den 'TP User', U, oder durch den 'TP Service Provider', P) sowie zum Versenden von Fehlermeldungen:

Dialogue Functional Unit: 'TP-Begin-Dialogue' und 'TP-End-Dialogue',
                                   'TP-U-Error', 'TP-U-Abort', 'TP-P-Abort'

Damit ergibt sich insgesamt eine dreistufige Hierarchie von logischen Verbindungen zwischen TP-Kommunikationspartnern aus: *Assoziationen*, TP-*Dialogen* und verteilten *Transaktionen*. Wie Abbildung 7-3 (nach [ISO-TP]) zeigt, können in dieser Hierarchie Transaktionen nur innerhalb von TP-Dialogen ablaufen und TP-Dialoge prinzipiell auch Assoziationsfehler (im Beispiel durch 'x' gekennzeichnet) überdauern. Darüberhinaus können - nach Vorbild von LU6.2 - einzelne Assoziationen nacheinander auch für mehrere TP-Dialoge wieder benutzt werden (engl. 'Reuse of Associations').

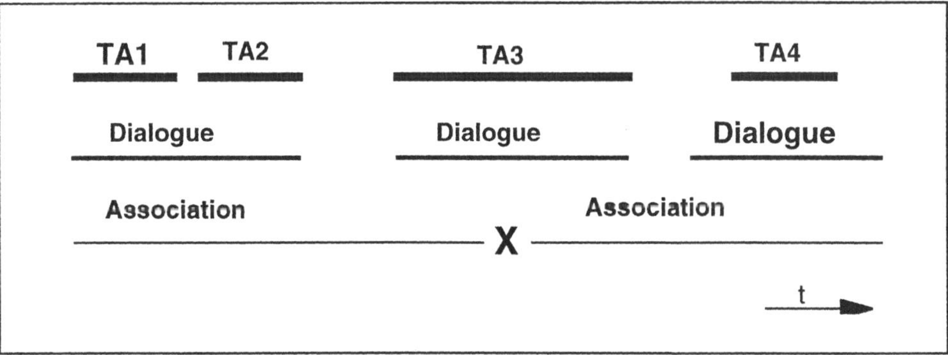

Abb. 7-3:   ISO/OSI-TP: Transaktionen (TA), Dialoge und Assoziationen

7.2.2.2 Kommunikationskontrolle

Die TP-Kommunikationskontrolle bietet - aufgegliedert in die drei folgenden 'Functional Units' - Möglichkeiten, eine TP-Kommunikationsbeziehung entweder nur in einer Richtung ('shared Control') oder in beiden ('polarized Control') zu verwenden. Außerdem bietet sie Dienste zum Austausch von Synchronisationsnachrichten ('Handshake') an:

Handshake Functional Unit: 'TP-Handshake' und 'TP-Handshake-And-Grant-Control' zur Synchronisation von Aktivitäten zwischen den Kommunikationspartnern

Polarized Control Functional Unit: zu jeder Zeit hat nur *einer* der beiden TP-Benutzer die Kontrolle über den Dialog; Kontrollübergabe mit 'TP-Request-Control' und 'TP-Grant-Control'

Shared Control Functional Unit: Duplex-Kommunikation: *beide* TP-Benutzer kontrollieren den Dialog *gemeinsam* (keine speziellen Dienste)

7.2.2.3 Reihenfolgeregelung für Transaktionsfolgen

Nach Vorbild von LU 6.2 werden TP-Transaktionen i.d.R. direkt nacheinander ausgeführt, d.h. direkt nach Ende einer Transaktion beginnt (implizit) sofort die nächste ('Chained Transaction'-Modus als Normalfall). Soll die Folge von Transaktionen jedoch *explizit* vom Benutzer gesteuert werden, bietet die 'Unchained Transaction Functional Unit' dazu das Dienstelement zum expliziten Start einer Transaktion:

Unchained Transaction FU: 'TP-Begin-Transaction'

Chained Transaction FU: (keine speziellen Dienste)

7.2.2.4 Unterstützung für verteilte Transaktionen

Der TP-Dienst kann auch ohne Verwendung verteilter Transaktionen lediglich zur Unterstützung von sicheren *TP-Dialogen* benutzt werden (im sogenannten *Coordination Level "none"*). Wenn allerdings verteilte Transaktionen unterstützt werden sollen (im *Coordination Level "commitment"*), dann bietet TP dazu die Dienst- und Protokollelemente der *Commit Functional Unit* zur Abwicklung eines verteilten 2PC-Protokolls.

Innerhalb von TP-Dialogen werden als "TP-Transaktionszweige" *(TP-Transaction Branches)* jeweils die Teile eines verteilten Transaktionsbaumes bezeichnet, die innerhalb eines gemeinsamen Dialoges ablaufen. Ein "TP-Transaktionsbaum" *(TP-Transaction Tree)* wird durch den gerichteten Graph aus allen diesen (TP-Transaktions-) Zweigen gebildet. Innerhalb dieses TP-Transaktionsbaumes wird durch den TP-Dienst ein "Zwei-Phasen-Commit"-Protokoll abgewickelt.

Tabelle 7-4 zeigt die TP-Dienstelemente der *Commit Functional Unit* jeweils mit einer Kurzbeschreibung der durch die entsprechenden Dienstelemente initiierten Operationen. Die Kennziffern 1 bis 11 dienen in Abbildung 7-4 der Darstellung eines Ablaufbeispiels für die Abwicklung des 2PC-Protokolls in OSI-TP.

Nr.	Dienstelement	Beschreibung
1	**TP-Commit**	Beenden einer/s Transaktion/sbaumes +
2		Ergebnisrückgabe der Subtransaktion
3	**TP-Done**	Freigabe lokaler Daten erfolgt
4	**TP-Commit-Complete**	erfolgreiches Ende der Transaktion
5	**TP-Rollback**	Transaktion zurückzusetzen
6	**TP-Rollback-Complete**	erfolgreiches Ende eines *Rollback*
7	**TP-Prepare**	Beginn der ersten Phase der Abwicklung des 2PC-Protokolls, lokale Daten sichern
8	**TP-Ready**	Meldung, daß lokale Daten gesichert sind
9	**TP-Deferred-End-Dialogue**	verzögertes Dialogende
10	**TP-Deferred-Grant-Control**	verzögerte Kontrollübergabe
11	**TP-Heuristic-Report**	Meldung von Inkonsistenzen bei "heuristisch" beendeter Transaktion

Tab. 7-4: Dienstelemente zur Verwaltung verteilter Transaktionen mit OSI-TP: *Commit Functional Unit*

Dazu stellt Abbildung 7-4 drei (schattiert gezeichnete) Instanzen von TP-Dienster-bringern *(TP Service Provider,* TPSP) sowie von drei TP-Dienstnutzern *(TP Service User Invocation,* TPSUI) dar. Damit wird ein Beispiel dafür gegeben, wie ein TPSUI als Koordinator (d.h. ein TP-"Benutzer") - dargestellt als der TPSUI-Knoten oben in der Mitte - die Dienste von TP (d.h. die der drei TPSP-Instanzen) dazu benutzt, um eine verteilte Transaktion mit Subtransaktionen auf den beiden äußeren TPSUI-Knoten durch Abwicklung eines 2PC-Protokolls koordiniert zu beenden. Dazu setzt der Koordinator an "seinen" TPSP lediglich den Dienstaufruf 'TP-Commit' (Nr. 1) ab, bekommt die Antwort darauf - später - vom TPSP mitgeteilt (Nr. 2) und startet dann mit 'TP-Done' (Nr. 3) die zweite Phase des 2PC-Protokolls, auf die er schließ-lich nur entweder eine positive (Nr. 4) oder eine negative (Nr. 6) abschließende Antwort bekommt.

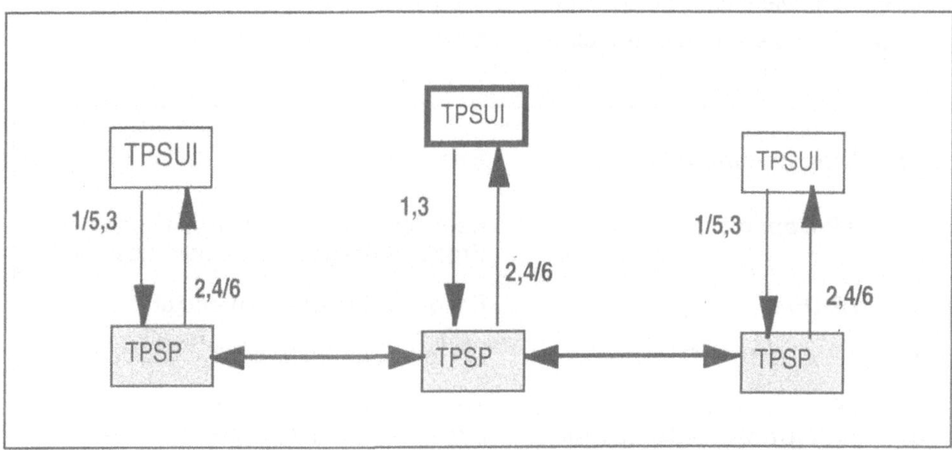

Abb. 7-4:   ISO/OSI-TP: Ablaufmodell für "Zwei-Phasen-Commit" (2PC)

Wie man weiter an diesem Beispiel sehen kann, wird das übrige Protokoll *aus-schließlich zwischen den einzelnen TPSP-* sowie den anderen TPSUI-Knoten (d.h. insbesondere ohne weitere Beteiligung des Koordinatorknotens und damit *voll-ständig als Teil des TP-Dienstes)* abgewickelt. Auch die anderen TPSUI-Knoten müssen dabei lediglich die Beendigung ihres jeweiligen (Teil-) Transaktionsbau-mes initiieren sowie - wiederum für ihren Teil des Transaktionsbaumes - mit 'TP-Done' (Nr. 3) die zweite Phase des 2PC-Protokolls anstoßen. Auch ihnen wird da-bei schließlich durch ihre jeweiligen TPSP-Komponenten nur der Ausgang der Gesamttransaktion mitgeteilt, so daß sie wissen, ob sie ihre lokalen Ressourcen (d.h. insbesondere die Daten) mit oder ohne Änderungen freigeben können.

Neben der Kommunikationsunterstützung für das - auch in Kapitel 4 beschriebene - reine 2PC-Protokoll sieht die derzeitige Fassung des OSI-TP-Standards darüber hinaus einige der in Kapitel 4 genannten Protokoll*optimierungen* vor. In der ersten Fassung des TP-Standards [ISO-TP] enthaltene Beispiele dafür sind etwa unabhängige, "heuristische" Entscheidungen. Diese gehen von den Annahme aus, Transaktionen im Zweifelsfall immer als *abgebrochen* anzusehen ('presumed rollback' wie in [ISO-TP]) - oder als *erfolgreich beendet* anzusehen ('presumed commit' - als andere denkbare Alternative). Dadurch können zwar Ressourcen von Teilknoten in Blockadesituationen schneller wieder freigegeben werden, auf der anderen Seite kann es so jedoch auch zu Inkonsistenzen in der übergeordneten Gesamttransaktion kommen, die dann durch Maßnahmen außerhalb des TP-Protokolls wieder bereinigt werden müssen. (Weitere Ergänzungen und Optimierungen sind Gegenstand der Forschung und u.a. auch der Weiterentwicklung der OSI-TP-Norm in der internationalen Standardisierung.)

OSI-TP realisiert damit einen umfassenden Kommunikationsdienst zur Unterstützung der Abwicklung eines verteilten 2PC-Protokolls in offenen Rechnernetzen. Die Benutzer eines derartigen Dienstes werden ganz weitgehend von den für die Koordination verteilter Transaktionen notwendigen Aufgaben entlastet. Da - wie in Kapitel 5 beschrieben - derartige Koordinierungsaufgaben auch wesentlicher Bestandteil einer Kommunikationsunterstützung für den Zugriff auf mehrere entfernte *Datenbanken* sind, stellt OSI-TP einen geeigneten "Baustein" zur Realisierung einer verteilten Transaktionsunterstützung auch für *RDA* dar.

In der internationalen Standardisierung des RDA in ECMA und ISO hat man deshalb nach anfänglicher Diskussion den Gedanken einer *RDA-spezifische* Kommunikationsunterstützung für den transaktionsgeschützten Zugriff auf entfernte Datenbanken in Rechnernetzen verworfen und stattdessen die Dienste von *OSI-TP* zu Unterstützung der Verwaltung verteilter Transaktionen in die Architektur des RDA-Protokolls integriert. Art und Weise, in der dies in der entsprechenden 'Multi-Server'-Variante des RDA geschieht, beschreibt der folgende Abschnitt.

7.3   RDA in der ISO/OSI-Architektur der Anwendungsebene

Vor der Behandlung der Integration von ISO-TP in den ISO/OSI-RDA wird zunächst kurz dargestellt, wie der ISO-OSI-Standard zur "Strukturierung der Anwendungsebene" [ISO-ALS] die Integration von OSI-Teildienstelementen in einen umfassenden OSI-Anwendungsdienst (wie z.B. RDA) beschreibt.

7.3.1   Struktur der ISO/OSI-Anwendungsebene

Wie Abbildung 7-5 zeigt (Legende siehe Tabelle 7-5), unterteilt [ISO-ALS] ein Anwendungsprogramm ('Application Program Invocation', API) zunächst in einen kommunikationsunterstützenden Teil, der als *Application Entity Invocation* (AEI) bezeichnet wird, und in einen - hier nicht weiter betrachteten - "Rest" des Programms.

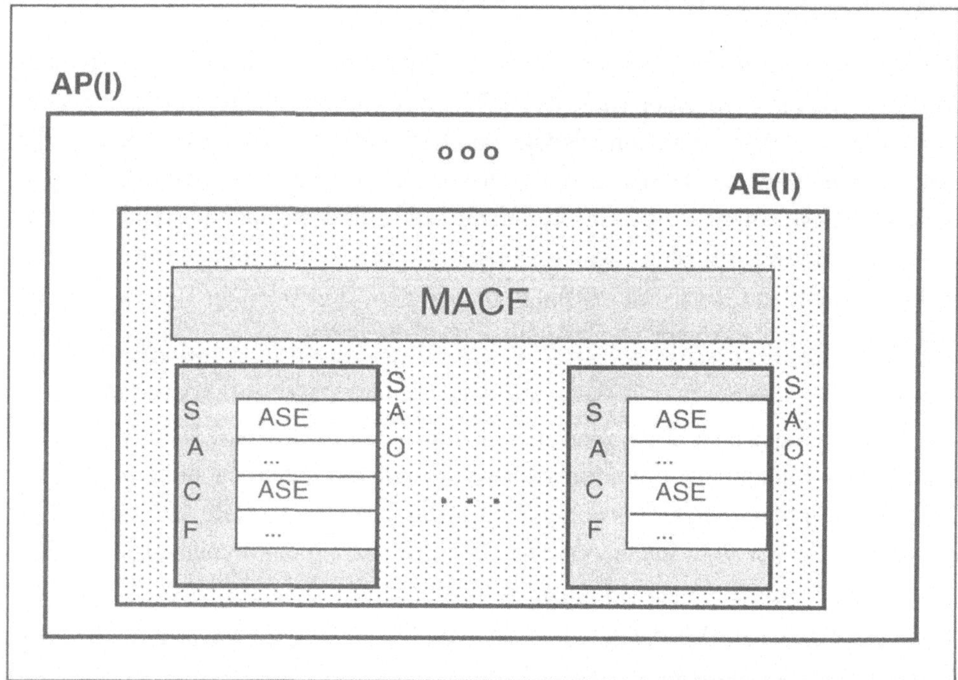

Abb. 7-5:   Architektur der ISO/OSI-Anwendungsebene

Innerhalb der 'Application Entity Invocation' (AEI) wird die Struktur eines Protokolls zur Kommunikation mit *je einem* entfernten Kommunikationspartner als *Single Association Object* (SAO) bezeichnet, das wiederum aus (i.d.R. mehreren) verschiedenen OSI-Teildiensten *(Application Service Elements*, ASEs) besteht. Zur Koordination von Dienst- und Protokollelementen *zwischen* den einzelnen Anwendungsdienstelementen müssen aber darpber hinaus auch noch alle anwendungsdienstelementübergreifenden Protokolleigenschaften (wie z.B. Reihenfolgeregelungen) spezifiziert werden. Das geschieht in einer alle alle Anwendungsdienstelemente übergreifenden Kontrollfunktion, der *Single Association Control Funktion* (SACF) für jede *einzelne* Verbindung.

Für den Fall, daß dabei - wie im in Abbildung 7-5 dargestellten Beispiel - das Anwendungsprogramm *mehr als eine* Kommunikationsverbindung zu entfernten Partnern benötigt, beschreibt zusätzlich eine gemeinsame *Multi Association Control Function* (MACF) die zur Koordination der *verschiedenen* Kommunikationsverbindungen (wie z.B. im 2PC-Protokoll) benötigten zusätzlichen Protokolleigenschaften und -funktionen.

Tabelle 7-5 stellt die in der ISO/OSI-Anwendungsebene verwendeten Abkürzungen noch einmal als Übersicht zusammen.

AP(I)	:	Application Process (Invocation)
AE(I)	:	Application Entity (Invocation)
SAO	:	Single Association Object
ASE	:	Application Service Element
SACF	:	Single Association Control Function
MACF	:	Multiple Association Control Function

Tab. 7-5:　　Übersicht über die in der ISO/OSI-Anwendungsebene verwendeten Abkürzungen

Mit den so eingeführten Begriffen der ISO/OSI-Anwendungsebene lassen sich nun die zwei möglichen RDA-*Anwendungskontexte*, die jeweils einer der beiden RDA-

Architekturvarianten ('Single Server' bzw. 'Multi Server'-RDA) entsprechen, wie folgt beschreiben:

7.3.2 RDA-'Basic Application Context'

Der *RDA-Basic Application Context* enthält die zur Unterstützung der Kommunikation eines RDA-Klienten mit *einem* entfernten RDA-Server benötigten Komponenten:

- Zunächst ist dies - wie in allen verbindungsorientierten OSI-Anwendungselementen - das Anwendungsdienstelement *ACSE* zum Aufbau sowie zum ("normalen" wie "abnormalen") Abbruch von Assoziationen zwischen OSI-Kommunikationspartnern.

- Dann ist natürlich auch das eigentliche RDA-Anwendungsdienstelement *(RDA-ASE)* Bestandteil dieses RDA-'Basic Application Context' (siehe Abbildung 7-6). RDA-ASE spezifiziert im wesentlichen (wie oben beschrieben) Protokollelemente und Dienste für den Zugriff auf eine entfernte Datenbank in offenen Rechnernetzen, d.h. insbesondere Unterstützung für die Dialog- und Transaktionsverwaltung sowie den eigentlichen Datenbankzugriff.

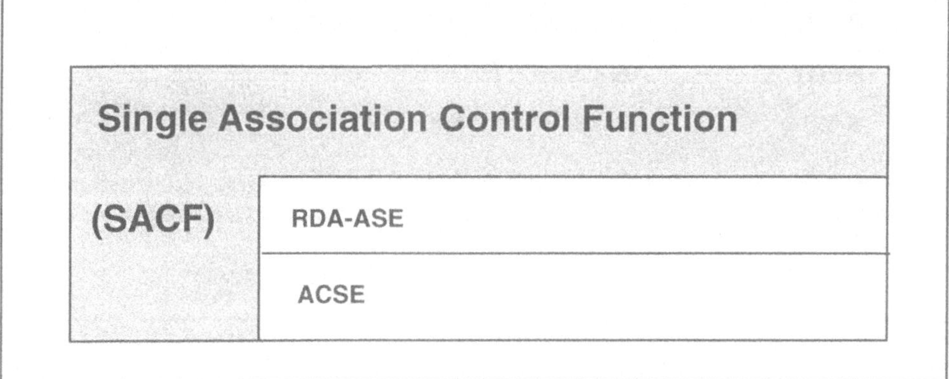

Abb. 7-6:   'Basic Application Context' für 'Single Server'-RDA

Die Verwaltung entfernter Transaktionen unterstützt der RDA-'Basic Application Context' damit auf Kommunikationsebene nur durch ein einfaches "Ein-Phasen-

Commit"-Protokoll (1PC) auf der Basis der Dienstelemente zur Verwaltung entfernter Transaktionen der RDA-ASE. Allerdings müssen dazu auch tatsächlich die *RDA*-Kommunikationsdienste ('R-BeginTransaction', 'R-Commit' und 'R-Rollback') verwendet werden und nicht evtl. - wie z.B. bei SQL - auch vorhandene Transaktionsbefehle der *Datenbank*sprache, die per 'R-Execute' übermittelt werden. (Diese werden ja für das Kommunikationssystem nicht sichtbar d.h. "transparent" übertragen!) Die RDA-SQL-Spezialisierung [ISO-RDAb] schließt daher die Verwendung der entsprechenden SQL-Transaktionsbefehle im Kontext von RDA aus.

Weiterhin spezifiziert der RDA-'Basic Application Context' zusätzliche Einschränkungen und zu implementierende Eigenschaften für die Verwendung von ACSE und RDA-ASE *(Single Association Control Function,* SACF-Regeln), wie z.B:

- nur der RDA-Klient darf eine Assoziation eröffnen,
- eine Assoziation darf von ihren (in diesem Falle RDA-) Benutzern nicht gelöst werden, solange noch ein RDA-Dialog besteht,
- wenn das Kommunikationssystem den Abbruch einer Assoziation meldet, müssen sowohl RDA-Klient als auch RDA-Server alle Informationen über den zwischen ihnen bestehenden Dialog löschen,
- wenn eine Assoziation - und damit also auch ein RDA-Dialog - abgebrochen wird, müssen als Recovery-Aktion eventuell noch offene Transaktionen - falls möglich - beendet, ansonsten zurückgesetzt werden
- etc.

Anmerkung: Damit bietet der RDA-'Basic Application Context' dem RDA-Klienten *keine* Möglichkeit, nach einem Dialogabbruch im direkten Anschluß an einen 'R-Commit'- oder 'R-Rollback'-Operationsaufruf (und vor dessen Bestätigung) zu erkennen, auf welche Weise die entfernte Transaktion vom RDA-Server beendet wurde. Möglichkeiten dazu bietet nur der RDA-'TP Application Context' auf der Basis eines 2PC-Protokolls (s.u.). Zum Teil wurde dieses Argument auch *grundsätzlich* gegen die Notwendigkeit eines RDA-Anwendungskontextes ohne TP - wie den des RDA-'Basic Application Context' - verwendet. Allerdings wurde dann schließlich der Argumentation den Vorzug gegeben, daß man nicht in *jedem* Falle die aufwendige (!) Realisierung eines TP-Dienstes für RDA fordern sollte.

Zusammenfassend ergibt sich damit die in Abbildung 7-7 beispielhaft dargestellte Architektur für die Zusammenarbeit von je einem RDA-Klienten und einem RDA-Server im RDA-'Basic Application Context'.

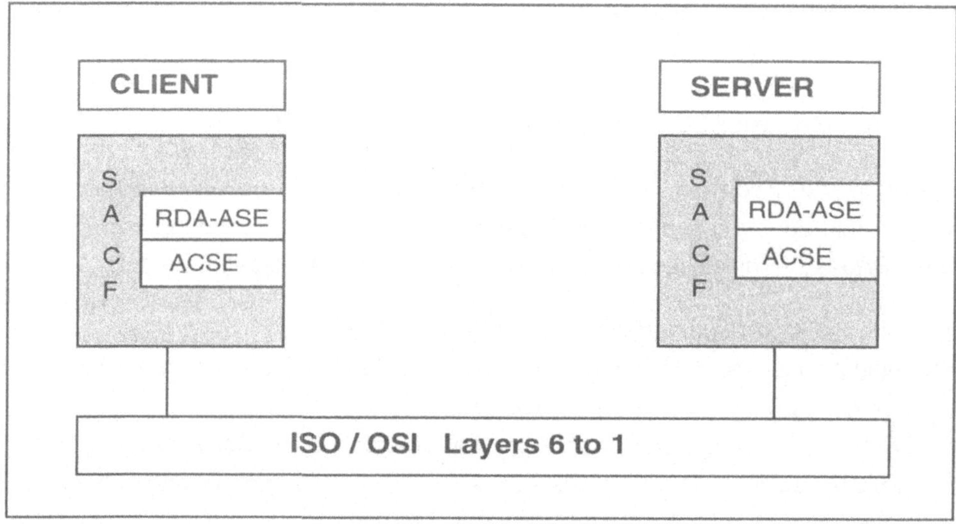

Abb. 7-7:   'Single Server'-RDA-Architektur (eine Verbindung)

7.3.3 RDA-'TP Application Context'

Der *RDA-TP Application Context* verwendet die Dienste zur Dialog- und Transaktionsverwaltung der TP-ASE sowie die Dienste zur Kontrolle, Ressourcen-Verwaltung und zur Übertragung von Datenbankbefehlen der RDA-ASE zur Unterstützung von verteilten Datenbankanwendungen, die auf mehr als eine entfernte Datenbank zugreifen.

Im RDA-'TP Application Context' sind sowohl RDA-Klient als auch RDA-Server jeweils Teil einer TP-'Transaction Processing Service User Invocation' (TPSUI, s.o.). Dabei spezifiziert RDA die Operationen für den Zugriff auf entfernte Datenbanken innerhalb eines einzelnen Zweiges des verteilten Transaktionsbaumes, während TP die Dienste zur sicheren Kontrolle und Verwaltung (inkl. 'Recovery') aller (lokalen und verteilten) Ressourcen so zur Verfügung stellt, daß nach Transaktionsende in jedem Fall ein konsistenter Zustand der Daten erreicht wird.

Der RDA-'TP Application Context' besteht so zunächst aus je einem 'Single Association Control Object' (SAO) pro Verbindung, das die zur Unterstützung der Kommunikation eines RDA-Klienten mit *mehreren* entfernten RDA-Servern benötigten Komponenten jeweils einmal pro Verbindung enthält:

- zunächst sind dies - wie auch beim 'Single Server'-RDA das *RDA-Anwendungsdienstelement* und *ACSE*,

- dann jedoch - zur Unterstützung verteilter Transaktionen - das *TP-* und (optional, da TP auch direkt implementierbar sein soll) das *CCR-Anwendungsdienstelement* (siehe Abbildung 7-8).

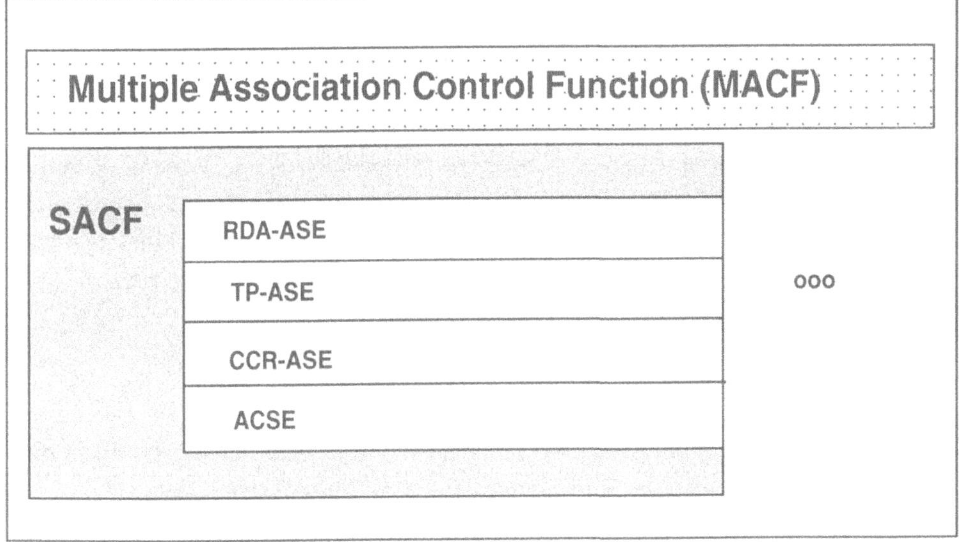

Abb. 7-8:   'TP Application Context' für 'Multi Server'-RDA

Innerhalb jedes SAO spezifiziert dann - wie auch beim RDA-'Basic Application Context' - jeweils die *Single Association Control Function* (SACF), die eventuell zwischen Dienstelementen verschiedener ASEs bestehenden Koordinationsaufgaben. Darüber hinaus gibt es aber beim RDA-'TP Application Context' auch noch Koordinationsaufgaben, die mehr als ein SAO umfassen. Typisches Beispiel dafür ist die Abwicklung, Kontrolle und Verwaltung des 2PC-Protokolls über *mehrere* Verbindungen zu *verschiedenen* entfernten Datenbanken, wie sie OSI-TP als Teil dieser übergeordneten Kontrollfunktion realisiert. Die Protokollkomponente, die solche, verschiedenen SAOs übergeordnete Kontrollfunktionen spezifiziert, wird daher in der ISO/OSI-Anwendungsebene *Multiple Association Control Function* (MACF) genannt.

Verteilte Transaktionsverwaltung wird damit im RDA-'TP Application Context' im wesentlichen durch ein 2PC-Protokoll auf der Basis von TP unterstützt. Darüber hinaus spezifiziert auch dieser RDA-Anwendungskontext zusätzliche Einschränkungen und Eigenschaften (SACF-Regeln) für einzelnen SAOs, wie etwa:

- Die RDA-Dienstelemente 'R-BeginTransaction', 'R-Commit', 'R-Rollback' und 'R-Terminate' dürfen im RDA-'TP Application Context' *nicht* verwendet werden (Zum *gemeinsamen* Beenden des RDA- und des TP-Dialoges muß 'TP-End-Dialogue' verwendet werden.),

- Die TP-Dienstelemente 'TP-BeginDialogue' und 'TP-EndDialogue' dürfen jeweils nur vom RDA-Klienten verwendet werden,

- Die durch den Dienstaufruf 'R-Initialize-RI' generierte Nachricht (und damit alle für den Verbindungsaufbau des RDA notwendige Information) wird im RDA-'TP Application Context' als 'User Data'-Parameter innerhalb des TP-Dienstelementes 'TP-BeginDialogue' vom RDA-Klienten zum RDA-Server transportiert

- etc.

Damit ergibt sich die in Abbildung 7-9 im Beispiel dargestellte Zusammenarbeit von einem RDA-Klienten mit zwei RDA-Servern im RDA-'TP Application Context'.

Reihenfolgeregelungen

Schließlich spezifizieren beide RDA-Anwendungskontexte noch jeweils eine Menge von *Reihenfolgeregelungen* für die Aufrufe von einzelnen Operationen der Anwendungsdienstelemente untereinander, die Komponenten der jeweiligen Anwendungskontexte sind. Ein einfaches Beispiel im RDA-'Basic Application Context' ist die Forderung, daß ein 'R-Execute' (aus der RDA-ASE) natürlich erst dann verwendet werden darf, wenn vorher mit 'A-Associate' (aus ACSE) zunächst eine Assoziation (und dann noch ein RDA-Dialog etc.) zwischen den Kommunikationspartnern hergestellt worden ist.

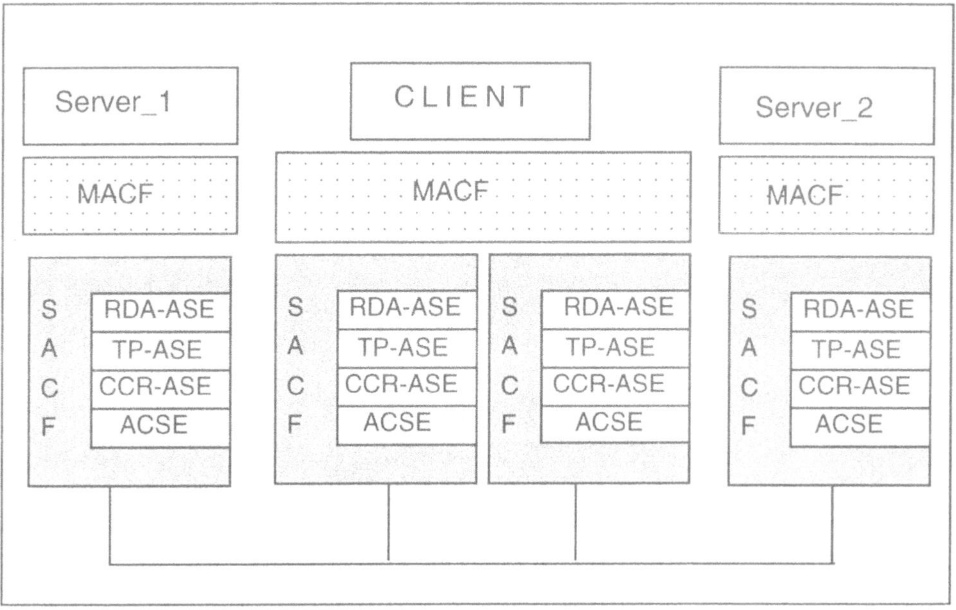

Abb. 7-9:   'Multi Server'-RDA-Architektur (mehrere Verbindungen)

Als Beispiel für Reihenfolgeregelungen von Dienstaufrufen im Protolkoll des RDA-
'TP Application Context' sei hier lediglich - wieder in der bereits im vorangegangenen Kapitel verwendeten graphischen Notation - eine vereinfachte Version des
Protokollautomaten des RDA-Klienten für den RDA-TP-Anwendungskontext widergegeben (siehe Abbildung 7-10).

7.4   Ausblick auf die weitere Entwicklung

7.4.1 Anmerkungen zu ersten RDA-Implementierungen

Abschließend kann an dieser Stelle nur von begrenzten Erfahrungen mit ersten
RDA-Implementierungen berichtet werden, wie sie vor allem im Bereich von Forschungsprototypen - z.T. parallel zur Mitarbeit an der Standardisierung des RDA -
gewonnen wurden (siehe dazu z.B. [PEL87], [GJLRS88], [PLE88], [Papp90],
[DRU90]).

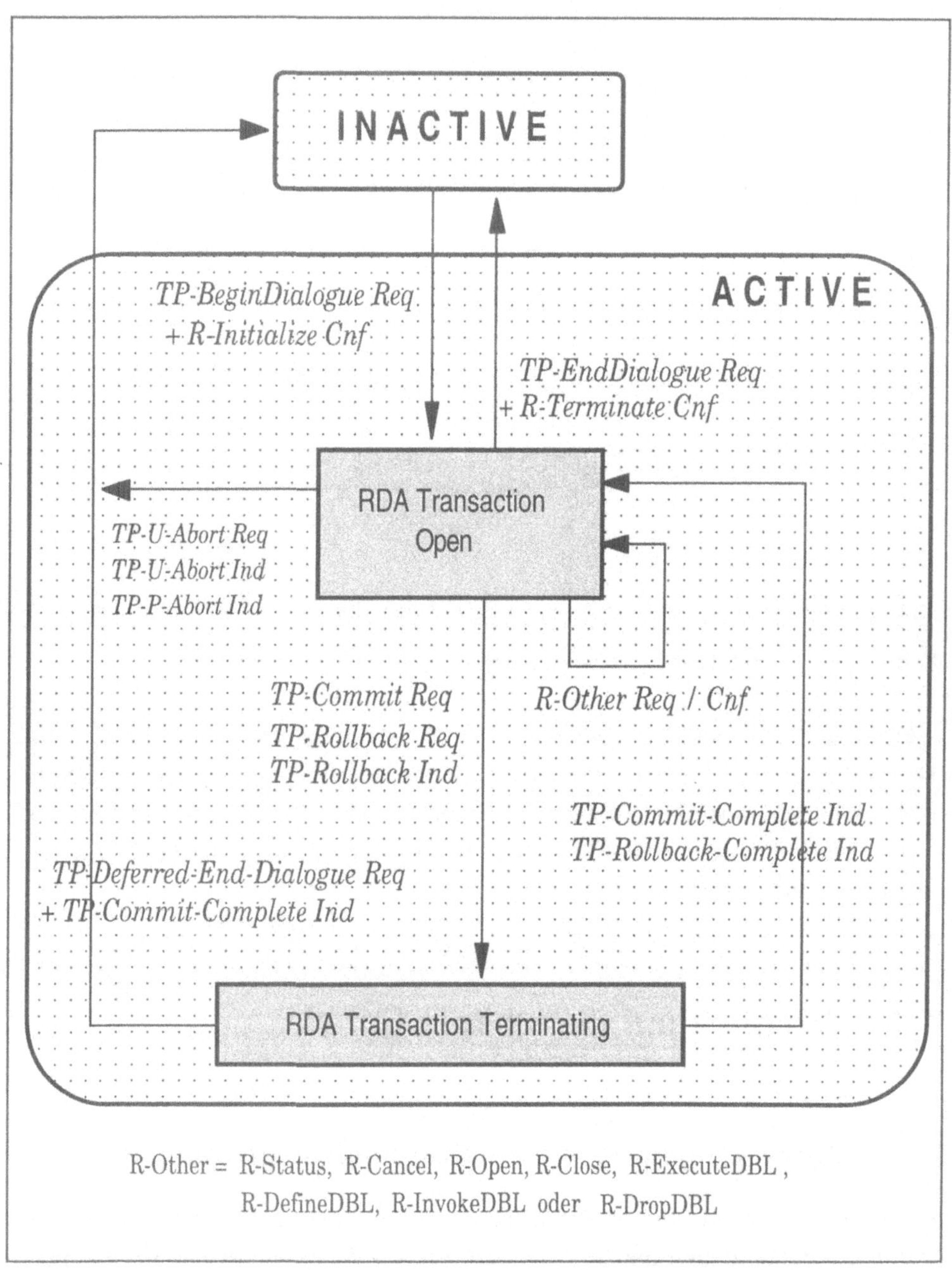

Abb. 7-10:   Protokollautomat für RDA-Klient im RDA-'TP Application Context /
Chained Transactions' (vereinfacht)

Herstellerübergreifend wurde die prinzipiellen Realisierbarkeit einer RDA-ähnlichen Kommunikationsunterstützung in heterogener verteilten Netzumgebung bereits Anfang der 90er vor allem von japanischen Rechnerherstellern sowie von den an der 'SQL Access Group' (SAG, s.u.) beteiligten US-Herstellern demonstriert.

Für den genannten Bereich der Forschungsprototypen sind die folgenden Implementationserfahrungen erwähnenswert:

- Generell ist bei (zumindest semi-) formal spezifizierten Kommunikationsprotokollen der *Protokollautomat* relativ einfach implementierbar. In vielen Fällen kann mit entsprechenden Werkzeugen eine derartige Implementierung auch automatisch unterstützt werden, so daß die Realisierung der betreffenden Protokollmaschine weitestgehend aus den entsprechenden, formal definierten Teilen der Protokollspezifizifikation generierbar ist.

- Probleme liegen bei derartigen Implementierungen - wie so häufig - eher im *Detail*. Ein Beispiel dafür ist beim RDA etwa die (De-) Kodierung von RDA-Parametern und -Resultattypen Da die Komponententypen der entfernt zugegriffenen Datenbank nicht vorab bekannt sind, kann die Transformation der entsprechenden Datentypen nicht als Teil der generellen RDA-Spezifikation (und damit nicht durch die entsprechenden OSI-Kommunikationsdienste wie z.B Präsentationsfunktionen) unterstützt werden, sondern muß explizit vom Anwendungsprogrammierer selbst realisiert werden.

- Auch bei der Implementierung eines RDA-Protokolls liegt der Hauptaufwand bei der Einbettung der Protokollimplementation in eine konkrete *Systemumgebung* (d.h. bei Fragen wie z.B. Interupt-Behandlung, Prozeßsteuerung, Benutzung weiterer bereits vorhandener Betriebssystemfunktionen etc.). Da sich zudem alle derartigen Implementierungsprobleme für jede einzelne Betriebssystemeinbettung immer wieder neu stellen, strebt man in diesem Bereich eine in mehrere Abstraktionsebenen unterteilte *systemunabhängige* Betriebssystemeinbettung an (siehe dazu speziell z.B. [DRU90] - oder zu derartigen Fragen allgemein - z.B. auch [SPG91] oder [Tane93]).

- Viel Aufwand ist weiterhin bei der Implementierung der lokalen (im OSI-RDA zwar nicht standardisierten, aber "funktional" geforderten) Funktionen des RDA-Klienten und des RDA-Server notwendig. Dabei müssen auf der Seite des RDA-Klienten - neben einer effizienten Verwaltung einer oft großen Zahl

von externen Nutzern - auch Funktionen zum effizienten Ablegen und Wieder-
auffinden von (ACSE-) Assoziationen, vordefinierten (z.B SQL-) Befehlen oder
auch Benutzerauthentisierungsdaten realisiert werden.

- Weitere Verbesserungs- und *Optimierungsmöglichkeiten* ergeben sich z.B.
  bei der konkreten Implementierung des Tupelflusses zwischen RDA-Server
  und RDA-Klient (Soll hier z.B. für jeden SQL-'Next'-Befehl tatsächlich nur ein
  einzelnes Tupel - mit allem Verwaltungsaufwand - übertragen werden?) oder
  auch bei der Realisierung und zukünftigen Erweiterung der verteilten Transaktionsverwaltung (siehe dazu z.B. [RoPa90]).

Natürlich stellen die ausgewählten Beispiele nur sehr vereinfacht dar, was sich an
konkreten Problemen bei RDA-Implementierungen stellt. Generell läßt sich sagen,
daß die meisten der erwähnten und in den genannten Prototypimplementierungen
aufgetretenen Probleme nicht nur für RDA, sondern auch für allgemeine Realisierungen von Kommunikationsprotokollen typisch und daher auch mit den Mitteln
genereller Protokollimplementierungstechniken lösbar sind (vielleicht mit Ausnahme der Präsentationsprobleme bei den - vorab ja unbekannten - Komponententypen der zugegriffenen Datenbanktupel).

Wie bereits mehrfach betont, besteht ein wichtiges, über den Funktionsumfang des
ISO/OSI-RDA hinausgehendes Ziel in der Spezifikation von standardisierten Soft-
ware-*Schnittstellen* (APIs). Dies gilt auch für die im Rahmen des RDA genannten
Kommunikationsfunktionen zur Unterstützung von *portablem Kode* für Anwendungsprogramme, damit diese auch direkt zwischen heterogenen Rechnerknoten
in offenen verteilten Systemumgebungen austauschbar werden. Die aktuelle Entwicklung - auch beim RDA - steht im Zusammenhang mit dem allgemein zu beob-
achtenden Übergang von einer Beschränkung der Kommunikationsunterstützung
auf 'Open Systems *Interconnection'* (OSI) hin zur Unterstützung genereller *verteilter Systeme* ('Open Systems', OS).

Für den Funktionsumfang des bisher standardisierten OSI-RDA bedeutet eine derartige Entwicklung, daß - zusätzlich zu den OSI-RDA- und OSI-CCR/TP-Protokollen
- noch standardisierte (zumindest syntaktisch definierte) Software-*Schnittstellen* für
den

- Zugriff auf entfernte Datenbanken *(Remote SQL-API)* sowie für die

- Steuerung der Kommunikationsunterstützung für verteilte Transaktionen *(Distributed Transaction Processing-API)*

zu spezifizieren wären. Einen Überblick über aktuelle Entwicklungen in diesen Bereichen gibt Kapitel 8.

7.4.2 Aktueller Status des RDA

Der ISO/OSI-RDA-Standard wurde Ende 1993 in einer ersten Version abgeschlossen und als *ISO International Standard* (IS) Nr. 9579 in zwei Teilen (Nr. 9579-1 für den "Generischen RDA" und Nr. 9579-2 für die "SQL-Spezialisierung") vom Sekretariat der ISO in Genf veröffentlicht. Ihm voraus gingen seit 1990 verschiedene *Committee Drafts* (CDs) sowohl für den für generischen RDA als auch für die SQL-Spezialisierung , 'CD Editing Meetings' in den Jahren 1990 und 1991, internationale Abstimmungen eines RDA-*Draft International Standard* (DIS) in den Jahren 1991 und 1992 sowie weitere 'DIS Editing Meetings' und Abstimmungen in den Jahren 1992 und 1993.

Erste *RDA-Prototypen* sind bereits während der RDA-Standardsierung sowohl im Bereich der Forschung als auch von Herstellerkooperationen realisiert worden. Anschließend hat die Produktentwicklung bei verschiedenen Herstellern begonnen.

Im Bereich der *weiteren RDA-Standardisierung* steht zunächst die Erweiterung der SQL(1)-Spezialisierung [ISO-RDAb], in einem ersten Schritt auf SQL2 ([ISO-RDAc], später dann auch auf (Teile von?) SQL3 im Vordergrund. Außerdem wurden in der internationalen Standardisierung zur Ergänzung des ISO/OSI-RDA bereits 1992/3 Projekte für ein RDA-Standard-'Profiling', 'Functional Standards' und ein 'PICS-Proforma' ('Protocol Implementation Conformance Statement') begonnen. Wie bei anderen Kommunikationsstandards auch, füllen diese im wesentlichen im Standard nicht speziell vorgeschriebene, aber für konkrete Implementierungen wichtige, zusätzliche Absprachen von Details von RDA-Implementierungen - wie z.B. maximale Paketgrößen etc. - aus.

Bereits erwähnt wurden die Arbeiten der 'SQL Access Group' an der syntaktischen Spezifikation einer RDA-Kommunikationsschnittstelle als sogenanntes *Call Level*

Interface (CLI). Diese führten zu einem entsprechenden Standardvorschlag (als Ergänzung von SQL [ISO-CLI]) im Datenbankgremium der ISO (SC21 WG3) und werden daher im folgenden Kapitel näher erläutert.

Mögliche, zum Teil bereits diskutierte, zum Teil aber auch noch zukünftigen Projekten vorbehaltenen *RDA-Erweiterungen* sind unter anderem:

- Zusätzliche und erweiterte *RDA-Spezialisierungen*, z.B. für SQL2 (begonnen 1993, siehe [ISO-RDAc]) und SQL3 (nach dessen Fertigstellung, bzw. eventuell auch bereits von Teilen wie [ISO-CLI], [ISO-PSM] oder [ISO-ETr]) und - von eher geringer praktischer Relevanz - auch noch andere (normierte) Datenbanksprachen wie z.B. die des Netzwerkdatenmodells NDL,

- bereits früher in der RDA-Standardisierung diskutierte *Erweiterungen des Dialog-Konzepts* (z.B. automatische Dialog-Recovery); Möglichkeiten, einen RDA-Dialog durch dessen Benutzer zeitweilig ohne Verlust der Objektzustände zu *suspendieren* und später auch wieder aufzunehmen *(suspend/resume)* etc.,

- Kommunikationsunterstützung für den Aufruf von entfernten, dauerhaften *SQL-Modulen*; dazu liegt seit 1994 ein Vorschlag aus dem Kontext der SQL-Standardisierung (SQL 'Persistent Modules' [SQL-PSM]) für auf dem Datenbank-Server ablegbare und explizit (und effizient) aufrufbare Datenbank"programme" einer (z.B. um Kontrollstrukturen) erweiterten SQL-Datenbanksprache ("SQL3") vor,

- Unterstützung für voll *verteilte Datenbanken*; hier ist allerdings noch keineswegs klar, welche Komponenten und Schnittstellen derartiger verteilter Datenbanken mit welchen Mitteln in offenen Systemen angeboten und in ihrer Zusammenarbeit mit anderen Komponenten offener verteilter Systeme unterstützt werden sollen,

- alternative und erweiterte *Transaktionskonzepte;* diese sollten - entsprechend dem modularen Aufbau des RDA - dann aber auch allgemein (z.B. als Teil von OSI-TP) spezifiziert und ebenfalls nur indirekt in RDA eingeführt werden,

- spezielle Unterstützung (z.B. im Rahmen von eigenen RDA-Spezialisierungen) für den *Zugriff auf spezielle oder erweiterte Datenbanken* wie z.B. 'Information Resource/ Dictionary Systems'; "objektorientierte" oder "Multimedia"-Datenbanken etc.,

*   *Anpassungen an andere Charakteristika neuer* (insbesondere Hochge-schwindigkeits-) *Netztechnologien* mit speziellen Eigenschaften (wie z.B. sehr viel höherer Übertragungsrate, geringerer Fehlerwahrscheinlichkeit, parallelen Übertragungskanälen, 'Quality of Service'-Parametern o.ä.) und speziellen Dienstschnittstellen, Protokollen etc.

*   etc.

Insbesondere für *syntaktische* Spezifikationen und Erweiterungen des durch RDA angebotenen Dienstes ist es wichtig, daß sie in enger Koordination zusammen mit entsprechenden anderen (vor allem: Datenbanksprach-) Standardisierungsprojekten (wie SQL3 o.a. - z.B. für neuartige Aspekte objektorientierter Datenbanksprachen) entwickelt werden.

8 Weitere Standards zum Zugriff auf Datenbanken in Netzen

Neben der dem Hauptteil des Buches zugrunde gelegten "offiziellen" internationalen Standardisierung des Fernzugriffs auf Datenbanken in Rechnernetzen im Rahmen des ISO/OSI-Refernzmodells für die Kommunikation in offenen Systemen haben sich inzwischen auch andere - herstellerspezifische sowie herstellerübergreifende - Gremien mit Fragen eines einheitlichen Zugangs zu Datenbanken in offenen verteilten Umgebungen befaßt. In diesem Kapitel wird sowohl ein Überblick über die wichtigsten von diesen als auch ein Bezug zu den bisher behandelten Standardisierungsprojekten der ISO zum Thema RDA gegeben. Im Gegensatz zu den vorangegangenen Kapitel kommt dabei der Standardisierung von *Schnittstellen,* die Anwendungen für den Fernzugriff auf Datenbanken in Rechnernetzen einheitlich nutzen können, eine eigenständige Bedeutung zu. (Generell ist die Standardisierung von Schnittstellen Hauptgegenstand der Standardisierungsbemühungen z.B. von X/Open für Unix-Umgebungen.)

8.1 Standardisierte Programmierschnittstellen

Die bisher im Rahmen des ISO/OSI-Referenzmodells entstandenen Kommunikationsstandards spezifizieren lediglich die *Funktionalität* und das zugehörige *Protokoll* von Kommunikationsdiensten für den Fernzugriff auf Datenbanken in offenen Rechnernetzen.Weiterhin fordern sie deren Einhaltung in sogenannten "statischen" und "dynamischen" Konformitätsbedingungen (engl. *Conformance Statements),* wie sie z.B. in den Unterabschnitten 5.1.7.1. und 5.1.7.2 des ISO/OSI-RDA-Standards [ISO-RDAa] für den "generischen" RDA spezifiziert sind. Die genaue Ausgestaltung der *Schnittstellen* der jeweiligen lokalen Software-Komponenten, die die entsprechende Funktionalität in der spezifischen Umgebung eines bestimmten Herstellers anbieten, sollte im Rahmen der bisherigen ISO/OSI-Normung bewußt den jeweiligen Software-Entwicklern (d.h. den meist großen Software-Herstellern) überlassen bleiben. Damit können diese - z.B. im Bereich der internen oder auch Benutzerschnittstellen - jeweils spezielle Lösungen für ihre eigenen Produkte autonom realisieren, um sie dann am Markt im Wettbewerb mit denen anderer Hersteller anzubieten.

Software-Schnittstellen für den Zugriff auf entfernte, persistente Daten (-banken) in Netzen können danach unterschieden werden, ob sie die mit der Verteilung der Daten zusammenhängenden Aspekte des Zugriffs (wie z.B. expliziten Verbindungsauf- und -abbau, Fehlerreaktionen etc.) für die Anwendungsprogrammierer sichtbar machen oder nicht (d.h. weniger oder mehr "Verteilungstransparenz" realisieren). *Verteilungstransparente Programmierschnittstellen* für den Zugriff auf entfernte Datenbanken in Netzen sind Grundlage der Architektur verteilter Datenbanken (wie in Abschnitt 2.1.2.3 beschrieben). Erst sehr viel später haben einerseits spezielle Forschungsprojekte zum Thema verteilte Datenbank(programmier)sprachen - wie etwa DBPL-Net [ELRS86], [Lame90] - andererseits aber auch fortgeschrittene herstellerspezifische Architekturen - wie zum Beispiel die letze Stufe (Level 4) der verteilten Datenbankarchitektur DRDA von IBM [IBM-DRDA] (siehe Abschnitt 8.2) - diese Idee wieder aufgegriffen und realisiert.

Im Gegensatz dazu befaßt sich die in diesem Kapitel dargestellte *aktuelle Standardisierung* von Programmierschnittstellen von Software-Komponenten zum Zugriff auf Datenbanken in Rechnernetzen - zumindest bisher - lediglich mit *nicht-verteilungstransparenten* Kommunikationsschnittstellen, d.h. mit Schnittstellen, die die für den Zugriff auf Datenbanken in Netzen notwendigen Kommunikationsfunktionen im wesentlichen *explizit* (also *nicht* verteilungstransparent) zur Verfügung stellen.

8.2 Schnittstellenstandards für Datenzugriff und verteilte Transaktionsverwaltung in Netzen

Im Bereich der Normierung des Fernzugriffs auf Datenbanken in Rechnernetzen hat sich Ende der 80er Jahre die *SQL Access Group* (SAG) zum Ziel gesetzt, über die Normung der Kommunikations*protokolle* durch ECMA und ISO/ OSI hinaus eine *Schnittstellen*spezifikation für die (im wesentlichen Kommunikations-) Dienste des RDA zu entwickeln. Dabei wurden zwei grundsätzlich verschiedene Zielrichtungen der beiden an der SAG beteiligten, unterschiedlichen Gruppen von Software-Herstellern (einerseits Datenbanksystem-Hersteller andererseits aber auch Datenbankanwender in den USA) deutlich:

- Wichtigstes Ziel der *Datenbanksystementwickler* war zunächst die *Interoperabilität* von Netzknoten, die - langfristig billiger - über standardisierte Kommunikationsprotokolle, aber - kurzfristig billiger - auch über 'Gateway'-Funktionen realisiert werden kann. Diese erlaubt es, Datenbankdienste mit deren Nutzern in heterogenen Netzumgebungen so zu verbinden, daß dadurch die Dienste einer weit größeren Zahl von - auch externen - Nutzer angeboten werden können als in homogenen lokalen Umgebungen.

- Auf der anderen Seite war es ein wichtiges Ziel der *Anwendungsentwickler*, auf der Basis einheitlicher Dienstschnittstellen eine große *Portabilität* ihrer Anwendungs-Software zu erreichen, um so deren Verbreitung auf vielen Plattformen und in Kooperation mit vielfältigen externen Datenbanken - jeweils mit geringem zusätzlichen Änderungsaufwand - bestmöglich zu fördern.

Insbesondere wegen der durch die SAG erstmalig konkretisierten Vorschläge einer *Schnittstellen*spezifikationen von Software-Funktionen für den Fernzugriff auf Datenbanken in Rechnernetzen wird im folgenden auf die Ergebnisse dieser später auch von der ISO aufgenommenen Standardisierungsaktivitäten eingegangen.

8.2.1 Standardisierung von Schnittstellen zum Datenzugriff in Rechnernetzen

Mit der Standardisierung von *Programmierschnittstellen*, wie sie für den *Fernzugriff auf Datenbanken in Rechnernetzen* benötigt werden, haben sich zunächst die 'SQL Access Group' (SAG) in den USA, nachfolgend auch die ISO im Bereich der

erweiterten SQL-Normierung unter dem Stichwort 'Call Level Interface' (CLI) befaßt. Aktuell stellt Microsoft's 'Open Database Conectivity' (ODBC) eine auf dem
Markt besonders weit verbreitete Schnittstelle für den einheitlichen Zugriff auf unterschiedliche Datenbanken in Netzen auf der technischen Grundlage der ersten
CLI-Vorschläge dar. Deshalb werden diese drei Standardisierungsprojekte von
Software-Schnittstellen für Funktionen des Datenbankzugriffs in Rechnernetzen im
folgenden vorgestellt.

8.2.1.1 Zur 'SQL Access Group' (SAG)

Die *SQL Access Group* (SAG) ist als private Vereinigung von ca. 40 in den USA
vertretenen DBMS-Herstellern und -Anwendern (wie z.B. Bull, DEC, Fujitsu, HP,
Kodak, SUN, Tandem, u.a.) zur Förderung einer schnellen und effizient implemen-
tierbaren Spezifikation der für den Fernzugriff auf Datenbanken in offenen Rechnernetzen notwendigen Dienste, Protokolle und Schnittstellen Ende der 80er Jahre
in den USA gegründet worden.

Mit der Beginn der Arbeiten der SAG bestand zunächst die Gefahr, daß deren
Standardisierungsbemühungen in Konkurrenz zu den parallel laufenden Standardisierungsprojekten der ISO zum RDA geraten könnten. Eine derartige Entwicklung
konnte jedoch dadurch abgewendet werden, daß man sich im Rahmen der SAG
darauf einigte, für den Bereich der Kommunikations*protokolle* die (RDA-) Spezifikationen der ISO zu verwenden und an deren Weiterentwicklung aktiv mitzuarbeiten.
Damit ergaben sich die zwei wichtigsten, komplementären Teilziele der Aktivitäten
der 'SQL Access Group' wie folgt:

- Erstes Ziel war - wie auch bei den entsprechenden Aktivitäten der ISO - die
  Förderung der *Interoperabilität* von (Datenbank-) Dienstanbietern und (Daten-
  bank-) Dienstnutzern in offenen Umgebungen durch Verwendung und Ergänzung der entsprechenden ISO-Standards, insbesondere für

  - den "generischen" ISO/OSI-RDA (der - wie beschrieben - die Anwen-
    dungsdienstelemente ACSE, CCR und TP mit einschließt),
  - dessen RDA-"SQL-Spezialisierung" sowie - als Ergänzung -
  - sogenannte "funktionelle" Standards, z.B. für implementationsabhängige
    RDA-Parameter (wie maximale Puffer- und damit Nachrichtengröße etc.).

- Darüber hinaus wurde aber auch die Förderung der *Portabilität* von (Datenbank-) Anwendungen in heterogenen offenen Umgebungen auf der Basis der entsprechenden ISO-Standards für Datenbanksprachschnittstellen sowie Erweiterungen um syntaktische Spezifikationen der für den Fernzugriff auf Datenbanken notwendigen Funktionalität angestrebt. Dafür wichtige Komponenten sind:

  - ISO-SQL(2) und X/Open-SQL als Basis,
  - eine Erweiterung auf "dynamisches" SQL,
  - zusätzliche Regeln für die globale Namensgebung,
  - die Spezifikation der Syntax für zusätzliche Datenbanksprachbefehle wie 'connect', 'error' etc. sowie
  - die Spezifikation von 'Default'-Werten (wie z.B. maximale Puffergrößen), 'Character Sets', Grenzwerten/'Limits' etc.

Unter der Randbedingung, daß damit die SAG-Spezifikationen mit den Arbeiten der ISO an Datenbanksprachen und RDA abgestimmt ("harmonisiert") werden konnten, ergibt sich die *Aufgabenteilung* zwischen SQG und ISO in diesem Bereich wie folgt:

- *ISO/OSI RDA* normiert einerseits die *Funktionalität* der RDA-Dienstelemente, andererseits das RDA-*Protokoll,* inkl. der RDA-Nachrichtenformate - sowohl für den generischen als auch für den spezifischen RDA;

- *ISO/DBL SQL* normiert die Anwendungsprogrammschnittstelle für *Datenbanksprache,* inkl. Ergänzungen wie Datenbankkatalog etc.; und die

- *SQL Access Group* normiert das RDA-*Application Program Interface* (API), sammelt frühzeitig praktische Erfahrungen in gemeinsamen 'Multi-Vendor'-Prototyp-Experimenten, trifft über ISO/OSI-RDA hinausgehenden Implementierer-Vereinbarungen und macht Vorschläge für 'Conformance Tests', Erweiterungen etc.

So haben die in der SAG zusammengeschlossenen Unternehmen bereits sehr frühzeitig an *Prototypen für RDA-Implementierungen* gearbeitet. Die Ergebnisse dieser Arbeiten bewiesen erstmalig prinzipiell die Realisierbarkeit der ISO/OSI-RDA-Kommunikationsunterstützung und sind bereits Anfang der 90er Jahre in gemeinsamen Prototypen der SAG-Mitglieder öffentlich demonstriert worden. Sie wurden darüber hinaus regelmäßig auch in die RDA-Standardisierungsarbeiten von ANSI (in den USA) und ISO (international) eingebracht.

Ein Beispiel für eine RDA-Software-Schnittstelle gibt Tabelle 8-1 nach einer Präsentation von Gray auf der 'International Conference on Distributed Computing Systems', Paris, 1990. Es zeigt exemplarisch, wie die Syntaxspezifikation einer Schnittstelle für einige Funktionen des Fernzugriffs auf Datenbanken in Netzen nach den ursprünglichen Vorstellungen der SAG in einem einfachen Anwendungsprogramm verwendet werden könnte.

```
{ connect to      "Remote_DB" at "a.b.c.d"

                  as "Alternate_DB" user "jim" password "paris";
                  prepare debit from :stmt;
                  execute debit using :source, :delta;
                  commit;

  disconnect      "Remote_DB" }
```

Tab. 8-1:   API-Programmierbeispiel für den Fernzugriff auf Datenbanken in Netzen nach einer ersten SAG-Spezifikationen

8.2.1.2 ISO/SQL-'Call Level Interface' (CLI)

Die Ergebnisse der oben genannten Arbeiten der SAG wurden zunächst als sogenannte 'Snapshots' innerhalb von *X/Open* veröffentlicht. Im Anschluß daran werden sie als Ergänzung der neueren Versionen der Datenbanksprache SQL (SQL2/SQL3) um ein zusätzliches, sogenanntes *Call Level Interface* (CLI) für den Zugriff auf Datenbank-Server im Rahmen der Arbeitsgruppe für Datenbanken (SC21 WG3) in der ISO standardisiert. Ein erster, technisch weitgehend stabiler 'Committee Draft' für ein entsprechendes ISO-Standarddokument [ISO-CLI] wurde den ISO-Mitgliedsländern im Frühjahr 1994 erstmalig zur Diskussion und Abstimmung als Zusatz zum ISO/SQL-Standard [ISO-SQL] vorgelegt.

Die entsprechende erste Version dieses SQL-CLI [ISO-CLI] enthält die folgenden fünf *Gruppen* von syntaktischen Spezifikationen von SQL- Operationen (genannt "Routinen"). Sie dienen zur

- Allokation und Deallokation von (Daten-) Ressourcen,
- Kontrolle (d.h. Auf-, Abbau etc.) der Verbindungen zu SQL-Servern,
- (direkten oder verzögerten) Ausführung von SQL-Kommandos (ähnlich dem "dynamischen" SQL)
- Gewinnung von diagnostischen Informationen sowie zur
- Kontrolle (d.h. zum Beginnen, Beenden etc.) von Transaktionen.

Ein Überblick über die wichtigsten, im SQL-CLI syntaktisch spezifizierten Routinen wird nach [ISO-CLI] im folgenden Abschnitt gegeben. Ein ausführlich kommentiertes Beispiel findet sich im Unterabschnitt 8.2.1.4.

Zunächst dient im CLI die Routine 'AllocHandle' zur Allokation und Bezeichnung der zur Verwaltung einer SQL-Umgebung notwendigen Ressourcen wie z.B. einer SQL-Verbindung, einer CLI-'Description Area' (s.u.) oder eines SQL-Befehls (zu näheren Einzelheiten der hier verwendeten SQL-Konzepte siehe [ISO-SQL]). Eine SQL-Verbindung muß immer im Kontext einer bestehenden SQL-Umgebung alloziert werden, eine CLI-'Description Area' und ein SQL-Befehl im Kontext einer bestehenden SQL-Verbindung. Der Aufruf der Routine 'FreeHandel' gibt eine vorab allozierte Ressource wieder frei, die Routine 'ReleaseEnv' alle bisher allozierten SQL-Verbindungen innerhalb einer vorgegebenen SQL-Umgebung.

Jede SQL-Umgebung hat ein Attribut, das angibt, ob für eine bestimmte Implementierung Ergebnis-Strings mit "Null" abgeschlossen werden oder nicht. Eine Anwendung kann dieses Attribut mit der Routine 'SetEnvAttr' ändern oder mit 'GetEnvAttr' lesen.

Der Aufruf der 'Connect'-Routine eröffnet eine SQL-Verbindung; mit 'Disconnect' wird sie wieder geschlossen. Innerhalb von SQL-Verbindungen können SQL-Befehle auf eine von zwei alternativen Weisen an den SQL-Server übermittelt werden: Entweder wird die Routine 'ExecDirect' für die *sofortige*, einmalige ("direkte") Ausführung von SQL-Befehlen verwendet, oder die Routine 'Prepare' wird zum Vorbereiten von SQL-Befehlen zur *späteren* Ausführung (durch explizite Aufruf der 'Execute'-Routine) verwendet. In jedem Fall kann der dabei auszuführende SQL-Befehl dynamische Parameter enthalten.

Die Schnittstelle für die Beschreibung von dynamischen (Parameter- und Resultat-) Werten sowie Ergebnis-Spezifikationen wird als *CLI Description Area* bezeichnet. Für jede Art von derartigen Werten wird mindestens eine 'CLI Description Area' automatisch angelegt, wenn ein SQL-Befehl alloziert wird. Die Anwendung kann mit 'SetStmtAttr' auch weitere 'CLI Description Areas' explizit anlegen. Eine Anwendung kann den Bezeichner einer 'CLI Description Area' für eine bestimmte Schnittstelle jeweils mit 'GetStmtAttr' erfahren. Mit Hilfe der Routinen 'GetDescField' und 'GetDescRec' können Informationen aus der 'CLI Description Area' gelesen, mit 'CopyDesc' in andere 'Description Areas' kopiert werden.

Immer wenn ein (dynamischer) *direkt* auszuführender *SQL-Befehl* initiiert wird, wird dafür eine Beschreibung der Ergebniswerte in der jeweiligen 'CLI Description Area' angelegt. Dann kann die Anwendung mit Hilfe weiterer Routinen Informationen über einzelne Spalten von Ergebnisrelationen in der 'CLI Description Area' lesen (mit 'DescribeCol', 'NumResultCols') oder entweder explizit zur Beschreibung dynamischer Parameterwerte (mit 'SetDescField', 'SetDescRec') oder implizit (mit 'BindCol') anlegen.

Auch eine Beschreibung der *dynamischen Parameter* kann automatisch in der 'CLI Description Area' angelegt werden, wenn die Implementation dies so vorsieht. Ob das der Fall ist, kann die Anwendung durch Abfragen des dafür vorgesehenen Attributs der SQL-Verbindung mit Hilfe von 'GetConnectAttr' erfahren. Die Anwendung beschreibt in der CLI 'Description Area' die dynamischen Parameterwerte entweder explizit mit 'SetDescField' bzw. 'SetDescRec' oder implizit mit 'BindParam'.

Immer wenn ein dynamischer SQL-'Select'-Befehl ausgeführt wird, wird implizit ein SQL-Zeiger deklariert und eröffnet. Der Bezeichner dieses SQL-Zeigers kann mit 'GetCursorName' gelesen oder mit 'SetCursorName' auch explizit von der Anwendung festgelegt werden.

Die 'Fetch'-Routine dient zum Positionieren eines geöffneten SQL-Zeigers innerhalb einer SQL-Relation und zum Lesen der "gebundenen" Werte der jeweils nächsten Zeile der Relation. 'GetCol' erlaubt auch das explizite Auslesen von einzelnen "ungebundenen" Spaltenwerten. Weiterhin können einzelne Relationenzeilen, auf die der SQL-Zeiger zeigt, mit Hilfe von SQL-Änderungsoperationen geändert oder auch gelöscht werden. 'CloseCursor' schließt einen SQL-Zeiger wieder.

'GetDiagFiled' und 'GetDiagRec' erlauben es, diagnostische Informationen über die jeweils letzte Routine zu bekommen, die auf einer bestimmten Ressource gerade ausgeführt wird.

Eine SQL-Transaktion kann mit 'EndTran' beendet werden. ResultatParameter dieser Routine ist insbesondere eine Angabe darüber, ob die Transaktion mit 'commit' oder mit 'rollback' beendet wurde. Die Routine 'Cancel' dient zur vorzeitigen Beendigung der Ausführung einer gerade parallel bearbeiteten, anderen Routine.

Bevor abschließend (in Unterabschnitt 8.2.1.4) ein *Programmierbeispiel* für die Verwendung einiger CLI-Routinen gegeben wird, soll noch ein erstes herstellerspezifisches ("de-facto") Standardisierungsprojekt auf der Basis des CLI erwähnt sein: Microsoft's *Open Database Connectivity* (ODBC), das vor alem in kommerziellen verteilten Umgebungen zur Zeit zunehmend Beachtung findet.

8.2.1.3 'Open Database Connectivity' (ODBC)

Ähnlich den allgemeinen Architekturen zur Dienstintegration in offenen verteilten Systemen beschreibt die *Windows Open Service Architecture* (WOSA, siehe Abbildung 8-1) der Firma Microsoft einen gemeinsamen Rahmen, der es verteilten (Datenbank- und anderen) Anwendungen über eine einheitliche Anwendungsprogrammschnittstelle ('Application Program Interface', API) ermöglicht, auf ganz unterschiedliche Dienste innerhalb einer 'Windows'-Betriebssystemumgebung zuzugreifen. Dies geschieht *einheitlich* über jeweils ein entsprechendes 'Service Provider Interface' (SPI) - auch unter Verwendung ganz verschiedenartiger Netzwerkdienste (wie z.B. MS LanMan, Novell Netware, OSF DCE etc.) in heterogenen verteilten Umgebungen.

Für den Zugriff auf - prinzipiell unterschiedliche - *Daten(bank)dienste* in heterogenen verteilten Umgebungen wird eine einheitliche Schnittstelle verwendet, die *Open Database Connectivity* (ODBC)-API [MS-ODBC] genannt wird. Für jedes konkrete, über diese Schnittstelle erreichbare Datenbanksystem muß dafür neben der elementaren Netzunterstützung ein spezieller Treiber existieren, der die einheitliche ODBC-Schnittstelle jeweils auf die speziellen Dienste der im einzelnen zugegriffenen Datenbank (und zurück) abbildet. (Ca. 40 verschiedene derartige Treiber standen nach [Schn93] Anfang 1994 zur Unterstützung des Zugangs zu unterschiedlichen entfernten Datenbanksystemen und z.T. auch anderen Daten über das ODBC-API zur Verfügung.)

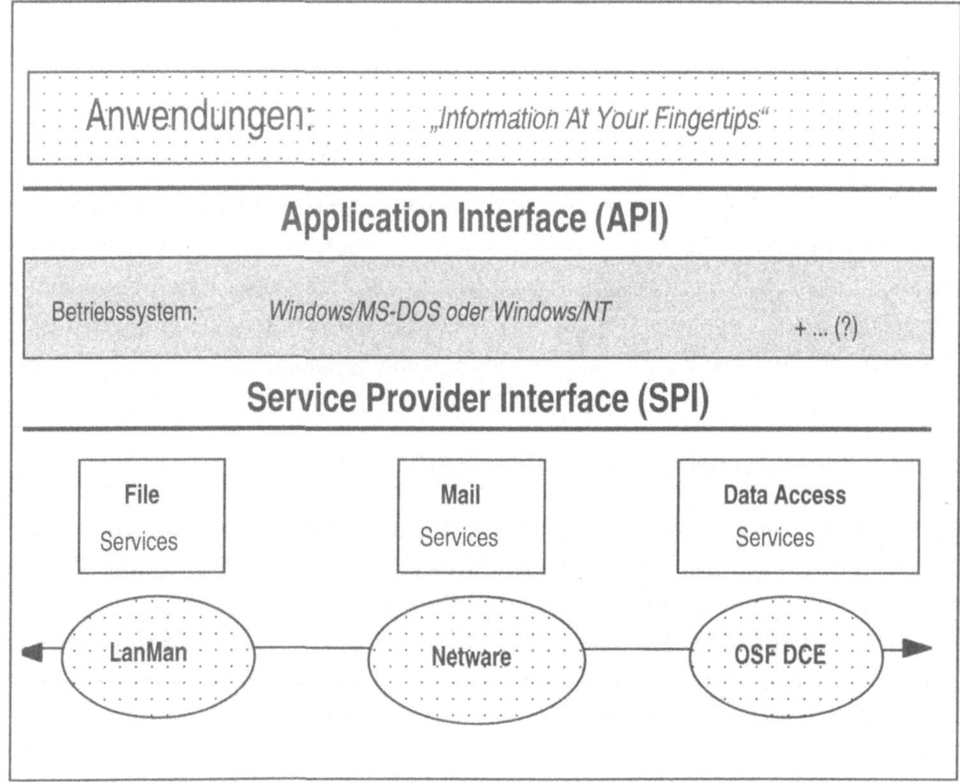

Abb. 8-1:   Microsofts 'Open Database Connectivity' (ODBC)

Das Microsoft ODBC-API basiert auf einer frühen Version des SAG/ISO-'Call Level Interface' (CLI) [ISO-CLI] für den Zugriff auf heterogene Datenquellen und wurde von Microsoft um Funktionen im Bereich der Datentypen, der Fehlerbehandlung, der Zeigerverwaltung und der Performanz zur Spezifikation eines einheitlichen SQL-basierten Zugriffes auf entfernte (SQL- und Nicht-SQL-) Datenbanken (siehe Abbildung 8-2 nach [Schn93]) erweitert. Es bietet dazu unterschiedliche *Conformance Levels* an (von SAG SQL bis zu spezieller, erweiterter DBMS-Funktionalität) - mit jeweils einem eigenen Treiber pro DBMS-Zugang bei maximaler DBMS-Funktionalität.

Abb. 8-2: Microsofts WOSA-Architektur: ODBC-'Service Provider Interface'

8.2.1.4 CLI-Programmierbeispiel

Abschließend sei an einem einfachen C-Programmierbeispiel gezeigt, wie mit Hilfe der oben (in Unterabschnitt 8.2.1.2) beschriebenen CLI-Funktionen der Zugriff auf eine (evtl. entfernte) Datenbank weitgehend systemunabhängig programmiert werden kann. Als Beispiel für die fortschreitende Verbreitung des CLI sei dieses Programmierbeispiel dem Kontext des relationalen IBM-Datenbanksystems DB2 in seiner - ein CLI enthaltenden - Implementierung für AIX [IBM-DB2] entnommen. Alle CLI-Bibliotheksaufrufe beginnen darin mit "SQL-".

Im ersten Teil des Beispiels (siehe Tabelle 8-2a) werden zunächst die notwendigen Variablen deklariert, dann die SQL-Umgebung, die Verbindung zum SQL-Server, die zugegriffenen SQL-Datenbank und ein 'SQL Statement Handle' alloziert, ein Transaktionskontext aufgebaut sowie schließlich (mittels 'SQLExecDirect(...)') die - in diesem Beispiel "direkte" - Ausführung eines SQL-Befehls initiiert. Vor der Anzeige der Resultatwerte müssen dann noch (mittels 'SQLNumResultCols(...)') die Anzahl der Spalten der Ergebnisrelation ermittelt werden, bevor (durch Aufruf der Prozedur 'display-results') die einzelnen Ergebniswerte angezeigt und abschließend die Zeiger ('Handle') auf SQL-Befehl, -Datenbank, -Verbindung und -Umgebung wieder abgebaut werden.

```c
#include <sqlcli.h>

main ( int argc, char* argv[] )

{
/* "Variablendeklaration (Handles)" */

SQLHENV            hEnv;
SQLHDBC            hDbc;
SQLHSTMT           hStmt;
SQLSMALLINT        nresultcols;

/* "Herstellen der Bindungen an Environment, Datenbank und Statement (Alloklation)" */

SQLAllocEnv ( &hEnv );
SQLAllocConnect ( hEnv, &hDbc);
SQLConnect( hDbc,(SQLCHAR*)"Sample",SQL_NTS,NULL,SQL_NTS,NULL,SQL_NT );
SQLAllocStmt ( hDbc, &hStmt );

/* "Transaktionsbegin" */

SQLTransact ( hEnv, hDbc, SQL_COMMIT );

if ( argc > 1)
   {
   /* "Direkte" Ausführung des SQL-Statements" */

   SQLExecDirect ( hStmt, "SELECT * FROM PERSONAL_REL, SQL_NTS" );

   /* "Ermitteln der  Resultatstruktur (Anzahl der Spalten)" */

   SQLNumResultCols (hStmt, &nAttribute );

   /* "Aufruf der in Tabelle 8-2b angegebenen Prozedur zum Anzeigen der Attributwerte" */

   display_results ( hStmt, nAttribute );
   }
/* "Lösen der eingegangenen Bindungen (Dealloklation)" */

SQLFreeStmt ( hStmt, SQL_CLOSE );
SQLDisconnect ( hDbc );
SQLFreeConnect ( hDbc );
SQLFreeEnv ( hEnv );

}
```

Tab. 8-2a: Programmbeispiel für ODBC-Aufrufe: Initialisierung und Hauptpro-
grammteil

Im zweiten Teil des CLI-Programmierbeispiels (siehe Tabelle 8-2b) wird innerhalb
der Definition der Prozedur 'display-results' im einzelnen spezifiziert, wie eine Beschreibung der anzuzeigenden Attributwerte ermittelt, dafür Speicher angelegt und
schließlich das Ergebnis ausgedruckt wird.

```
display_results (SQLHSTMT hStatement, SQLSMALLINT nAttribute )

{
/* "Variablendeklaration" */

SQLSMALLINT      colnamelen;
SQLINTEGER       coltype, collen[256];
SQLCHAR          colname[32], *data[256], errmsg[256];
SQLRETURN        rc;
SQLINTEGER       outlen[256], i, display_size;


/* "Attributtypen, -namen und -längen ermitteln, Attribute an Programmvariable binden" */

for ( i=0; i<nAttribute; i++ )

   {
   SQLColAttributes ( hStatement, ..., SQL_COLUMN_NAME, colname, ...);
   SQLColAttributes ( hStatement, ..., SQL_COLUMN_TYPE, &coltype, ...);
   SQLColAttributes ( hStatement, ..., SQL_COLUMN_LENGTH, ..., &collen[i]);
   SQLColAttributes ( hStatement, ..., SQL_COLUMN_DISPLAY_SIZE, ..., &displaysize);

   /* "Speicher für Attributwerte anlegen und an Ergebnisattribute binden" */

   data[i] = (SQLCHAR *) malloc (collen[i]);

   SQLBindCol  (hStatement, ..., SQL_C_CHAR, data[i], collen[i], &outlen[i]);

   }

/* "Iterieren über alle Tupel, Attributwerte an Programmvariable" */
while ((rc = SQLFetch (hStatement)) != SQL_NO_DATA_FOUND)

   {
      for (i = 0; i < nresultcols; i++)

      /* "Iterieren über alle Attribute des aktuellen Tupels" */

      {
      printf ("%s", data[i]);    /* "Ausgabe der Attributwerte" */
      }

   printf ("\n");

   }

...

}
```

Tab. 8-2b: Programmierbeispiel für ODBC-Aufrufe: Prozedurdefinition

8.2.2 Standardisierte Transaktionsschnittstellen

Wie für die reinen Datenbankfunktionen des Fernzugriffs auf Datenbanken in Netzen wurden auch für die *Transaktionsverwaltung* in verteilten Systemen neben den von der ISO normierten Kommunikations*protokollen* Spezifikationen der wesentlichen *Schnittstellen* der beteiligten Komponenten entwickelt. Die Spezifikation der entsprechenden Schnittstellen wurde zunächst im Rahmen von X/Open, dann als weitere Ergänzung der Datenbanksprache SQL (unter der Bezeichnung SQL *Encompassing Transactions* [ISO-ETr] - für die Unterstützung von SQL-Servern bei "übergeordneten" oder "globalen" Transaktionen in verteilten Umgebungen) standardisiert. Ziel dieses Standardisierungsprojektes war die Normierung aller Funktionen, die ein (z.B. Datenbank-) Diensterbringer in einer offenen verteilten Umgebung anzubieten hat, um - oft durch einen übergeordneten Transaktions-Manager gesteuert - an "globalen", im allgemeinen verteilten Transaktionen teilzunehmen.

8.2.2.1 X/Open-'Distributed Transaction Processing' (DTP)

Verteilte oder globale Transaktionen sind Transaktionen, die auf mehrere, i.a. verteilte Dienste über vorab vereinbarte Schnittstellen koordiniert zugreifen. (Die "Verteilung" der globalen Transaktion bezieht sich dabei auf unterschiedliche Diensterbringer, nicht notwendig auch auf unterschiedliche Rechnersysteme.)

Abbildung 8-1 gibt (nach [XO-DTP] und [ISO-ETr]) die Gesamtarchitektur aller an einer verteilten Transaktionsverarbeitung beteiligten Systemkomponenten sowie der für ihre Zusammenarbeit wichtigen Schnittstellen wider. Darin werden die folgenden, an einer verteilten Transaktionsverarbeitung beteiligten Komponenten (mit ihren jeweiligen Schnittstellen) unterschieden:

- Mindestens ein *Ressourcen-Manager* (RM) stellt jeweils einen gemeinsam nutzbaren Dienst über eine (Anwendungs-) Dienstschnittstelle ('Application Program Interface', API) den Anwendern in offenen, verteilten transaktionsorientierten Umgebungen zur Verfügung. Der Ressourcen-Manager empfängt vom Anwendungsprogramm Aufrufe zum Zugriff auf die von ihm verwalteten Ressourcen sowie vom Transaktions-Manager zum Initiieren und Beenden von lokalen Transaktionen. Beispiele hierfür sind ein Dateisystem, ein Drucker oder eine (z.B. SQL-) Datenbank, die ihre Dienste über eine normierte (z.B. SQL-) Schnittstelle auch externen Benutzern anbieten.

- EEin *Transaktions-Manager* (TM) koordiniert in einer verteilten transaktionsorientierten Umgebung den Zugriff auf (in der Regel mehrere) Ressourcen-Manager (inkl. Identifizierung, Ablaufkontrolle und Beenden von globalen Transaktionen mit 2PC sowie 'Recovery'). Der Transaktions-Manager bietet seine Dienste dem Anwendungsprogramm über eine (möglichst einfache, mit *TX*-bezeichnete) Schnittstelle zur Transaktionssteuerung an. Beispiel hierfür ist etwa die Koordinationsfunktion des in Kapitel 5 vorgestellten verteilten 2PC-Protokolls.

- Das *Anwendungsprogramm* (AP) greift entweder direkt (d.h. über die RM-Schnittstelle) oder - für die Transaktionssteuerung - indirekt (d.h. über die Schnittstelle des Transaktions-Manager) auf die Ressourcen-Manager zu, um deren Dienste in transaktionsgeschützter Umgebung lokal zu verwenden. Das Anwendungsprogramm legt dabei - entsprechend der Anwendungssemantik - auch die Transaktionsgrenzen sowie die innerhalb der Transaktion ablaufenden einzelnen Aktionen fest.

Der Transaktions-Manager soll in offenen verteilten Umgebungen zu Zwecken der globalen verteilten Transaktionsverwaltung auch auf entsprechende unterstützende Dienste auf den einzelnen lokalen Ressourcen-Managern in einheitlicher Weise zugreifen können. Dazu müssen diese auf ihren lokalen Knoten auch noch jeweils eine normierte Schnittstelle zur Steuerung der RM-übergreifenden Transaktionen anbieten. Diese Schittstelle wird als *XA-Schnittstelle* bezeichnet.

Abbildung 8-3 zeigt als Teil der Gesamtarchitektur der verteilten Transaktionsverarbeitung nach [XO-DTP] und [ISO-ETr] die folgenden, zunächst von X/Open identifizierten und normierten Schnittstellen zur Integration heterogener Ressourcen-Manager in die verteilte Transaktionsverwaltung *(Distributed Transaction Processing, DTP)*:

- die *TX-Schnittstelle* als Schnittstelle zwischen Anwendung und Transaktions-Manager zum Aufbau, Initiieren und koordinierten Beenden von globalen Transaktionen in offenen verteilten Umgebungen,

- die *XA-Schnittstelle* als von jedem Ressourcen-Manager dem Transaktions-Manager angebotene Schnittstelle zur Steuerung von lokalen (Teil-) Transaktionen, die von den jeweiligen lokalen Ressourcen-Managern verwaltete Daten mit einbeziehen, sowie jeweils pro Ressourcen-Manager eine

- *RM-Schnittstelle* als Anwendungsprogrammschnittstelle (API) für die Dienste der einzelnen Ressourcen-Manager (d.h. z.B. für Datenbanken als Ressourcen-Manager in der Mehrzahl der Fälle SQL).

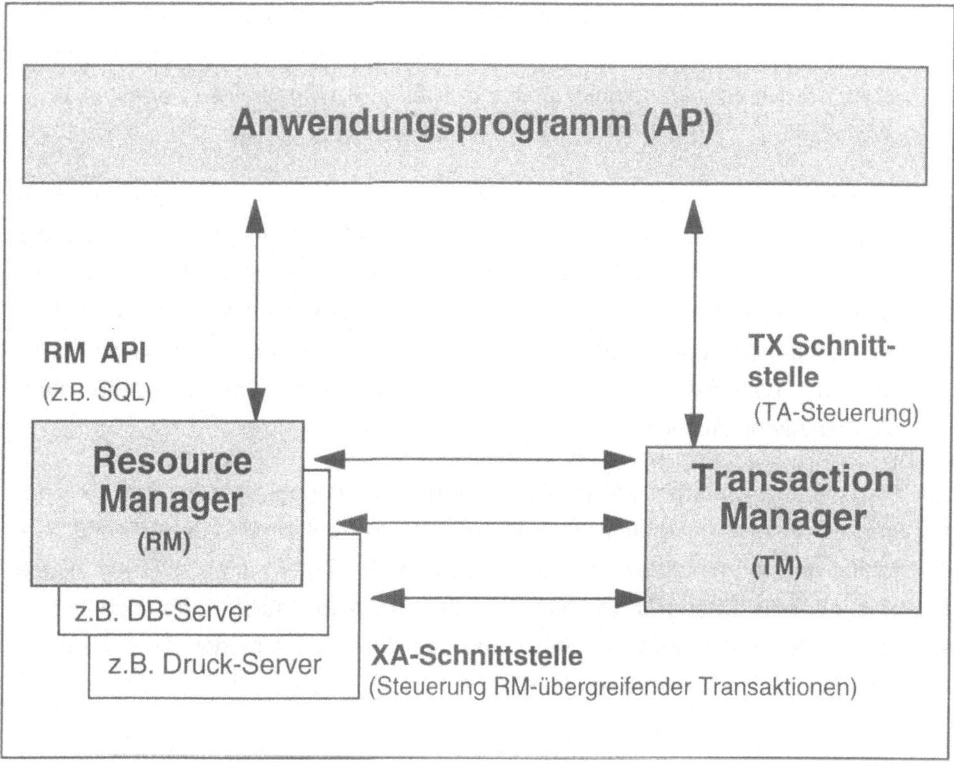

Abb. 8-3:   X/Open-'Distributed Transaction Processing': Architekturüberblick

8.2.2.2 Die X/Open-DTP-TX- und -XA-Schnittstellen

Unter Verwendung der oben genannten Schnittstellen können in offenen verteilten Umgebungen jeweils die drei verschiedenartigen, an einer verteilten Transaktionsverwaltung beteiligten Komponenten (d.h. Anwendungsprogramm, Ressourcen- und Transaktions-Manager) gemeinsam verwendet werden - auch wenn sie (auf der Basis dieser Standardschnittstellen) vollständig unabhängig voneinander entwickelt worden sind.

Die in Tabelle 8-3 (nach [XO-DTP] und [Wäch93]) zusammengestellte Übersicht zeigt die Dienstelemente der X/Open-DTP-TX-Schnittstelle zwischen Anwendungsprogramm und Transaktions-Manager.

tx_open	Öffnung der dem TM bekannten RM
tx _ close	Beenden der Verbindung zwischen Anwendungsprogramm und TM
tx _begin	Starten einer globalen Transaktion
tx _ commit	Erfolgreiches Beenden einer globalen Transaktion
tx _ rollback	Rücksetzen einer globalen Transaktion
tx _ info	Informationen über aktuelle Transaktion anfordern
tx_set_TA_control	'chained' Transaktion-Modus ein-/ausschalten
tx_set_TA_timeout	Timeout für automatisches Rollback setzen
tx _commit_return	Fortsetzen der Anwendung schon nach Phase 1 des 2PC-Protokolls

Tab. 8-3:   Die X/Open-DTP-TX-Schnittstelle zwischen Anwendungsprogramm und Transaktions-Manager

Dabei gelten für die drei unterschiedlichen, an der verteilten Transaktionsverwaltung beteiligten Systemkomponenten die folgenden einschränkenden Bedingungen (nach [Chen93]):

Anwendungsprogramme müssen in einer verteilten transaktionsorientierten Umgebung die Dienste des Transaktions-Managers für die Koordination des Transaktionsablaufes verwenden und sind dadurch selbst nicht in den (2PC-) 'Commit'- oder 'Recovery'-Prozeß involviert. Anwendungsprogramme können zu jedem Zeitpunkt nur an höchstens einer globalen Transaktion beteiligt sein. Sie können aber - innerhalb der durch den Transaktions-Manager definierten (Teil-) Transaktionsgrenzen - direkt auf mehrere Ressourcen-Manager (über deren jeweilige APIs) zugreifen.

Transaktions-Manager müssen die jeweiligen XA-Schnittstellen der lokalen Ressourcen-Manager zur Koordination von deren lokalen (Teil-) Transaktionen benutzen, für alle übergeordneten Transaktionen global eindeutige Transaktionsbezeichner generieren, den Ressourcen-Managern Möglichkeiten zum (dynamischen) Registrieren von Diensten bieten sowie die Kommunikation zwischen den Anwendungsprogrammen überwachen.

Ressourcen-Manager müssen neben ihrer Anwendungsprogrammschnittstelle jeweils eine XA-Schnittstelle zur Verwendung durch den Transaktions-Manager anbieten und alle lokalen Aufgaben für jede globale Transaktion, an der sie beteiligt sind, deren globalem Bezeichner eindeutig zuordnen. Bei Aufrufen eines 'Prepare'-Befehls durch den Transaktions-Manager muß der Ressourcen-Manager - entsprechend dem 2PC-Protokoll - seine lokalen Ressourcen zunächst nur sichern. Dann muß er dem Transaktions-Manager eine Antwort über den Ausgang der lokalen Teiltransaktion übermitteln und schließlich die lokalen Ressourcen erst nach Aufforderung durch den Transaktions-Manager - entsprechend dem Ausgang der globalen Transaktion - wieder freigeben.

In ähnlicher Weise wie für die TX-Schnittstelle zeigt die nach [XO-DTP] in Tabelle 8-4 zusammengestellte Übersicht die einzelnen Dienstelemente der X/Open-DTP-XA-Schnittstelle zur Verwendung durch den globalen Transaktions-Manager. Dieser benutzt die XA-Programmierschnittstelle, um in Zusammenarbeit mit den externen Ressourcen-Managern deren lokale Aktionen zu beeinflussen und im Sinne der Abwicklung eines verteilten 2PC-Protokolls zu steuern. Dabei werden die mit 'xa-' beginnenden Dienstaufrufe vom Transaktions-Manager an den Ressourcen-Manager (z.B. SQL-Prozessoren) gerichtet. Sie sind in [ISO-ETr] als zusätzlicher Teil einer SQL-Schnittstelle spezifiziert. Die mit 'ax-' beginnenden Dienstaufrufe dagegen werden jeweils vom Ressourcen-Manager an den Transaktions-Manager gerichtet. Sie wurden von der ISO zunächst noch nicht (z.B. im Rahmen von ISO/OSI-TP) standardisiert.

ax_reg	Registrieren eines RM beim Transaktions-Manager
ax_unreg	Abmelden eines RM beim Transaktions-Manager
xa_open	Initialisierung eines RM für die Benutzung durch ein Anwendungsprogramm
xa_ close	Beenden der Verwendung des RM durch Anwendung
xa_start	RM nimmt an neuer Transaktion teil oder setzt alte fort
xa _ end	RM beendet Arbeit an einer Transaktion (evtl. nur temporär)
xa_prepare	Aufforderung an RM, Transaktion für Commit vorzubereiten
xa_ commit	Aufforderung, Transaktion erfolgreich zu beenden
xa_ rollback	Aufforderung an RM, Transaktion zurückzusetzen
xa_ complete	Nachfrage, ob ein (asynchroner) xa-Aufruf beendet ist
xa_ forget	RM kann Information über heuristisch beendete Transaktion vergessen
xa_ recover	Anforderung der Id.s von Transaktionen, die im RM imZustand 'pepared' oder heuristisch beendet sind

Tab. 8-4: Die X/Open-DTP-XA-Schnittstelle zwischen Anwendungsprogramm und Transaktions-Manager

Einen besonders interessanten Fall bildet schließlich der Ressourcen-Manager, der die *Kommunikations*dienste zur Verfügung stellt und deshalb auch *Kommunikations-Ressourcen-Manager* (engl. *Communication Resource Manager*, CRM) genannt wird. Im Zusammenhang mit der Unterstützung verteilter Transaktionen in offenen Umgebungen muß ein derartiger CRM ein (standardisiertes!) Kommunikationsprotokoll für den Nachrichtenaustausch mit entfernten Knoten realisieren. Grundlage für die Kommunikation zwischen CRMs ist das im vorangegangenen Kapitel beschriebene *ISO/OSI-TP-Protokoll* [ISO-TP]. Die Schnittstelle zwischen Transaktions-Manager und CRM wird - als Erweiterung und Spezialisierung der XA-Schnittstelle - als XA+-Schnittstelle bezeichnet und in [XO-DTP] eigens spezifiziert. Dabei sind sowohl das (CRM-) *Communication Interface* zwischen Anwendungsprogramm und CRM als auch die Schnittstelle zwischen CRM und den Funktionen des OSI-TP-Protokolls *(XAP-TP)* zunächst nur lokal definiert. Für das CRM-'Communication Interface' gibt es drei unterschiedliche Varianten (in Anlehnung an entsprechende TP-Produkte).

Den Zusammenhang zwischen den (lokalen, X/Open- und ISO-) Schnittstellenspezifikationen und den (ISO/OSI-) TP-Kommunikationsprotokollen zeigt abschließend Abbildung 8-4 nach [Chen93]. Die hier widergegebene Darstellung entspricht dem Stand der Diskussion vom Frühjahr 1994. Zu dieser Zeit war insbesondere die weitere Klärung der Zusammenhänge zwischen den Arbeiten der an der Standardisierung verteilter Transaktionsunterstützung beteiligten unterschiedlichen Gremien (hier vor allem: X/Open und ISO/OSI) noch nicht abgeschlossen.

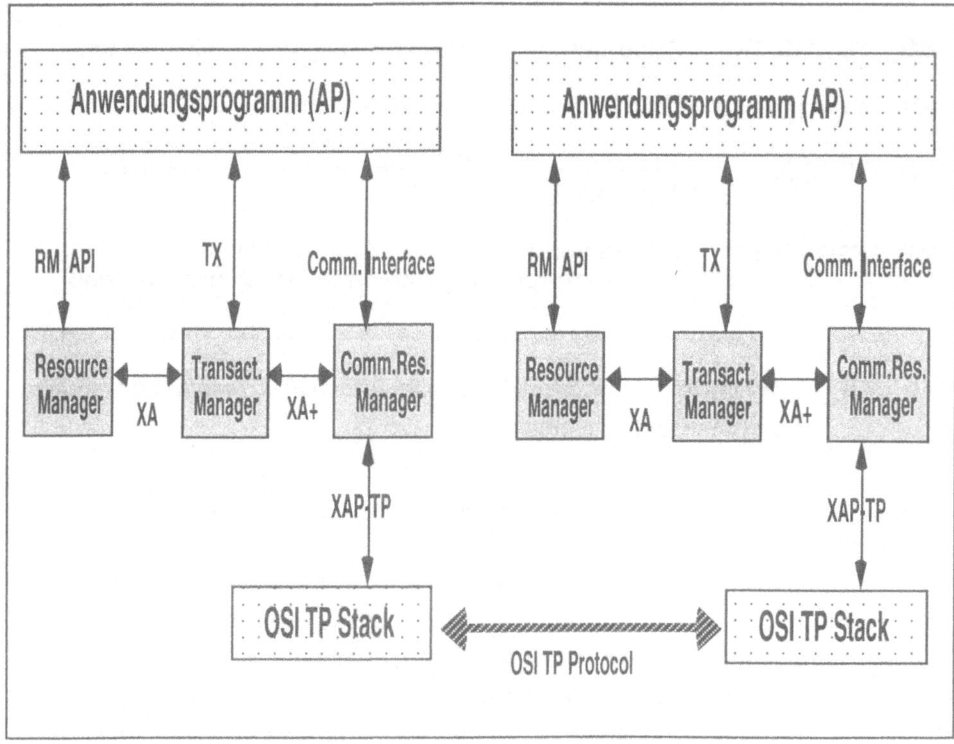

Abb. 8-4:   Kommunikationsunterstützung für verteilte Transaktionsverwaltung nach X/Open

8.3 'Distributed Relational Database Architecture' (DRDA) von IBM

Fragen einer Vereinheitlichung des Zugriffs auf entfernte Datenbanken in offenen heterogenen Rechnernetzen stellen sich grundsätzlich nicht nur für herstellerübergreifende Kooperationen, sondern treten auch *innerhalb* von von einzelnen Herstellern realisierten heterogenen Hard- und Software-Umgebung auf. Deshalb sind - z.T. durchaus als Vorbild für nachfolgende herstellerübergreifende Normungsaktivitäten entsprechender Funktionen - auch in diesem Bereich (hier für jeweils einzelne Hersteller) einheitliche Protokoll- und Schnittstellenspezifikationen entwickelt worden. Als wichtige herstellerspezifische Entwicklung im Bereich des Fernzugriffs auf Datenbanken in Netzen wird im folgenden ein Überblick über die im Rahmen der allgemeinen 'Systems Application Architecture' (SAA) [IBM-SAA] von der Firma IBM entwickelte *Distributed Relational Database Architecture* (DRDA) [IBM-DRDA] gegeben. Sie beschreibt die Kooperation von Anwendungsprogrammen mit entfernten Datenbanken in (IBM-spezifisch) "offenen" heterogenen IBM-Netzen [Rein88] .

DRDA stellt IBM's internen Standard für eine einheitliche Dienst- und Protokollspezifikation des Zugangs zu entfernten (relationalen) Datenbanken in IBM-Netzen dar. DRDA basiert im Bereich der elementaren (d.h. nicht anwendungsspezifischen) Kommunikationsunterstützung zwischen heterogenen IBM-Rechnern auf der 'Systems Network Architecture' (SNA) der IBM [IBM-SNA]. Dabei ist insbesondere die Definition und Spezifikation von Software-Schnittstellen traditionell immer schon ein wichtiger Bereich der Aktivitäten von Software-Herstellern gewesen (schließlich stellen die Software-Schnittstellen wesentliche Bestandteile der - in Konkurrenz - angebotenen Produkte dar!). Deshalb bezieht DRDA für alle verwendeten Komponenten (wie elementare Kommunikationsunterstützung, Transaktionsverwaltung, Präsentationsfunktionen, Datenbankzugriff etc.) immer bereits auch die einheitliche Spezifikation der entsprechenden Schnittstellen mit ein.

Der Grundaufbau der *DRDA-Architektur* aus einzelnen, auch für andere verteilte Anwendungen verwendbaren Komponenten ist direkt mit der Architektur des ISO/OSI-RDA vergleichbar (nur daß in der DRDA-Architektur natürlich jeweils IBM-eigenen Komponenten verwendet werden). So basiert DRDA für die einzelnen Komponenten auf den entsprechenden IBM-Architekturen für

- *Systems Network Architecture* (SNA) [IBM-SNA] im Bereich der elementaren Kommunikationsfunktionen (einschließlich der relativ aufwendigen und komfortablen Funktionen für die Netzverwaltung),

- *SQL* and *Distributed Data Management* (DDM) [IBM-DDM] zur Spezifikation der Datenbanksprachschnittstellen (hier muß darauf hingewiesen werden, daß die auf den unterschiedlichen IBM-Betriebssystemen verwendeten SQL-Versionen ("Dialekte") jedoch leicht unterschiedlich sind und von daher Interoperabilität nur auf der Grundlage von entsprechenden zusätzlichen Transformationsfunktionen realisiert wird),

- *Formatted Data Object Content Architecture* (FD:OCA) [IBM-FD] zur (IBM-weit) einheitlichen Spezifikation von Datenübertragungsformaten sowie

- *Distributed (SNA) Transaction Processing* (LU 6.2) [IBM-LU62] zur Spezifikation von Dienst- und Protokollfunktionen für die Verwaltung von verteilten Transaktionen in (IBM-weit) offenen heterogenen Umgebungen.

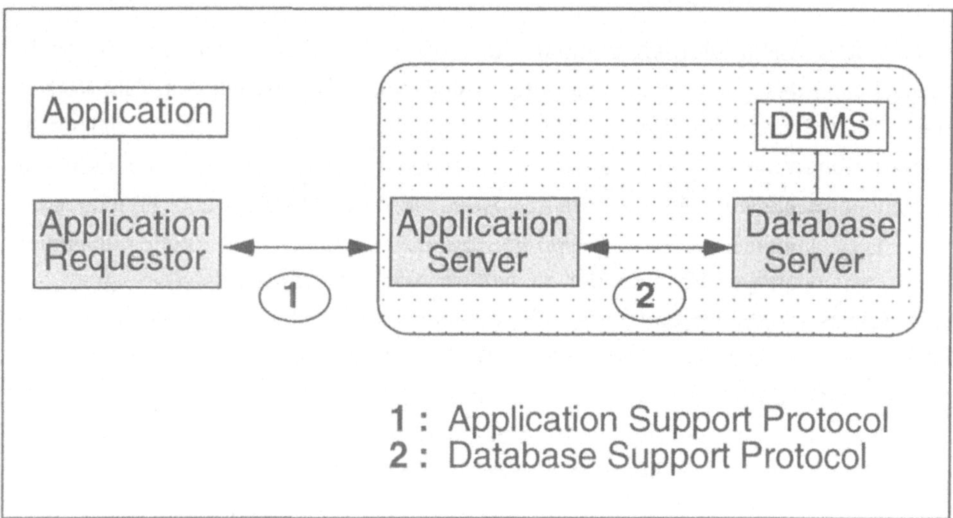

Abb. 8-5:   IBM's 'Distributed Relational Database Architecture' (DRDA)

Abbildung 8-5 gibt einen Überblick über die im Rahmen der DRDA-Architektur identifizierten (Client/Server-) Komponenten. Die DRDA-Architektur umfaßt ein 'Application Support Protocol' zwischen lokaler (Client-) Anwendung und dem entfernten Datenbankverwaltungssystem (ähnlich wie ISO/OSI-RDA) sowie zusätzlich noch ein (Datenbank-Server-) internes 'Database Support Protocol', das die Zusammenarbeit zwischen dem Datenbankverwaltungssystem und einem 'Application Server' unterstützt, der die Dienste des Datenbanksystems nach "außen" hin (d.h. der Anwendung) anbietet.

8.3.1 DRDA-Architekturvarianten

Für die eigentliche Protokollspezifikation unterscheidet DRDA - nicht wie der ISO/OSI-RDA zwei, sondern - insgesamt vier verschiedene Architekturvarianten ('Level 1' bis 'Level 4'). Diese unterscheiden sich grundsätzlich dadurch, daß von 'Level 1' bis 'Level 4' schrittweise immer mehr "Verteilungstransparenz" realisiert wird, d.h. immer mehr Teilprobleme des Zugriffs auf (i.a. mehrere) Datenbanken in einer verteilten Umgebung dem Anwendungsprogrammierer abgenommen und von entsprechenden Systemkomponenten automatisch realisiert werden.

Im folgenden wird ein kurzer vergleichender Überblick über diese vier Architekturvarianten des DRDA und ihre jeweiligen Eigenschaften - auch im Vergleich zum ISO/OSI-RDA - gegeben.

8.3.1.1 'Remote Unit of Work' (Level 1)

In dieser ersten Variante der DRDA (siehe Abbildung 8-6a) sind Datenbank-Klient und -Server nur *lose* miteinander *gekoppelt.* Vom System unterstützt wird lediglich der Zugriff auf *eine einzelne* entfernte Datenbank pro Transaktion (bei IBM generell *Logical Unit of Work*, LUW, genannt). Mehrere Anfragen an entfernte Datenbanken können innerhalb einer 'Logical Unit of Work' gestellt werden. DRDA 'Level 1' unterstützt pro Anfrage den Zugriff auf jeweils *ein* entferntes Datenbankverwaltungssystem. Die Initiierung und Beendigung von Transaktionen auf der entfernten Datenbank müssen in dieser Stufe der DRDA *von der Anwendung selbst* durchgeführt werden (d.h. die Anwendung initiiert das 'Commit'). Entsprechend wird dann auch das Transaktions-'Commitment' jeweils nur in einem einzigen DBMS durchgeführt. Damit kann man die erste Stufe der DRDA im wesentlichen auch mit der der ersten Stufe des ISO/OSI-RDA ('Single Server RDA') vergleichen.

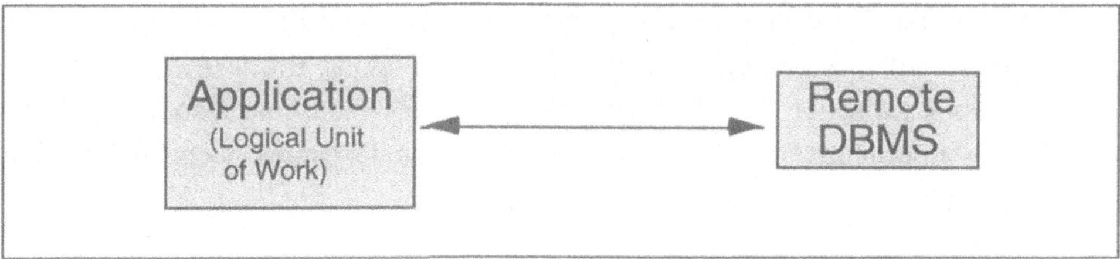

Abb. 8-6a: IBM's DRDA - Level 1: 'Remote Unit of Work'

8.3.1.2 'Distributed Unit of Work' (Level 2)

In der zweiten Stufe der DRDA (siehe Abbildung 8-6b) wird erstmalig auch *Transaktionsunterstützung* für den Zugriff auf mehrere entfernte Datenbanksysteme realisiert. Vom System unterstützt wird dabei in dieser Stufe der DRDA der Zugriff auf *verschiedene* entfernte Datenbanken pro Transaktion. Dabei steuert auch hier die Anwendung die Verteilung der Operationen auf die einzelnen entfernten Datenbanksysteme selbst. *Mehrere* Anfragen an entfernte Datenbanken können innerhalb einer 'Logical Unit of Work' gestellt werden. DRDA 'Level 2' unterstützt pro Anfrage den Zugriff auf jeweils *ein* entferntes Datenbankverwaltungssystem. Die Initiierung und Beendigung von Transaktionen auf der entfernten Datenbank müssen in dieser Stufe der DRDA von der Anwendung selbst durchgeführt werden (d.h. die Anwendung initiiert das 'Commit'). Vom System unterstützt wird die Koordination des 'Commitment' über mehrere entfernten Datenbanksysteme hinweg. Damit realisiert diese Stufe der DRDA bereits wesentliche Funktionen der zweiten Stufe des ISO/OSI-RDA ('Multiple Server RDA').

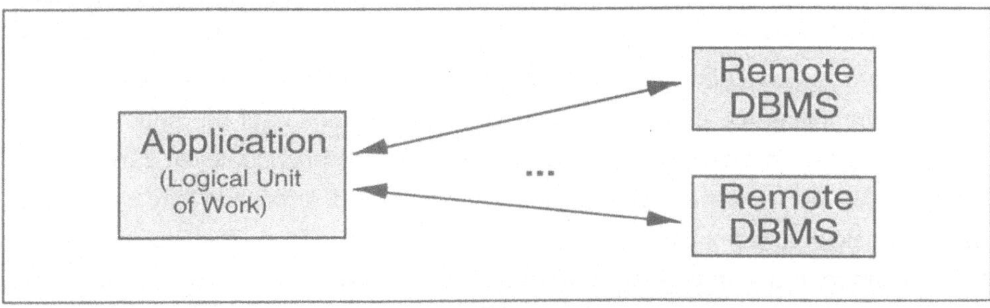

Abb. 8-6b: IBM's DRDA - Level 2: 'Distributed Unit of Work'

8.3.1.3 'Database Directed Distributed Unit of Work' (Level 3)

In der dritten Stufe der DRDA (siehe Abbildung 8-6c) übernimmt eine zusätzliche *System*komponente zur *verteilten Datenverwaltung* ('Distributed DBMS') die wesentlichen Koordinationsfunktionen des transaktionsorientierten Zugriffs auf entfernte Datenbanken als Teil der (DRDA-) Systemunterstützung. Damit realisiert DRDA 'Level 3' den Zugriff auf *mehrere* entfernte Datenbanksysteme pro 'Logical Unit of Work', wobei die (verteilte) Datenbank die Verteilung der Operationen auf die einzelnen entfernten Datenbanken *automatisch* steuert.

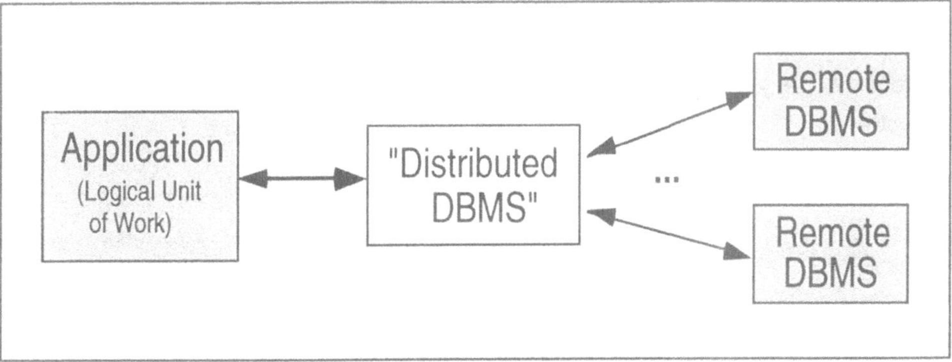

Abb. 8-6c: IBM's DRDA - Level 3: 'Database Directed Distributed Unit of Work'

Mehrere Anfragen an entfernte Datenbanken können auch in dieser DRDA-Variante innerhalb einer 'Logical Unit of Work' gestellt werden. Auch DRDA 'Level 3' unterstützt pro Anfrage den Zugriff auf jeweils genau *ein* entferntes Datenbankverwaltungssystem. Die Initiierung und Beendigung von Transaktionen auf der entfernten Datenbank müssen auch in dieser Stufe der DRDA von der Anwendung selbst durchgeführt werden (d.h. die Anwendung initiiert das 'Commit'). Vollständig *vom System* unterstützt wird aber die Koordination des 'Commitment' über *mehrere* entfernte Datenbanksysteme hinweg. Damit realisiert diese Stufe der DRDA mindestens die volle Funktionalität der zweiten Stufe des ISO/OSI-RDA ('Multiple Server RDA').

8.3.1.4 'Distributed Request' (Level 4)

Die vierte und am weitesten gehende Stufe der DRDA (siehe Abbildung 8-6d) unterstützt die vollständige *Verteilungstransparenz* bei Zugriff auf entfernte Datenbanken: D.h. Datenbankprogramme mit Zugriff auf *verschiedene* entfernte Datenbanken (sogar innerhalb einzelner Datenbankbefehle) können - *transaktionsgesichert* - so geschrieben werden wie in lokalen zentralisierten Systemumgebungen. In dieser Stufe der DRDA enthält die zusätzliche Systemkomponente zur verteilten Datenverwaltung ('Distributed Request') alle notwendigen Koordinationsfunktionen eines transaktionsorientierten Zugriffs auf entfernte Datenbanken als Teil der (DRDA-) Systemunterstützung. Damit realisiert DRDA 'Level 4' den Zugriff auf *mehrere* entfernten Datenbanksysteme pro 'Logical Unit of Work', wobei die *(verteilte)* *Datenbank* die Verteilung der Operationen auf die einzelnen entfernten Datenbanken steuert.

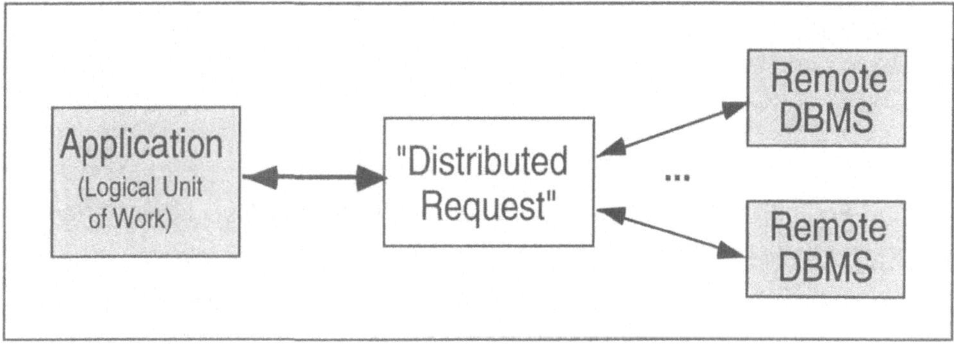

Abb. 8-6d: IBM's DRDA - Level 4: 'Distributed Request'

Mehrere Anfragen an entfernte Datenbanken können in dieser Stufe des DRDA sowohl *innerhalb* einer *Logical Unit of Work* als auch *innerhalb einzelner Anfragen* gestellt werden. DRDA 'Level 4' unterstützt damit pro Anfrage den verteilungstransparenten Zugriff auf *verschiedene* entfernte Datenbankverwaltungssysteme. Initiierung und Beendigung von Transaktionen auf der entfernten Datenbank werden von der Anwendung selbst durchgeführt (d.h. die Anwendung initiiert das 'Commit'). Vollständig *vom System* unterstützt wird jedoch die Koordination des 'Commitment' über mehrere entfernte Datenbanksysteme hinweg. Damit beschreibt diese letzte Stufe des DRDA die Funktionalität eines verteilten Datenbanksystems und geht in dieser Stufe über die von ISO/OSI-RDA zur Zeit angestrebte Funktionalität hinaus.

(Zu Vor- und Nachteilen vollständig verteilter Datenbanksysteme siehe auch Kapitel 2; allerdings mag die Unterstützung verteilter Datenbanksysteme innerhalb des Produktangebotes eines einzelnen Herstellers aussichtsreicher sein als als herstellerübergreifendes internationales Standardisierungsprojekt in diesem Bereich!)

Die dargestellte DRDA-Architektur wurde von IBM in allen vier Varianten spezifiziert und - als Voraussetzung für die Unterstützung auch durch andere Software-Hersteller - publiziert, zunächst jedoch nur in den beiden ersten Stufen implementiert und in entsprechenden Produkten auf dem Markt angeboten.

8.3.2　Datenbankzugriff in integrierten IBM/SNA- und ISO/OSI-Netzen

Grundsätzliche Probleme für die *Interoperabilität* bietet die Koexistenz von *mehreren* (z.B. herstellerspezifischen und herstellerunabhängigen) Kommunikationsstandards im Bereich offener verteilter Systeme: So müssen z.B. alle Kommunikationspartner im allgemeinen *alle* diese Kommunikationsstandards implementieren und zudem in jedem einzelnen Fall einer Kooperation zunächst herausfinden, welche Kommunikationsmechanismen dabei jeweils verwendet werden können. *Unterschiedliche* Kommunikations*protokolle* (wie z.B. ISO/OSI und IBM-SNA oder auch OSI-RDA und IBM-DRDA) sind natürlich grundsätzlich *nicht* miteinander kompatibel (es werden ja jeweils ganz unterschiedliche Nachrichten, d.h. "Protokolldateneinheiten" erzeugt und versendet!). Verschiedenartige Kommunikationsprotokolle sind in Kombination prinzipiell nicht für die Realisierung allgemeiner Interoperabilität von offenen Systemkomponenten der jeweils unterschiedlichen Architekturen geeignet.

Dagegen läßt sich jedoch - auf der Basis einheitlicher Schnittstellenspezifikationen - prinzipiell erreichen, daß verteilte Dienste und Anwendungen in offenen Umgebungen *portabel* werden, d.h. von Knoten einer bestimmten Architektur (mit entsprechenden Kommunikationsmechanismen) auf die einer anderen (mit entsprechenden anderen Kommunikationsmechanismen) übertragen werden können. Durch frühzeitige Abstimmung in den jeweiligen Standardisierungsprozessen konnte so zum Beispiel eine Vereinheitlichung der wesentlichen Schnittstellen für den Fernzugriff auf Datenbanken in offenen Rechnernetzen in den beiden genannten Architekturvarianten von ISO und IBM erreicht werden.

Im letzten Abschnitt dieses Kapitels wird daher exemplarisch gezeigt, wie Anwendungsentwickler und (insbesondere Datenbanksystem-) Hersteller in realistischen Szenarien sowohl die beschriebenen ISO/OSI- als auch die skizzierten DRDA-Mechanismen *gemeinsam* zur Unterstützung des Zugriffs auf entfernte (IBM und andere) Datenbanken in heterogenen Rechnernetzen nutzen können. Grundlage für diesen Versuch einer Synthese ist eine in diesem Bereich bewußt aufeinander abgestimmte Spezifikation der Schnittstellen der dafür notwendigen Software-Komponenten für die standardisierte relationalen Datenbanksprach- und Transaktionsverwaltungsfunktionen.

In der ersten, in Abbildung 8-7 widergegebenen Kombinationsmöglichkeit ist beispielsweise eine *integrierte verteilte Anwendung* mit folgenden Eigenschaften dargestellt: Zunächst können in diesem Beispiel die Dienste einer (oder mehrerer) entfernten Datenbank(en), die auf der Grundlage einer IBM-Architektur realisiert wurde und entsprechend auch nur über *IBM/SNA-* und *DRDA-*Kommunikationsmechanismen erreichbar ist, von der Anwendung verwendet werden. Dann aber können auch die Dienste einer (oder mehrerer) entfernten Datenbank(en), die auf der Grundlage einer *beliebigen anderen* Architektur realisiert wurde und nur über *ISO/OSI-* und *OSI/RDA-*Kommunikationsmechanismen erreichbar ist, in einheitlicher Weise - und damit prinzipiell portabel und weitgehend verteilungstransparent - von dieser Anwendung verwendet werden. Wesentliche Basis für eine derartige Integration ist vor allem eine einheitliche (normierte!) SQL-Datenbanksprachschnittstelle (SQL-API) - auch für den Zugriff auf beliebige entfernte Datenbanken - sowie deren Ergänzung um eine syntaktisch eindeutige Spezifikation der notwendigen Funktionen zur verteilten Transaktionsverwaltung (DTP-API).

Während die in Abbildung 8-7 zunächst dargestellte Variante eines Architekturbeispiels für die Kooperation von IBM-SNA- und ISO/OSI-Kommunikationsdiensten für den Fernzugriff auf Datenbanken in Rechnernetzen eher auf die Integrationsbedürfnisse verteilter *Anwendungen* zugeschnitten ist, ist die in Abbildung 8-8 beschriebene Umkehrung dieses Beispiel insbesondere für *Datenbankdienstanbieter* von Interesse: Über eine *einheitliche* (SQL-) *Datenbanksprachschnittstelle* können die Dienste einer (oder auch mehrerer) Datenbanken in offenen Rechnernetzen auf diese Weise *gemeinsam* entfernten Nutzern angeboten werden. Diese können die so verfügbaren Datenbankdienste - entsprechend ihren speziellen Kommunikationsmechanismen - jeweils entweder über IBM/SNA- und DRDA- oder über ISO/OSI-RDA-Kommunikation in ihren lokalen Umgebung nutzen.

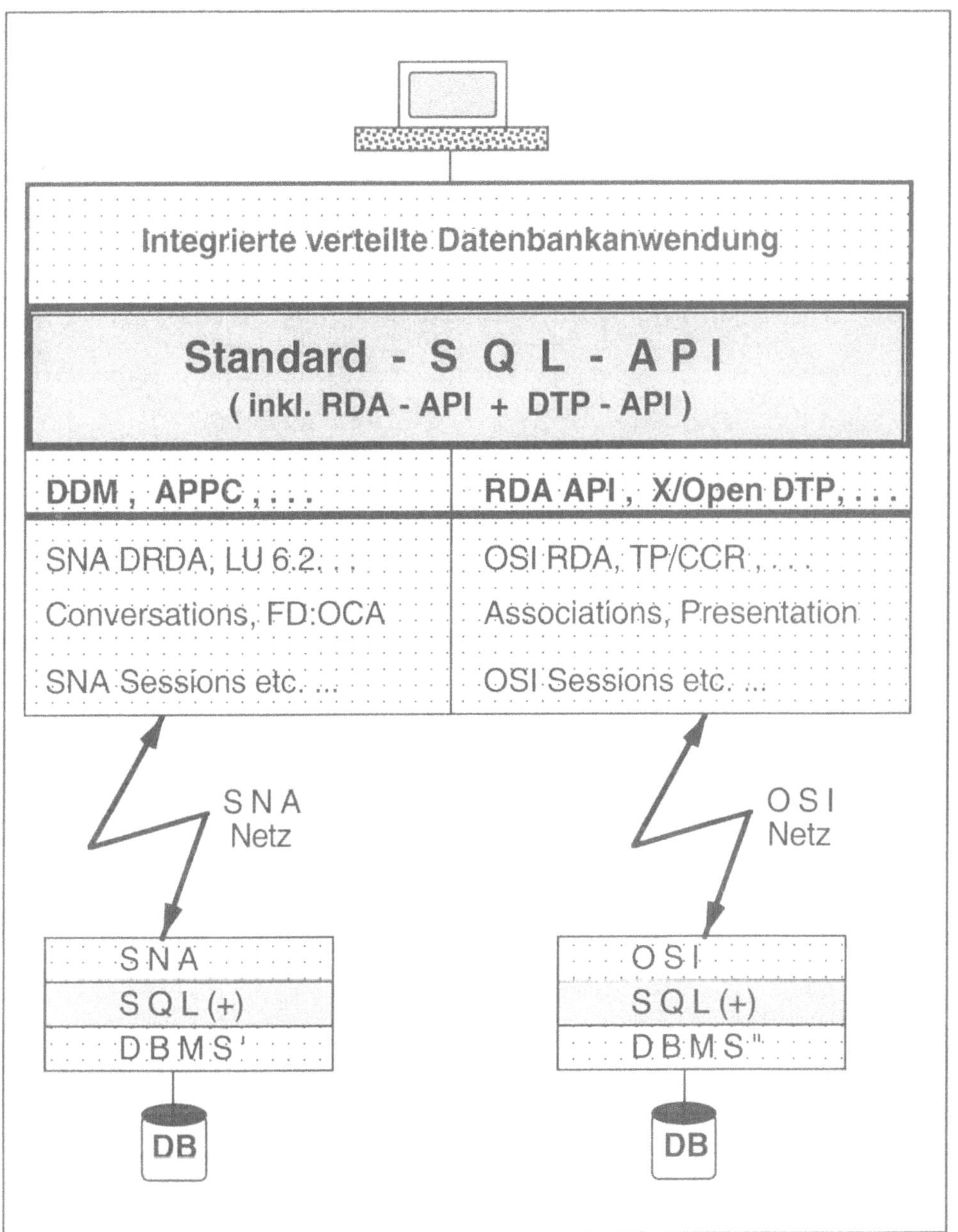

Abb. 8-7:   Verteilte datenintensive Anwendung in integrierten IBM/SNA- und ISO/OSI-Netzen

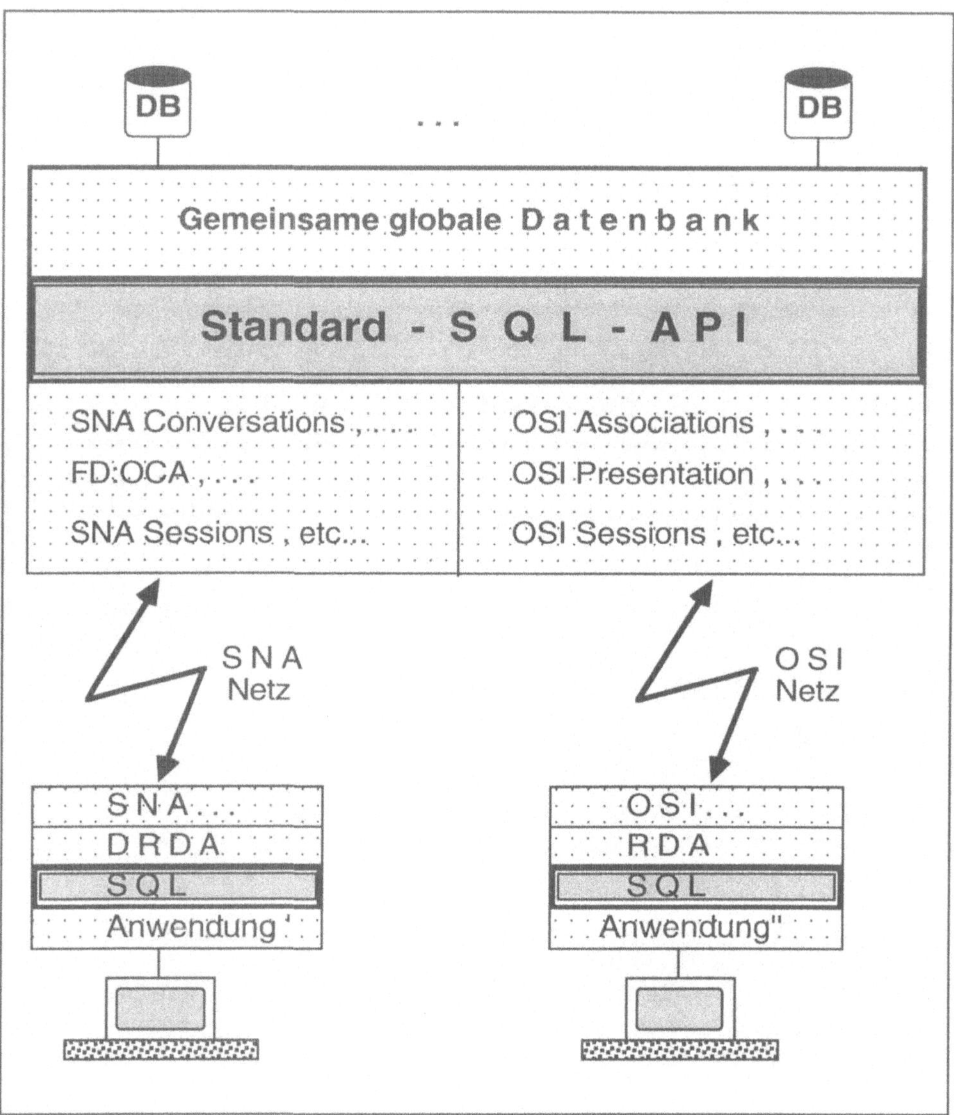

Abb. 8-8:   Zugang zu globalen Datenbanken in integrierten IBM/SNA- und ISO/
OSI-Netzen

Eine Vereinheitlichung dieser beiden Mengen von Schnittstellenkomponenten - auf
der einen Seite IBM/SNA mit (IBM-) SQL, DDM und APPC ('Advanced Program to
Program Communication'), auf der anderen die ISO/OSI-Architektur mit RDA-API
(SQL/CLI) und die X/Open-Spezifikation des DTP ('Distributed Transaction Pro-

cessing') - kann auf diese Weise also bereits weitgehend erreicht werden. Problematisch für eine vollständige Interoperabilität bleiben vor allem noch die unterschiedlichen SQL-Dialekte im Bereich der verschiedenartigen Datenbanksprachschnittstellen der unterschiedlichen relationalen IBM-Datenbanken (Während ISO/OSI-RDA - wie gezeigt - die SQL-Anweisungen immer im normierten, kanonischen RDA-Format überträgt, versendet DRDA diese im jeweiligen SQL-Dialekt des Absenders).

Unterhalb der einheitlichen Software-Schnittstellen müssen dann aber jeweils die unterschiedlichen Protokollvarianten (d.h. auf der einen Seite IBM-SNA und DRDA - auf der anderen ISO/OSI und RDA) zur Realisierung der Kommunikation mit den jeweiligen - verschiedenartigen - entfernten Datenbanksystemen und ihren um die Dienste der verteilten Transaktionsverwaltung erweiterten SQL- Datenbanksprachschnittstellen nebeneinander unterstützt werden.

9 Systemtechnische Unterstützung verteilter Anwendungen in offenen Umgebungen

9.1 Entwicklungsstand und weitergehende Ziele

Wie bereits im vorangegangenen Kapitel dargestellt, zielt die internationale Standardisierung im Bereich der systemtechnischen Unterstützung von Kooperationen (bzw. "Interoperabilität") von (z.B. datenverarbeitenden) Diensterbringern und Dienstnachfragern in offenen verteilten Systemen inzwischen weit über die Vereinheitlichung von reinen Kommunikationsdiensten und -protokollen - wie z.B. beim ISO/OSI-RDA - hinaus (mehr dazu siehe unten). Dennoch bleiben auch bei der Kommunikationsunterstützung - wie z.B. RDA sie bietet - noch eine Reihe von in der Praxis wichtigen Problemen unbefriedigend gelöst:

- So werden etwa die speziellen Eigenschaften von *PCs und Workstations* noch nicht ausreichend berücksichtigt: Z.B. werden PCs und Workstations bei der Koordination verteilter Transaktionen meist genauso wie "normale" andere Knoten behandelt. Ihre besonderen Eigenheiten (wie etwa, daß sie typischerweise häufig zu- und abgeschaltet, kaum gesichert, in der Regel nicht administriert werden etc.) bleiben dabei meistens außer acht, was dann u.a. zu den in Kapitel 5 genannten unerwünschten Eigenschaften (wie Blockierungen) z.B. des 2PC-Protokolls führt.

- Unzureichend ist generell auch die Unterstützung der (anwendungsspezifischen) *Integration* von bereits existierenden, oft weitgehend autonomen *Systemkomponenten* ganz unterschiedlicher Art (z.B. datenverwaltender und nicht datenverwaltender Dienste). Erste herstellerübergreifende Systemplattformen, die derartige Integrationen auf einheitliche Weise unterstützen, sind inzwischen z.B. als 'Distributed Computing Environment' (DCE) [OSF-DCE] im Rahmen der 'Open Software Foundation' (OSF) entwickelt und implementiert worden (s.u.).

- Darüber hinaus sollte eine anwendungsspezifische Integrationsunterstützung über die Unterstützung *einzelner* Dienste hinaus auch auf die Unterstützung von Dienst*gruppen* (vgl. hierzu z.B. [LCN90] oder [KaTa91]) sowie deren spezielle Kommunikations- und Kooperationsanforderungen ausgedehnt werden können.

- Noch große Probleme bestehen weiterhin im Rahmen der ISO/OSI-Kommunikation generell im Bereich des *Entwurfs* und der *Administration* der zugrunde liegenden Netze sowie der verteilten, datenintensiven Anwendungen. Standardisierungsbemühungen dazu existieren für die elementare ISO/OSI-Kommunikation seit einigen Jahren [ISO-Man].

- Erste Ansätze zur Unterstützung der *Verwaltung und Vermittlung von* (potentiell sehr zahlreichen und vielfältigen) *Diensten* in offenen verteilten Systemen gibt es z.B. im Bereich des ISO 'Open Distributed Processing' (ODP) [ISO-ODP], der Aktivitäten der 'Object Management Group' (OMG) [OMG-COR] sowie in neueren Forschungsprojekten (wie z.B. [MML94a], siehe dazu Abschnitt 9.3).

Ein langfristiges Ziel der Unterstützung von heterogenen Anwendungs- und Dienstkooperationen in verteilten Systemen ist eine möglichst *einheitliche Architektur* für alle in offenen Umgebungen zugreifbaren "Objekte" (d.h. u.a. Anwendungen, Dienste, Dienstgruppen, Schnittstellen etc.) und die zwischen ihnen ablaufenden Protokolle. Konzeptionelle Grundlage dafür bildet ein allgemeines und entsprechend mächtiges *Objektmodell* auf der Basis moderner Typ- und Objektsysteme (wie z.B. in [Card89], [IBR93] oder [Matt93] angegeben). Darüber hinaus ist es Ziel einer konkreten *systemtechnischen Unterstützung* für Dienstkooperationen in offenen verteilten Systemen, generische Systemplattformen und Hilfsfunktionen so einheitlich zu spezifizieren und auf unterschiedlichenen Hard- und Software-Plattformen zur Verfügung zu stellen, daß verteilte Anwendungen in offenen Umgebungen von Problemen der Heterogenität (mit dem Ziel weit gehender "Interoperabilität") und Verteilung (mit dem Ziel weit gehender "Verteilungstransparenz") auf einheitliche Weise (mit dem Ziel weit gehender "Portabilität") entlastet werden.

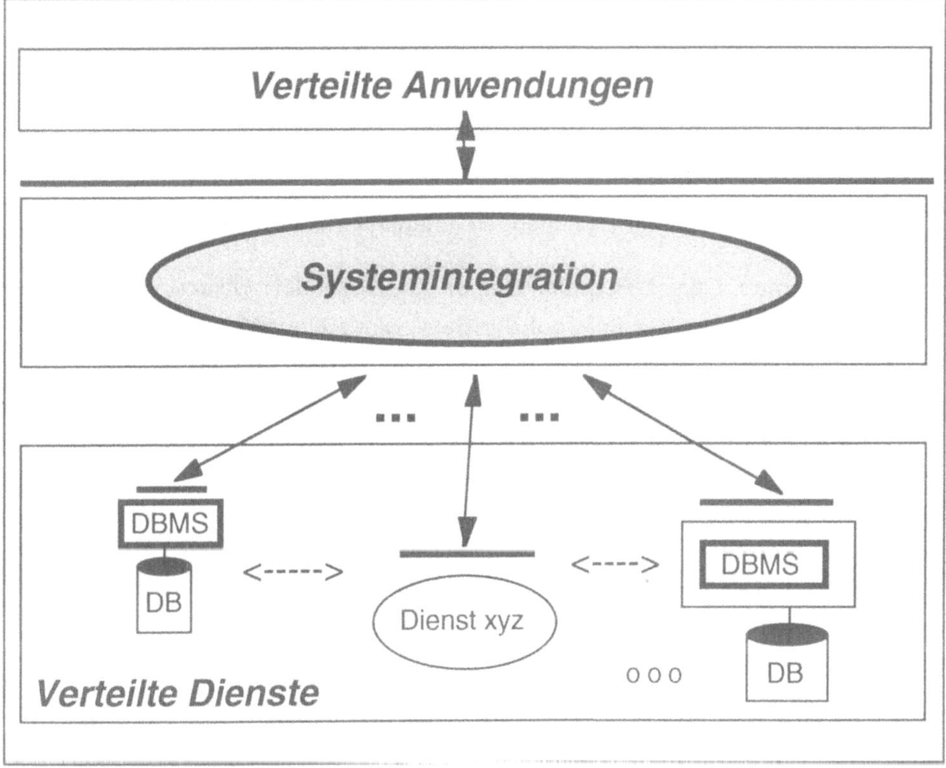

Abb. 9-1:   Verteilte Anwendungen in offenen Systemen

Abbildung 9-1 veranschaulicht das dabei angestrebte Ziel einer einheitlichen (in gewissem Sinne erweiterten Betriebs-) Systemschnittstelle, die verteilten (und oft datenintensiven) Anwendungen für den Zugriff auf beliebige Dienste in heterogenen offenen Umgebungen durch dedizierte "Systemintegrationsfunktionen" angeboten wird. Dabei wird auf der Ebene der einzelnen (z.B. Datenbank-) Dienste eine vorab vereinbarte Vereinheitlichung der jeweiligen Dienstschnittstellen vorausgesetzt - wie sie z.B für relationale Datenbanksysteme auf der Basis der standardisierten Datenbanksprache SQL [ISO-SQL] zur Verfügung gestellt wird.

Mit dem generellen Ziel einer weitgehenden Systemintegration (schrittweise und zunächst in Teilaspekten) werden international zur Zeit verschiedene Standardisierungsbemühungen auf unterschiedlichen Abstraktionsebenen einer einheitlichen Systemunterstützung offener verteilter Anwendungen parallel zueinander verfolgt. Zur Illustration dieser Entwicklungen werden exemplarisch die folgenden drei Projekte auf jeweils drei verschiedenen Abstraktionsebenen erwähnt und im Anschluß daran näher erläutert:

- ISO/CCITT *Open Distributed Processing* (ODP) als Versuch, einen sehr abstrakten, generellen Rahmen zur Einordnung aller unterschiedlichen, vergangenen und zukünftigen Standardisierungsprojekte im Bereich offener verteilter Systeme sowie ihrer Beziehungen untereinander zu erstellen,

- der *Common Object Request Broker* (CORBA) der 'Object Management Group' (OMG) als Versuch, auf der Basis eines einheitlichen Objektmodells und einer einheitlichen Dienstbeschreibungssprache die (Client/Server-) Kooperation beim Aufruf entfernter Dienste in heterogenen offenen Umgebungen zu unterstützen sowie schließlich

- das *Distributed Computing Environment* (DCE) der 'Open Software Foundation' (OSF) als ganz konkrete, herstellerübergreifend vereinbarte und mit einheitlichen Diensten, Protokollen und Schnittstellen implementierte Menge von Systemfunktionen zur Realisierung verteilter Anwendungen in heterogenen offenen Umgebungen.

Zunächst gibt jedoch die folgende Abbildung einen Architekturvorschlag wider, den P. Bernstein unter dem Titel *Middleware* (d.h. Dienst *zwischen* Anwendung und Systemplattform) zur Strukturierung und Einordnung der zur Zeit von Herstellern, Standardisierungsgremien und Forschungsgruppen entwickelten unterschiedlichen verteilten Systemdienste 1993 vorgestellt und in [Bern93] veröffentlicht hat (siehe Abbildung 9-2).

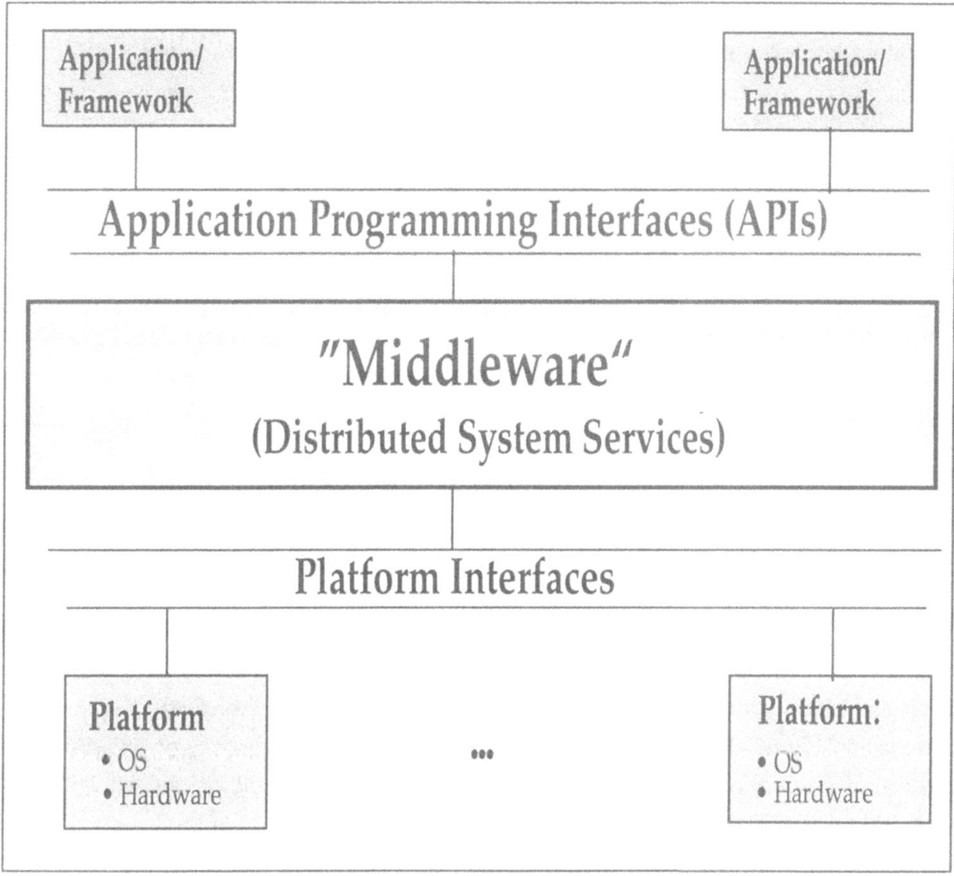

Abb. 9-2:　　'Middleware': Systemarchitektur zu Realisierung verteilter Systemdienste

In dieser Darstellung bezeichnet *Middleware* die Menge aller allgemeinen Dienste
zwischen Hardware-abhängiger, systemnaher Betriebssystem-Plattform und der
Anwendungsprogrammschnittstelle ('Application Programming Interface', API). Die
APIs bezelchnen die einheitlichen Schnittstellen, die die Heterogenität der jeweils
genutzten (verteilten) Teildienste und -systeme vor den verteilten Anwendungen
verbergen. Die *Platform Interfaces* stellen die - jeweils unterschiedlichen - Schnittstellen zu den dabei verwendeten verschiedenen lokalen Betriebssystemdiensten
im engeren Sinne dar. Zusätzlich können Anwendungskomponenten auch noch
weiter in sogenannte *Frameworks* (bestehend aus: eigentlicher Anwendung, spezifischen Werkzeugen und Unterstützungsdiensten) unterstrukturiert werden, die

Software-Umgebungen umschreiben, welche aus mehreren 'Middleware'-Diensten bestehen und oft auf spezielle Anwendungsbereiche zugeschnitten sind.

9.2   Verwandte Standardisierungsprojekte im Bereich offener verteilter Systeme

Im folgenden wird kurz auf die drei genannten Standardisierungsprojekte zur Unterstützung allgemeiner Dienstkooperationen in heterogenen, offenen verteilten Systemumgebungen eingegangen.

9.2.1 'Open Distributed Processing' (ODP)

Das inzwischen gemeinsam von CCITT (dort früher unter der Bezeichnung *Distributed Application Framework*, DAF) und ISO/SC21 betriebene Standardisierungsprojekt *Open Distributed Processing* (ODP) stellt den derzeit umfassendsten Versuch dar, einen allgemeinen Rahmen ('Basic Reference Model for Open Distributed Processing', RM-ODP, [ISO-ODP]) für die Einordnung und Koordination *aller* Aktivitäten und vergangener und zukünftiger Standardisierungsprojekte zu entwickeln. Das RM-ODP soll dabei nach [ISO-ODP] als gemeinsame Architektur zur Integration der Unterstützung von Verteilung, verteilter Zusammenarbeit, Interoperabilität und Portabilität dienen. Es verwendet dazu Konzepte aus dem Bereich allgemeiner verteilter Systeme und - soweit möglich - auch formale Beschreibungstechniken zur Spezifikation der entsprechenden Architektur.

Im einzelnen ist das ODP-RM in vier verschiedene Teile untergliedert: Der erste ('Overview and Guide to Use of the Reference Model') - als einziger nicht normativ - führt in die verwendeten Konzepte ein. Zunächst wird versucht, ein verteiltes System aus fünf unterschiedlichen "Blickwinkeln" *(ODP-Viewpoints* - siehe Abbildung 9-3) zu sehen und diese dann im einzelnen wie folgt zu beschreiben:

*   Die *Information Projection* stellt auf abstraktester Ebene die Identifikation und Lokalisation von Informationen im verteilten System dar, dazu den Informationsfluß im "Informationsmodell" *(Information Model);* dabei werden jeweils informationstragende und informationsliefernde Elemente unterschieden;

- die *Enterprise Projection* stellt im einzelnen die organisatorischen Strukturen, im System ablaufende Prozeduren etc. auf der Basis einer vollständigen "Systemanalyse" dar;

- die *Engineering Projection* beschreibt - z.B. für den Systementwickler - das verteilte System als Modul-Baukasten mit einzelnen Systemkomponenten wie Programmiersprachen, Datenbanken, sonstige Soft- und Hardware-Ausstattung (inkl. Aspekten wie Performanz, Transparenz, 'Quality of Service' etc.);

- die *Computational Projection* beschreibt - z.B. für den Anwendungsprogrammierer - eine programmorientierte Sicht auf das verteilte System auf der Basis (z.B.) einer Darstellung der Kommunikationsmechanismen und -semantik;

- die *Technological Projection* stellt schließlich - z.B. für Hard- oder Software-Hersteller - ganz konkret die dem verteilten System zugrunde liegende Hardware und Betriebssystembasis dar (inkl. Anforderungen wie etwa für 'Multi-Threading' etc.).

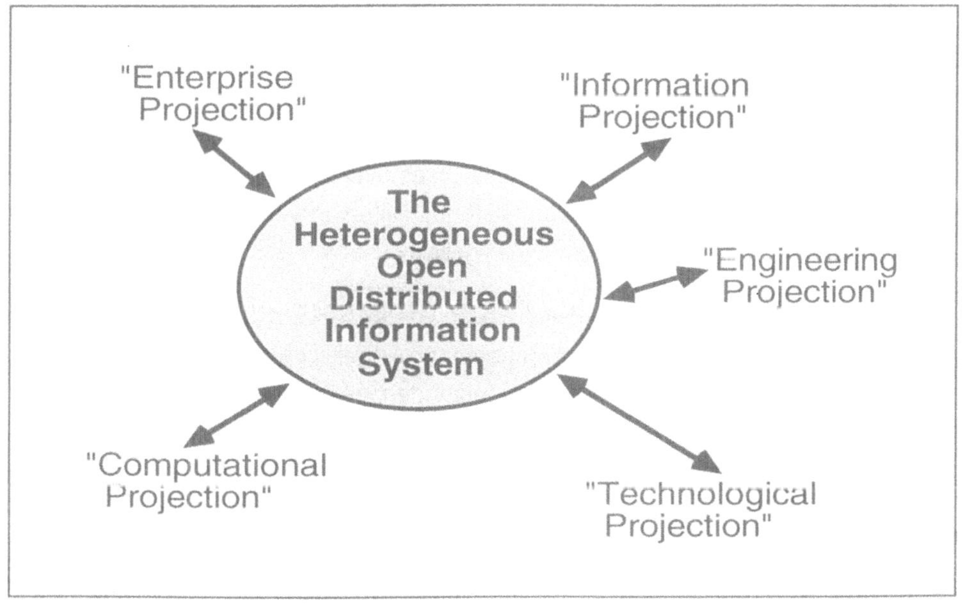

Abb. 9-3: Die fünf ODP-'Viewpoints'

Der zweite Teil des ODP-RM *(Descriptive Model)* definiert - normativ - Konzepte, Rahmen und Notation zur Beschreibung genereller verteilter Systeme. Er stellt dazu die wesentlichen Grundbegriffe zusammen, die zur Beschreibung allgemeiner verteilter Systeme verwendet werden, um eine einheitliche Verwendung dieser Begriffe bei der Beschreibung unterschiedlicher spezieller verteilter Systeme zu ermöglichen. Die hier verwendete Beschreibung der Konzepte ist informal und soll lediglich als Ausgangspunkt für nachfolgende (auch formale) Spezifikationen dienen.

Der dritte Teil des ODP-RM *(Prescriptive Model)* enthält die Spezifikation der notwendigen Eigenschaften, die eine verteilte Verarbeitung als "offen" charakterisieren (wie z.B. der unterschiedlichen "Transparenz"eigenschaften). Er gibt damit - normativ - die Randbedingungen und Einschränkungen vor, die alle ODP-konformen Standards einzuhalten haben und benutzt dazu die Beschreibungstechniken aus dem zweiten Teil des ODP-RM. Im Sinne des 'Computational Model' von ODP werden zur Beschreibung von Objekten, Objekttypen und -eigenschaften auch moderne (d.h. z.B. hierarchische, polymorphe) Typsysteme wie aus [AmCa91] herangezogen.

Der vierte Teil des ODP-RM *(Architectural Semantics)* soll schließlich eine vollständig formale Beschreibung der ODP-Modellierungskonzepte (insbesondere der im zweiten Teil des ODP-RM in den Abschnitten 9 und 10 beschriebenen "organisatorischen Konzepte" und "System- und Objekteigenschaften") durch Spezifikation jedes der dabei verwendeten Konzepte mit Hilfe von verschiedenen standardisierten formalen Beschreibungsverfahren geben.

Während die hier genannten ODP-Aktivitäten von ISO und CCITT noch einen ganz allgemeinen, eher *konzeptionellen* Rahmen zur einheitlichen Beschreibung verteilter Systeme anstreben, zielen die im folgenden genannten Standardisierungsaktivitäten verschiedener industrieller Gruppierungen darauf ab, ganz konkrete *Software-Umgebungen* zur Förderung der Interoperabilität von Anwendungen und Diensten in offenen verteilten Systemen zu verabreden und konkret zu realisieren.

9.2.2 'Object Management Group' (OMG)

Als private Vereinigung führender internationaler Hard- und Software- Hersteller (wie AT&T, DEC, Fujitsu, HP, IBM, ICL, Intel, NEC, Olivetti, Oracle, SNI, Software

AG, Sun, TI, Transarc etc.) hat sich die *Object Management Group* (OMG) seit Anfang der 90er Jahre zum Ziel gesetzt, sich auf wesentliche Systemvoraussetzungen für die Kooperation in offenen verteilten Systemen zu einigen [OMG-COR], [Geih93], [Beye93]. Dazu wurde zunächst eine gemeinsame Sicht auf "Objekte" in offenen verteilten Umgebungen (auf der Basis eines einheitlichen Objektmodells, siehe OMG Doc. Nr. 92.5.1) definiert. Dann wurde der Versuch unternommen, allgemeine und spezielle Software-Schnittstellen sowie generische Unterstützungsfunktionen in derartigen Umgebungen so zu vereinheitlichen, daß verteilte Zusammenarbeit auch unter heterogenen Komponenten möglich und systemtechnisch unterstützbar wird [OMG-OMAG] .

Wichtigster Teilaspekt der OMG-Spezifikationen ist dabei die Definition der Funktionen und Komponenten eines sogenannten *Object Request Brokers* (ORB) im Rahmen der *Common Object Request Broker Architecture* (CORBA) [OMG-COR], [Beye93] (siehe Abbildung 9-4). Ein ORB stellt Mechanismen zur Realisierung der Interoperabilität von Anwendungen zur Verfügung, so daß - innerhalb dieses Rahmens - prinzipiell beliebige Objekte in offenen verteilten Umgebungen - verteilungstransparent - aufgerufen und genutzt werden können.

Als wesentliche Teile enthält dazu die OMG-CORBA-Spezifikation zunächst die Definition eines gemeinsamen *Objektmodells* mit z.B. einfachen und konstruierten, über- und untergeordneten Objekttypen, -werten, -referenzen, -schnittstellen, -operationen, -aufrufen, Attributen, Ausnahmebehandlung etc. Zudem wird ein Kern von Anforderungen beschrieben, den alle Objekte in einer OMG-konformen Umgebung einheitlich erfüllen müssen. Das OMG-Objektmodell definiert eine gemeinsame Objektsemantik zur Beschreibung der nach außen sichtbaren Operationen und Eigenschaften von Objekten *(Object Services)* - unabhängig von deren spezieller Implementierung. Damit soll - zumindest - die Entwurfs- ("Design"-) Interoperabilität von Objekten in heterogenen verteilten Umgebungen ermöglicht werden. ("Quell-" oder gar "Objekt"-Kode-Portabilität auf der Basis einer gemeinsamen *Syntax* von Objektbeschreibungen ist damit nicht gefordert.)

Dazu kommt als zweiter wesentlicher Teil die Spezifikation einer allgemeinen *Interface Definition Language* (IDL), die zur einheitlichen Beschreibung beliebiger Objektschnittstellen und ihrer jeweiligen Parameter dient. Eine IDL-Spezifikation beschreibt solche Schnittstellen mit allen Parametern, wie sie von einem Server irgendwo im Netz zur Verfügung gestellt werden und wie ein Klient sie dann auch lokal aufrufen kann (Näheres dazu siehe in [OMG-COR].)

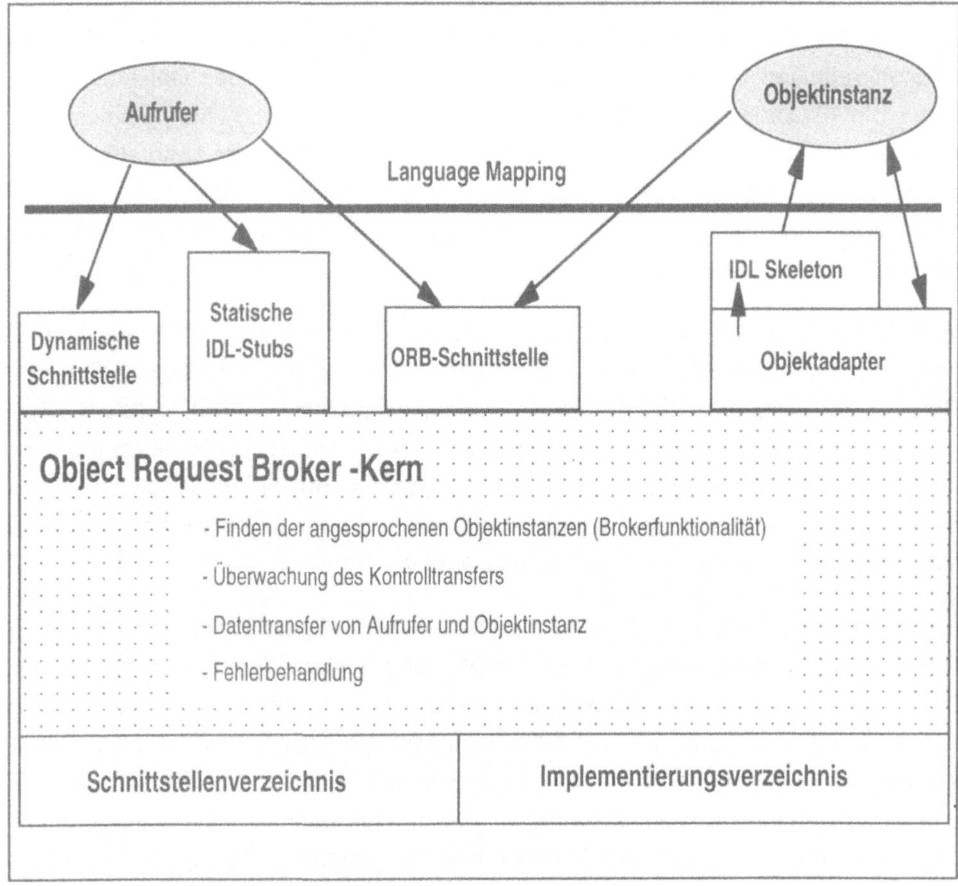

Abb. 9-4:　　OMG ('Object Management Group') CORBA ('Common Object Request Broker Architecture')

Daneben enthält die in Abbildung 9-4 dargestellte CORBA-Architektur noch sogenannte "statische" (für vorab bekannte, d.h. "statisch" typisierte) und "dynamische" (für erst zur Laufzeit konstruierte, d.h. "dynamisch" typisierte) Aufrufe entfernter Objekte. Auf der Seite der OMG-"Objekte" dienen zur Annahme von Aufrufen bzw. zum Übergang von OMG- zu (speziellen) Objekt-Diensten sogenannte 'Object Adapters' und 'IDL Skeletons' (zum Übergang auf die lokal spezifische Programmiersprachumgebung). Schließlich soll ein Schnittstellenverzeichnis *(Interface Repository)* persistente Repräsentationen von (Objekt-) Schnittstellen so verwalten, daß sie zur Laufzeit zu "dynamischen" Aufrufen von vorab nicht bekannten Diensten verwendet werden können. Das Implementierungsverzeichnis *(Implementation Repository)* unterstützt den ORB bei der Lokalisierung von Objektimplementationen sowie von zusätzlichen Angaben dazu (wie z.B. administrative, Ressourcen-Bedarf, Informationen für 'Security', 'Debugging' etc.).

Darüber hinaus beschäftigt sich die OMG auf der Basis spezieller veröffentlichter und vom Mitgliedsfirmen beantworteter 'Requests for Proposals' u.a. mit gemeinsamen Spezifikationen z.B. für eine 'Object Services Architecture' (OMG Doc. Nr. 92.8.4), ein ORB 'Interface Repository', Sprachanbindungen, z.B. für C++ (OMG Doc. Nr. 92-12-11) sowie - später - auch dedizierte 'Object Services' zur Transaktions- und Sicherheitsunterstützung.

9.2.3 'Distributed Computing Environment' (DCE)

Als weitaus konkretestes Angebot einer einheitlichen Systemplattform für die Unterstützung von portablen Implementierungen verteilter Anwendungen in offenen Umgebungen ist derzeit das *Distributed Computing Environment* (DCE) [OSF-DCE], [Schi93a], [BGHMS93], [Schi93b], [Shlr92] der herstellerübergreifenden Vereinigung *Open Software Foundation* (OSF) anzusehen. Die OSF wurde 1988 von Herstellern wie IBM, Digital Equipment, HP, NCR, Data General, Bull etc. sowie Universitäten, Forschungsinstituten, Software-Häusern zur Förderung von Standardisierungsaktivitäten im UNIX-Umfeld gegründet.

DCE hat zum Ziel, eine gemeinsame, herstellerübergreifende Systemplattform für offene verteilte Anwendungen auf der Basis von existierenden Standards und (herstellerspezifischen) Produktangeboten für unterschiedliche Betriebs- und Netzwerkdienste der einzelnen OSF-Hersteller (siehe Abbildung 9-5) zu realisieren. Dazu wurden im Mai 1990 per 'Request of Technology' die ersten OSF- DCE-Komponenten aus insgesamt 29 Software-Produkten ausgewählt (nach Kriterien wie: funktionale Vollständigkeit, klar spezifizierte Kommunikationsprotokolle, ggf. Konformität mit Standards, leichte Integrierbarkeit mit anderen Komponenten, gute Laufzeiteigenschaften, Skalierbarkeit, Portabilität, einfacher Umgang der Komponenten für Anwendungsprogrammierer etc.) .

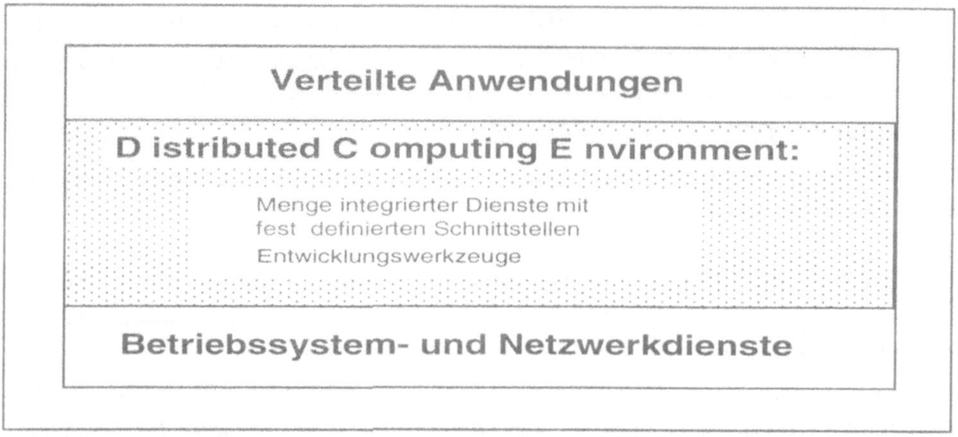

Abb. 9-5:   OSF 'Distributed Computing Environment' (DCE)

Seine praktische Bedeutung bekommt das OSF-DCE vor allem durch die Beteiligung vieler großer, unterschiedlicher Hersteller, seine Implementierung für unterschiedliche Betriebssysteme und Netzwerktechnologien sowie durch den Verzicht auf einheitliche Steuerungs- und Überwachungsumgebung sowie auf globale Entwicklungswerkzeuge.

In seiner ersten Version umfaßt das OSF-DCE die folgenden Teilkomponenten (zur Übersicht siehe Abbildung 9-6, zu Details siehe [OSF-DCE] sowie [Schi93a] und [Schi93b]):

- *Time Service* zur Realisierung einer einheitlichen Zeitbasis für alle an einer offenen verteilten Verarbeitung beteiligten Komponenten,

- *Cell Directory* (CDS) und *Global Directory Service* (GDS) zur Verwaltung von Namen und Zugriffsrechten auf der Basis des entsprechenden CCITT X.500-(Protokoll-) Standards für 'Directories' [ISO-Dir],

- *Security Service* zur Autorisierung und Authentisierung von Teilnehmern an einer verteilten Verarbeitung auf der Basis von 'Kerberos' [SNS88],

- *Distributed File Service* zur einheitlichen Verwaltung von Dateien in offenen verteilten Umgebungen auf der Basis des verteilten 'Andrew'-Dateisystems [HKMN88],

- *Remote Procedure Call* (RPC) zum Aufruf entfernter Prozeduren in offenen verteilten Systemen (inkl. 'Interface Definition Language' und Präsentationsfunktionen),

- *Thread Service* zur effizienten Unterstützung leichtgewichtiger Prozesse mit maximaler Parallelität und schließlich - als mögliche Ergänzung -

- das *ENCINA-Toolkit* als Menge von (Transaktionsmonitor-) Systembausteinen zur Unterstützung der Transaktionsverwaltung in offenen verteilten Umgebungen [Enci92].

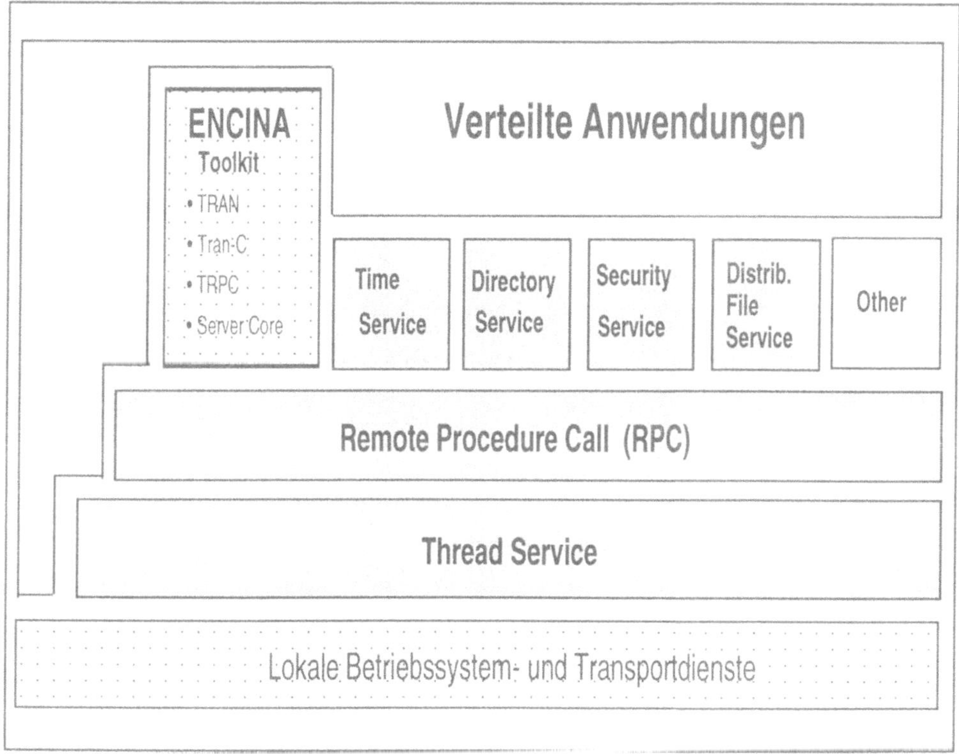

Abb. 9-6:　　OSF 'Distributed Computing Environment' und 'ENCINA Toolkit'

Erste Anfragen *(Requests for Technologies)* für Erweiterungskomponenten wurden u.a. für verteilte Datenbanktechnik, Druckdienste in verteilten Umgebungen, eine integrierte Systemverwaltung *(Distributed Management Environment*, DME) gestellt [BGHMS93].

9.2.4 Integrationsmöglichkeiten

Betrachtet man die OSF DCE-Dienste als einheitliche, herstellerübergreifende Systemplattform für die Realisierung allgemeiner verteilter Anwendungen, dann lassen sie sich auch zur systemübergreifenden Implementierung der von der OMG - vor allem in der Funktionalität des CORBA - geforderten Dienste verwenden. Im Sinne der erwähnten Systemarchitektur von Bernstein ergibt sich daraus eine Verwendung von DCE zur Realisierung einer einheitlichen 'Middleware'-Plattform, die als "ORB-Kern" eine Voraussetzung für portable Implementierungen der übrigen Dienste und Schnittstellen der OMG-Architektur zur Unterstützung von Client/ Server-Anwendungen schafft (siehe Abbildung 9-7).

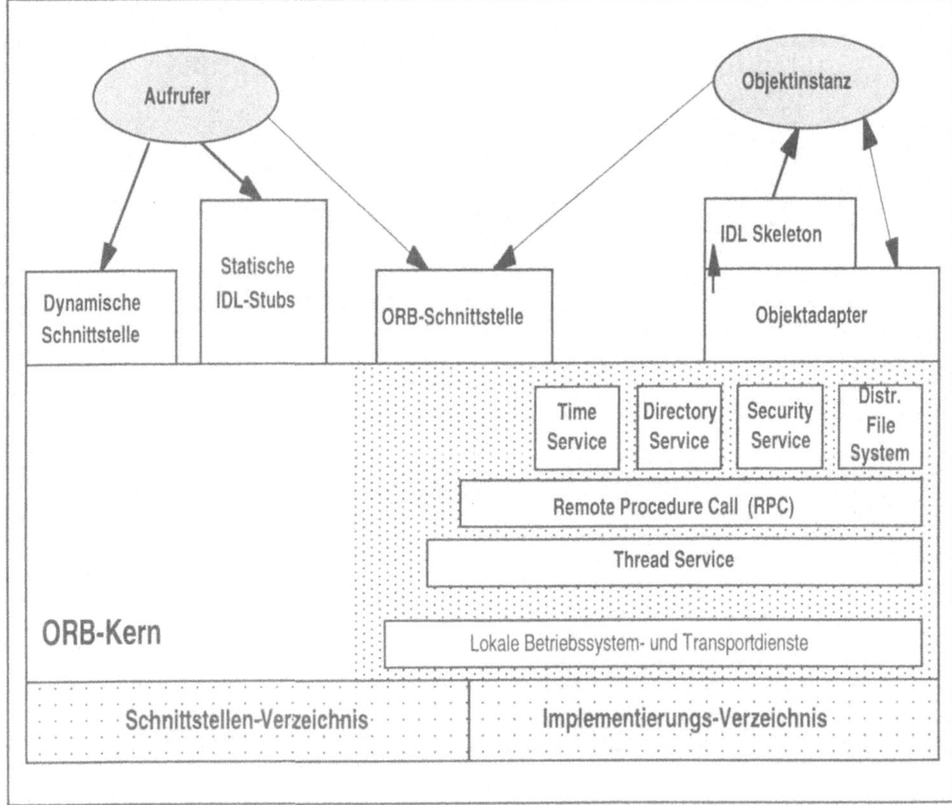

Abb. 9-7:   Integration von OSF-DCE in das ORB-Architekturmodell für heterogene verteilte Systemumgebungen

Eine derartige Implementierung erweitert den CORBA so, daß seine Dienste auf diese Weise auch in *heterogenen* Systemumgebungen einheitlich realisiert werden können. Zusätzlich wäre die Funktionalität des ORB dann noch um Dienste zu ergänzen, die auch eine weiter gehende Dienstevermittlung und -verwaltung, z.B. im Sinne eines 'ODP Traders' (siehe Abschnitt 9.3) ermöglichen.

Generell läßt sich damit auch im Bereich der Systemunterstützung für offene verteilte Systeme die Tendenz feststellen, gut verstandene, "standardisierte" und einheitlich realisierte Systemdienste (wie etwa die der OSF DCE-Komponenten) als Erweiterungen herkömmlicher *Betriebssystemfunktionen* für die Bedürfnisse der - in Zukunft eher die Regel als die Ausnahme darstellenden - verteilten Verarbeitung anzusehen und zu realisieren. Oberhalb dieser erweiterten Betriebssystemdienste ('Middleware') wird dann noch eine Menge speziellerer Hilfsfunktionen und anwendungsspezifischer Dienste benötigt, die sich nach [Bern93] zu *Frameworks* für jeweils unterschiedliche Klassen von ähnlichen Anwendungen zusammenfassen lassen.

Vielleicht wichtigste Aufgabe der Systemdienste der 'Middleware'-Ebene in weltweit verteilten, offenen Client/Server-Umgebungen ist die Unterstützung bei der *Zuordnung* von irgendwo im Netz bereits existierenden Dienstanbietern (Servern) zu den derartige Dienste benötigenden Dienstnachfragern (Klienten). Die dazu notwendige systemtechnische Unterstützung der *Vermittlung und Verwaltung von Diensten* in offenen Systemen soll benutzerfreundlich, flexibel, dynamisch, effizient und in einem (anwendungsabhängig!) vom Klienten definierten Sinne "optimal" erfolgen. Zu den mit der Realisierung derartiger Funktionen zusammenhängenden Fragen faßt abschließend der folgende Abschnitt den aktuellen Stand der Diskussion in Forschung und internationaler Standardisierung - auch am Beispiel eigener Forschungarbeiten zu diesem Thema - zusammen.

9.3 Vermittlung und Verwaltung von Diensten in offenen verteilten Systemen

Die fortschreitende Entwicklung auf dem Gebiet der Kommunikationsnetze ermöglicht nicht nur schnelle und zuverlässige Datenübertragung, sondern prinzipiell auch die *Nutzung* von *entfernten Diensten* über große Distanzen hinweg, d.h. die räumliche Ausdehnung von verteilten Systemen auch über großräumig verteilte offene Rechnerumgebungen. Dadurch entsteht erstmalig ein *offener Markt* von *Diensten*, in dem *Diensterbringer* (Server) dedizierte Dienste (wie z.B. Datenbankdienste) über wohldefinierte *Schnittstellen* einer Vielzahl von externen Anwendungen als *Dienstnehmer* (Klienten) zur Verfügung stellen können - ohne daß diese einander vorab näher "bekannt" sein müssen.

Problematisch ist in diesem Zusammenhang vor allem die Komplexität der Vermittlung und Verwaltung von Diensten in großen, heterogenen und offenen verteilten Umgebungen, d.h. insbesondere die - möglichst optimale - *Dienstauswahl* bei gegebenem Dienstangebot und vorgegebener Dienstnachfrage. Um daher entfernte Dienste in derartigen Umgebungen *effizient* und für die Anwendung *komfortabel* nutzen zu können, müssen Client/Server-Kooperationen von geeigneten Systemdiensten - die auch *Trader-* oder *Broker*-Funktionen genannt werden - angemessen systemtechnisch unterstützt werden. Die Komplexität der dabei anfallenden Probleme beruht u.a. auf der Heterogenität und Offenheit der verwendeten Netze und Diensterbringer sowie der Diskrepanz zwischen möglichst parallel zu unterstützenden *Integrations-* und *Autonomie*anforderungen der beteiligten Knoten.

9.3.1 ISO/ODP-'Trader'

Im Rahmen der internationalen Standardisierung hat sich inzwischen auch die ISO als Teil ihrer Aktivitäten im Bereich des 'Open Distributed Processing' (ODP) [ISO-ODP] damit befaßt, einen Dienst zur Vermittlung zwischen Dienstnachfragern und Dienstanbietern unter der Bezeichnung *ODP-Trader* zu entwerfen und weltweit zu standardisieren [ISO-Trad], [Bear93]. Dabei wird unter *Trading* der Prozeß der dynamischen (d.h. zur Laufzeit durchgeführten) Auswahl von passenden (Server) Dienstangeboten zu einer vorgegebenen (Client) Dienstanfrage verstanden (siehe dazu z.B. auch [SPM94]).

Wie in Abbildung 9-8 dargestellt, geht das von der ISO im Rahmen des ODP zugrunde gelegten Modells des 'Tradings' davon aus, daß zunächst die Dienstanbieter in offenen verteilten Systemen (hier *Exporter* genannt) ihre (Dienst-) Schnittstellen (bzw. Beschreibungen davon) an den 'Trader' exportieren (Schritt 1 in Abbildung 9-9). Ein Dienstnachfrager *(Importer)* kann dann zu einer vorgegebenen Anfrage einen "passenden" Dienst (bzw. dessen Beschreibung) vom 'Trader' importieren (Schritt 2) und dadurch schließlich als Klient eine direkte Bindung zu dem durch den 'Trader' vermittelten Dienstanbieter (Server) eingehen.

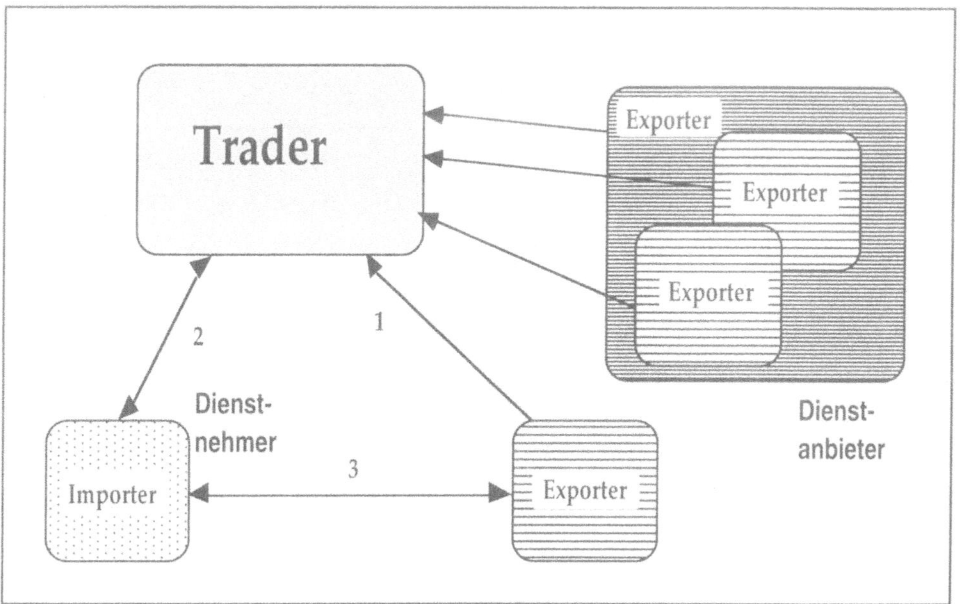

Abb. 9-8:   ISO/ODP-'Trader'

Damit etabliert ISO/ODP den 'Trader' als neuen Basisdienst in verteilten Systemen. [MML94b]. Erweiterungen dieses Modells berücksichtigen darüber hinaus neben "einfachen" auch "komplexe" Diensterbringer (wie "Server-Gruppen", kooperierende Server etc.) sowie Realisierungen von 'Trader'-Funktionen, in denen die 'Trader' selbst auch wiederum verteilt implementiert sind ('master/slave', 'federated') und bei der Lösung ihrer gemeinsamen Aufgabe der Dienstvermittlung koordiniert zusammenwirken. An derartigen Föderationen beteiligte 'Trader' können selbst "heterogen" sein, weitgehend "autonom" bleiben (d.h. jeder kann sein spezifisches 'Directory' haben) und "dynamisch" solchen Föderationen beitreten oder sie wieder verlassen.

Wichtigste und komplizierteste Teilaufgabe innerhalb der vom 'Trader' durchgeführten Dienstvermittlung ist die Auswahl eines "passenden" *Dienstangebotes* für eine vorliegende und hinreichend vollständig spezifizierte Dienstnachfrage auf der

Grundlage jeweiliger *Diensttyp*beschreibungen. Prinzipiell wird dabei in mehreren Stufen wie in Abbildung 9-9 schematisch dargestellt vorgegangen.

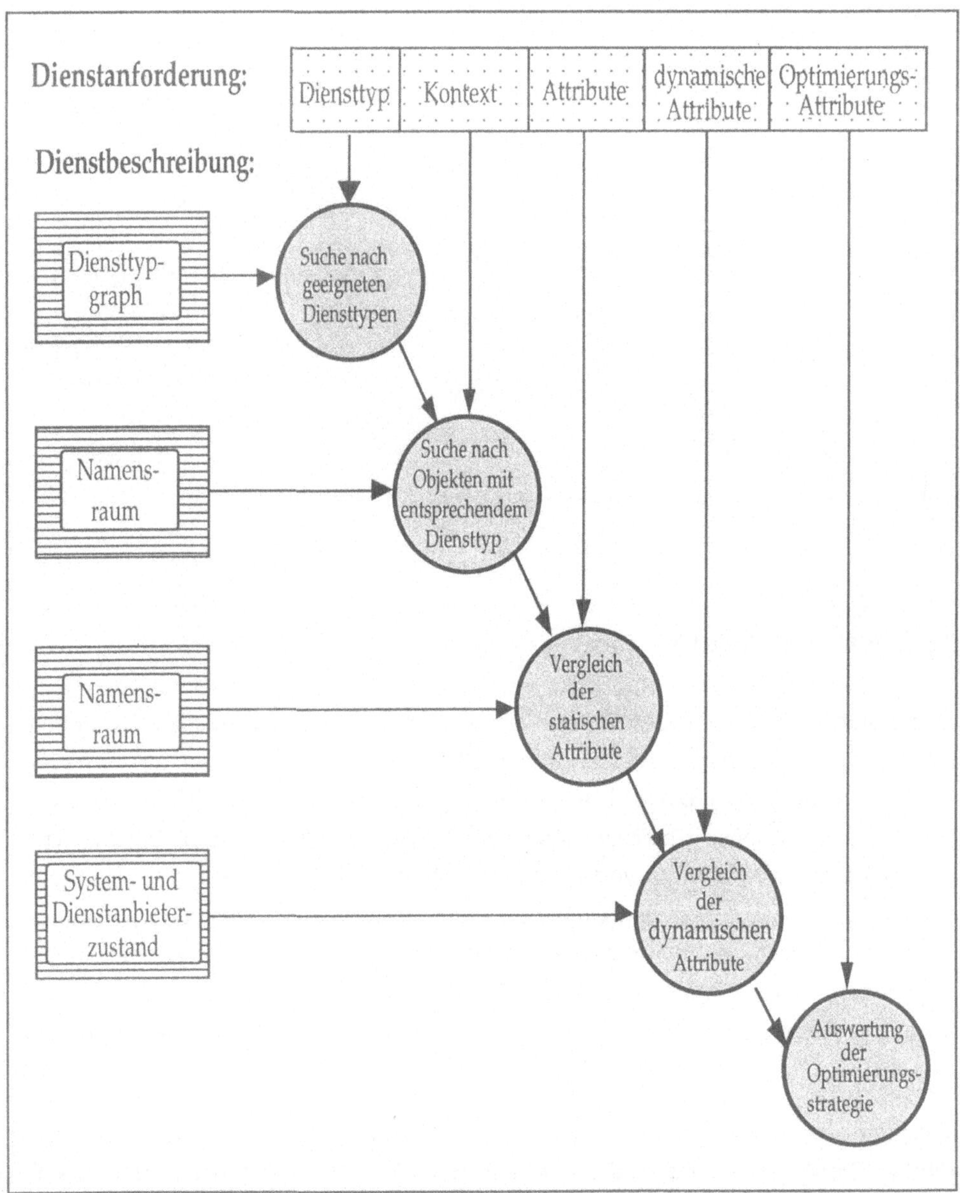

Abb. 9-9:   ODP-'Trader': Auswahl des bestmöglichen Diensterbringers

- Im ersten Schritt sucht der 'Trader' in einem sogenannten *Diensttypgraphen* (in dem alle möglichen Diensttypen mit ihren jeweiligen Sub- bzw. Supertypbeziehungen verzeichnet sind) nach zur Dienstnachfrage "konformen" Dienstangebotstypen,

- dann wird im hierarchischen *Kontextbaum* nach konkreten Objektinstanzen des anfragekonformen Diensttyps gesucht,

- im dritten Schritt bei in Frage kommenden Dienstangeboten ein Abgleich der *statischen Attribute* (die Diensttypen zeitunabhängig näher charakterisieren wie beispielsweise die "Druckauflösung" eines angebotenen Druckdienstes) vorgenommen,

- darauf werden - falls möglich - zusätzliche vorhandene *dynamische Dienstattribute* (wie etwa die "aktuelle Druckerauslastung") ausgewertet

- und schließlich wird - im letzten Schritt der Dienstauswahl - noch nach zusätzlichen *Optimierungskriterien* (wie etwa "der erste mögliche", der "billigste" etc. Dienst) eine letzte Auswahl unter noch verbleibenden "passenden" Dienstangeboten vorgenommen, falls das in dieser Stufe noch notwendig ist.

Das von der ISO im Rahmen des ODP in [ISO-Trad] vorgelegte Modell eines 'Traders' beschränkt sich bisher nur auf eine minimale Grundfunktionalität. Erweiterungen dessen sind zu erwarten und sind Gegenstand von aktuellen Forschungsprojekten und Prototypimplementierungen auf diesem Gebiet - wie z.B. [TWH90], [Mars91], [MaBl92], [Kova92] oder dem abschließend erwähnten Projekt COSM/ TRADE.

9.3.2 Das Forschungsprojekt COSM/TRADE

Auch für die abschließend erwähnten Arbeiten des Forschungsprojektes *COSM/ TRADE* [MML94a] bildet die zunehmende Globalisierung (d.h. weltweite Öffnung) des "Marktes" von (Soft- und Hardware-) Diensten die wesentliche Voraussetzung und Grundlage. In einem derartigen, weltweit verteilten, offenen Dienstemarkt haben einzelne Dienstnehmer prinzipiell die Möglichkeit, auf eine Vielzahl von verschiedenen, zumeist entfernten Diensten zuzugreifen und unter diesen einen oder mehrere zur effizienten Lösung lokaler Probleme geeignete auszuwählen. Bei diesen Kooperationsformen stellen einerseits Diensterbringer (Server) dedizierte *Dienste* (wie z.B. Datenbankdienste) über wohldefinierte *Schnittstellen* einer Vielzahl von externen Anwendungen zur Verfügung. Andererseits können Dienstnehmer (Klienten) aus einer Vielzahl verschiedenartiger Dienstangebote ihre Auswahl treffen und entsprechende Dienste dann lokal für ihre jeweils unterschiedlichen Zwecke nutzen. Dabei können den Dienstnehmern derartige Dienste entweder - zumindest in ihren wesentlichen Eigenschaften - bereits *bekannt* (als bereits "klassifizierte" oder "standardisierte" Dienste) oder auch noch *unbekannt* sein (als sogenannte "unklassifizierte" Dienste).

Die im COSM/TRADE-Projekt entwickelte *anwendungs- und systemtechnische Unterstützung* eines offenen Dienstmarktes hat zum Ziel, die *prinzipiellen* Möglichkeiten der Nutzung externer Dienste in offenen verteilten Systemen für verteilte Anwendungsprogramme auch *tatsächlich* mit vertretbarem Aufwand den Klienten (d.h. den verteilten Anwendungsprogrammen) lokal verfügbar zu machen. Dabei werden grundsätzlich zwei unterschiedliche Teilziele verfolgt, die in der Praxis oft miteinander im Wettstreit stehen: Einerseits sollen die *Diensttypen* und der Zugriff auf beliebige, vorab bekannte (klassifizierte) Dienste einheitlich *standardisiert* werden, um einen möglichst hohen Grad an *Wiederverwendbarkeit* und *Interoperabilität* zu erzielen; andererseits liegt jedoch gerade auch in der *Individualität* nicht standardisierter (unklassifizierter) Dienstangebote für viele Dienstbetreiber ein wichtiger Anreiz, ihre Dienste in derartigen Märkten (z. B. kommerziell) anzubieten. So läßt sich für eine generische systemtechnische Unterstützung zur Integration von verteilten Diensten in offenen Informationssystemen (z.B. in Hinblick auf Zugriffsprotokolle und Schnittstellenbeschreibungen von Diensten) einerseits die Forderung nach *individuellen, anwendungsnahen* (z.B. dynamischen und interaktiven) *Systemdiensten* zur Vermittlung von beliebigen *unklassifizierten* Diensten in offenen Dienstemärkten ableiten. Andererseits ist aber auch eine weitgehend *generalisierter* Systemunterstützung zur Spezifikation, Verwaltung, Vermittlung und Kontrolle von Dienstangeboten mit bereits bekannten, *klassifizierten* Diensttypen erforderlich.

Angestrebt werden Unterstützungsmechanismen für eine die lokale Autonomie wahrende *Integration* von Diensten in heterogenen und offenen verteilten Umgebungen. Eine wesentliche Basis dafür bilden - oft noch zu realisierende - einheitliche (Datenbank- u.a.) Sprach- und Systemschnittstellen, Kommunikationsprotokolle sowie geeignete systemtechnische Werkzeuge. Die beiden Teilprojekte *COSM* und *TRADE* beschäftigen sich dementsprechend gemeinsam - aber auf jeweils unterschiedlicher Ebene - mit dem Entwurf und der prototypischen Realisierung einer anwendungs- und systemtechnischen Unterstützung zur Integration verteilter Dienste in offenen verteilten Systemen. Dabei werden einerseits im Teilprojekt *COSM* ('Common Open Service Market') [MeLa93], [MeLa94] *anwendungsnahe* Unterstützungsmechanismen für einen *offenen Dienstemarkt*, andererseits im Teilprojekt *TRADE* ('TRAding and CoorDination Environment') [MJM94] *systemnahe* Unterstützungsmechanismen für Vermittlung, Verwaltung und Kontrolle *standardisierter Dienste* in offenen verteilten Anwendungen untersucht, prototypisch entwickelt und erprobt.

Wie in Abbildung 9-10 schematisch dargestellt, können die COSM/ TRADE-Systemdienste als 'Framework' im Sinne der o.a. Systemarchitektur nach Bernstein [Bern93] verstanden werden, d.h. als spezifische Systemunterstützung für eine bestimmte Klasse von (offenen Client/ Server-) Anwendungen, die sich der darunter liegenden allgemeinen (erweiterten Betriebs-) Systemdienste (wie z.B. OSF DCE, verschiedenartigen Betriebssystemplattformen, Kommunikationsunterstützung etc.) bedient.

Wie aus Abbildung 9-10 zu ersehen, kann dieser 'COSM/TRADE Framework' einerseits in eine Teilmenge (innerhalb dieses 'Frameworks') "elementarer" Systemdienste untergliedert werden, deren Realisierung im Teilprojekt TRADE adressiert wird. Andererseits enthält der 'COSM/TRADE Framework' eine Menge von "benutzer- und anwendungsnahen" Diensten, deren Realisierung Gegenstand des Teilprojektes COSM ist.

Im folgenden wird abschließend auf die jeweiligen Ziele beider Teilprojekte näher eingegangen.

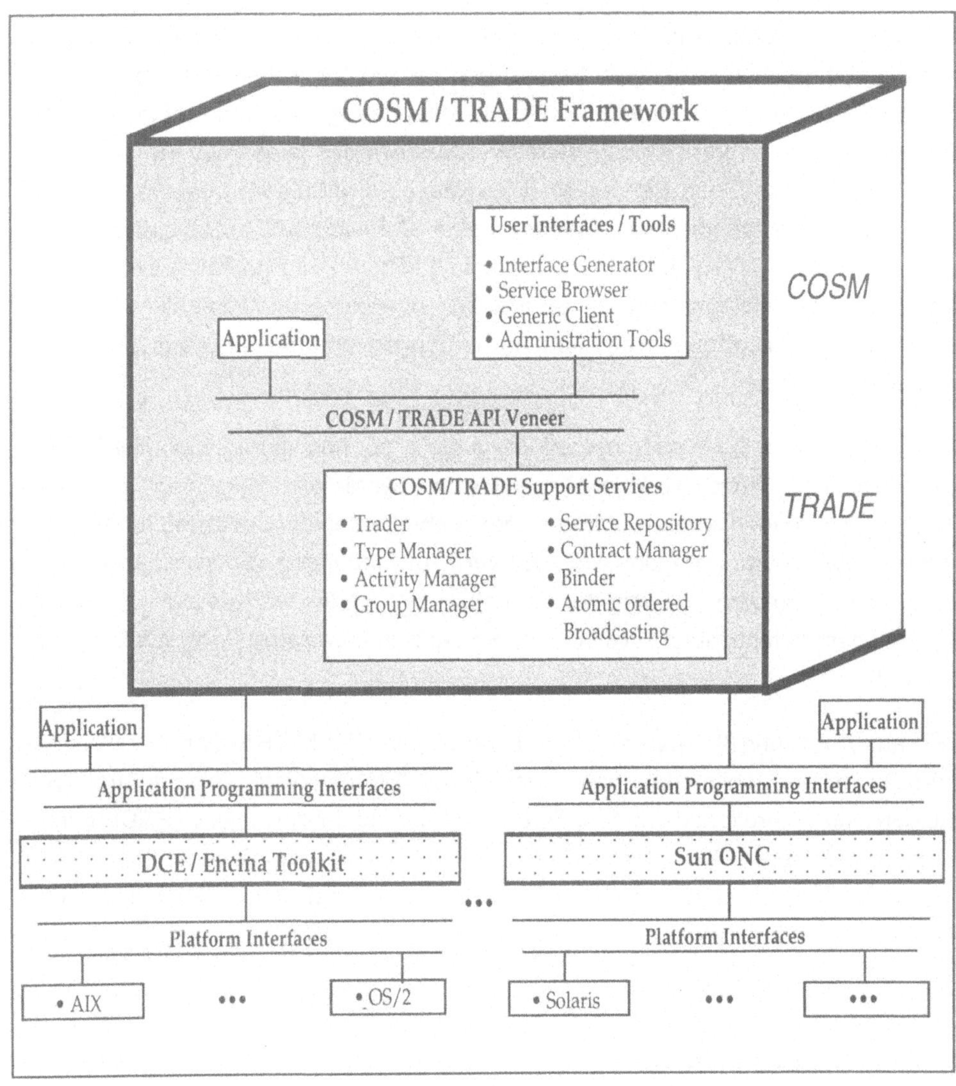

Abb. 9-10: Überblick über die COSM/TRADE-Architektur

9.3.2.1 'Common Open Service Market' (COSM)

Im Teilprojekt COSM steht zunächst die Unterstützung *unklassifizierter Dienste* im Vordergrund, d.h. von Diensten, die bezüglich ihrer Schnittstelle und Diensteigenschaften noch nicht allgemein bekannt und durch ein normiertes Klassifikationsschema ("Diensttyp") erfaßt sind. Aus diesem Grunde ist hier der *menschliche Be-*

nutzer interaktiv als bewertende Instanz eng in den Prozeß der Dienstauswahl und des Zugriffs auf derartige Dienste eingebunden. Somit erfordern unklassifizierte Dienste auch spezifische Werkzeuge zur Unterstützung der Dienstvermittlung durch *Interaktion*. Diese Unterstützung besteht u.a. in einer möglichst umfassenden *generischen Repräsentation* für Dienstbeschreibungen, welche zudem noch durch zusätzliche spezielle Dienstbeschreibungen individueller Dienstanbieter erweitert werden können. Dienstnachfragende Anwendungen können diese Informationen nutzen, um dedizierte Angaben über Eigenheiten entfernter Dienste zu erlangen und so den menschlichen Benutzer bei der Nutzung der externen Dienste in offenen verteilten Systemen bestmöglich zu unterstützen (z.B. bei der *automatischen* Generierung von grafischen Benutzeroberflächen für die Nutzung derartiger Dienste, wie in [MeLa93] beschrieben). Auf diese Weise wird die erforderliche Flexibilität beim Anbieten von Diensten und beim Zugriff auf diese in dem Maß erreicht, das für einen *offenen* Dienstemarkt erforderlich und angemessen ist.

Weiterhin sind im Teilprojekt COSM die folgenden Probleme der Modellierung und systemtechnischen Umsetzung eines offenen Dienstemarktes von Interesse: die Gewährleistung der *Typsicherheit* beim Zugriff auf entfernte Dienste, die Entwicklung von *Repräsentationsformen* zur Laufzeit für Dienstbeschreibungen als Objekte erster Klasse, die Festlegung eines geeigneten *Formalisierungsgrades* von Dienstspezifikationen, eine adäquate Unterstützung des *menschlichen Benutzers* bei der Suche und dem Zugriff auf diese Dienste sowie die Schaffung von *Rechtsverbindlichkeit* bei der Nutzung entfernter Dienste. Ferner sind *ökonomische Grundmechanismen* der Koordination von Dienstangeboten und -nachfragen von besonderer Bedeutung für die Modellierung eines offenen Dienstemarktes.

9.3.2.2 'TRAding and CoorDination Environment' (TRADE)

Im Teilprojekt TRADE steht die Unterstützung *klassifizierter Dienste* im Vordergrund, d.h. die Unterstützung von Diensten, die bezüglich ihres Diensttyps und ihrer Diensteigenschaften bereits durch ein normiertes Klassifikationsschema erfaßt (d.h. *standardisiert)* worden sind. Eine derartige Standardisierung von Diensten und ihren Schnittstellen vereinfacht den Zugang zu ihnen und ermöglicht auch einen hohen Grad an *Wiederverwendbarkeit* und so signifikante Kosten- und Zeitersparnisse bei der Software-Entwicklung unter Verwendung bereits existierender (evtl. entfernter) Grundfunktionen. Grundlegend für eine solche Standardisierung ist eine adäquate *Formalisierung des Dienstbegriffs* auf der Basis eines dienst-spezifischen *Objektmodells*.

Zur effizienten *Kontrolle* von verteilten Diensten in offenen Umgebungen wird darüber hinaus eine *Verwaltungskomponente* benötigt, die sowohl (einzelne und auch Gruppen von Diensten in offenen Umgebungen koordiniert als auch Dienstnehmer bei der Auswahl geeigneter Diensterbringer unterstützt. Auch diese Aufgabe kann in zukünftigen verteilten Systemen durch die oben beschriebene *Trader*-Funktion übernommen werden, die einerseits Dienstangebote von Diensterbringern verwaltet und andererseits Dienstnehmern effiziente Vermittlungsmechanismen von geeigneten Diensterbringern anbietet.

Weitergehende Aufgaben einer solchen Verwaltungskomponente auf der Basis erweiterter 'Trader'-Funktionen sollen neben Dienstverwaltung und Dienstvermittlung zukünftig auch in der verteilten *Dienst- und Ablaufskontrolle* von (aus evtl. verteilten Teildiensten) zusammengesetzten Diensten bestehen: Komplexe Anwendungsvorgänge werden oft nicht durch einzelne Diensterbringer erbracht, sondern werden durch eine Vielzahl miteinander kooperierender, einzelner oder wiederum zusammengesetzter Diensterbringer realisiert. Zur Unterstützung derartiger verteilter Arbeitsabläufe kann ein erweiterter 'Trader' auch Kontrollfunktionen zur Steuerung des Kontrollflusses des Anwendungsvorganges bereitstellen. Zur Kontrolle komplexer Arbeitsabläufe unter Einbeziehung verschiedenartiger Diensterbringer durch Komponenten, die als erweiterte TP-Monitore oder *Workflow Management*-Funktionen (siehe dazu z.B. [Rein93]) bezeichnet werden, sollen deshalb geeignete *Kooperationsmechanismen* u.a auch vom 'Trader' realisiert und den Dienstnehmern zur Verfügung gestellt werden. Auch die dazu notwendigen Funktionen einer systemtechnischen Unterstützung zusammengesetzter verteilter Anwendungen in offenen Systemen sind Untersuchungsgegenstand der Arbeiten des Teilprojektes TRADE.

Eine wichtige Forderung an die *Implementierung* von 'Trader'-Architekturen als Grundbausteine einer systemtechnischen Unterstützung verteilter Systeme ist schließlich die Verwendung weitgehend *standardisierter* Entwicklungsbausteine, wie sie z.B. durch OSF-DCE und das transaktionsunterstützende 'Encina-Toolkit' (s.o.) inzwischen herstellerübergreifend bereitgestellt werden, um so einen möglichst hohen Grad an Plattformunabhängigkeit der gesamten 'Trader'-Architektur zu erreichen. Ein Prototyp eines erweiterten 'Traders' wurde deshalb im Rahmen dieses Teilprojektes auf der Basis eines dienst- bzw. 'Trading'-spezifischen Objektmodells entworfen und mit Hilfe von von OSF-DCE-Komponenten implementiert.

Zukünftig ist auch die syntaktische Integration von 'Trader'-Funktionen in eine integrierte verteilte *Programmierumgebung* vorstellbar. So wird eine komfortable Entwicklung von verteilten Anwendungen durch weitgehende Nutzung bereits existierender lokaler sowie entfernter Dienste in einer einheitlichen Umgebung effizient und wenig fehleranfällig möglich. Wichtig für eine solche Programmierumgebung ist vor allem ein ausdrucksstarkes, modernes *Typsystem* mit Eigenschaften wie strenger Typisierung, flexiblem Polymorphiekonzept, generischen Typen etc., wie z.B. in [Tolk93], [AmCard92], [Card89] oder [Matt93], [ScMa93] vorgeschlagen. In einer derartigen Programmierumgebung können möglichst viele Aspekte eines zentralen *Diensttypbegriffs* des 'Trading'-spezifischen Objektmodells direkt in entsprechende hochsprachliche Programmiersprachkonstrukte abgebildet werden. Dadurch werden sowohl die automatische Dienstauswahl ('Trading') als auch der interaktive Zugriff auf entfernte, zum Diensttyp "konforme" Dienste ('Broking') - systemtechnisch unterstützt - *typsicher* realisierbar.

10 Literaturverzeichnis

[AmCa91]   R. Amadio, L. Cardelli: "Subtyping Recursive Types", Proc. 18th ACM Symposium on Principles of Programming Languages", 1991

[Bear93]   M. Y. Bearman: "ODP - Trader", Proc. 'International Conference on Open Distributed Processing' (ICODP'93), J. de Meer/B. Mahr/O. Spaniol (Hrsg.), Elsevier Science Publishers B.V. (North-Holland), Amsterdam London New York Tokyo, 1993

[Bern90]   P.A. Bernstein: "Transaction Processing Monitors", Communications of the ACM, vol. 33, no. 11, 1990, pp. 75-86

[Bern93]   P.A. Bernstein: "Middleware: An Architecture for Distributed System Services", Technical Report CRL 93/6, Digital Equipment Co., Cambridge Research Laboratory, Cambridge, Mass., USA

[Beye93]   T. Beyer: "CORBA - OMG-Standard für verteilte Objekte", IX Multiuser Multitasking Magazin, no. 2, Feb. 1993, pp. 24-33

[BGHMS93]   M. Bever, K. Geihs, L. Heuser, M. Mühlhäuser, A. Schill: "Distributed Systems: DCE and Beyond", in: [Schi93b], pp. 1-20

[BHG87]   P.A. Bernstein, V. Hadzilacos, N. Goodman: "Concurrency Control and Recovery in Database Systems", Addison Wesley Publishing Company, Reading, MA, USA, 1987

[BiNe84]   A.D. Birell, B.J. Nelson: "Implementing Remote Procedures Calls", ACM Transactions on Computer Systems, vol. 2, no. 1, Februar 1984, pp. 47-76.

[BLNS82]   A.D. Birrel, R. Levin, R.M. Needham, M. Schroeder: "Grapewine: An Exercise in Distributed Computing", Comm. of the ACM, no. 25, 1982, pp. 250-273

[Card89]   L. Cardolli: "Typeful Programming", DEC SRC Research Report no. 45, Palo Alto, CA, USA, 1989

[Chen93]   G. Chen: "OSI Distributed Transaction Processing & X/Open DTP Standards", Centre for Information Technology Research, The University of Queensland, Australia, 1993

[CePe87]   S. Ceri, G. Pelagatti: "Distributed Databases, Principles and Systems", McGraw Hill, 1987

[CoDo88]   G.F. Coulouris, J. Dollimore: "Distributed Systems: Concepts and Design", Addison-Wesley Publishing Company, 1988

[Corb90]   J.R. Corbin: "The Art of Distributed Applications: Programming Techniques for Remote Procedure Calls", Sun Technical Reference Library, Springer-Verlag, New York, 1990

[Date90]   C.J. Date: "An Introduction to Database Systems", 5th Ed., Addison Wesley Publishg Co., Menlo Park, CA, USA, 1990

[Davi88]   J. Davidson: "An Introduction to TCP/IP", Springer-Verlag, New York, 1988

[DEC-ACMS]   "DEC-ACMS, Introduction", AA-LD79C-TE, Digital Equipment Corporation, Littleton, MA, USA, 1991

[DRU90]   J. Dinger, K. Rothermel, K. Urbschat: "ECSE: An Efficient Environment for Layered Communication Protocols", Proc. Second IEEE Workshop on Future Trends of Distributed Computing Systems, Kairo, Ägypten, IEEE Computer Society Press, Los Alamitos, CA, USA, pp. 305-314

[Effe87]   W. Effelsberg: "Datenbankzugriff in Rechnernetzen", Informationstechnik (IT): Computer, Systeme, Anwendungen', Band 29, Nr. 3/ 1987, Oldenbourg-Verlag, München, 1987, pp. 140-153

[Elma92]   A. K. Elmagarmid (Hrsg.): "Database Transaction Models", Morgan Kaufman Publishers, San Mateo, CA, USA, 1992

[ELRS86]   H. Eckhardt, W. Lamersdorf, K. Reinhardt, J.W. Schmidt: "Datenbankprogrammierung in Rechnernetzen", Proc. Fachgespräch 'Datenbanken in Netzen' der 16. GI-Jahrestagung, Berlin, G. Hommel, S. Schindler (Hrsg.), Band I, Informatik-Fachberichte, Band 126, Springer-Verlag, Berlin Heidelberg New York Tokyo, Oktober 1986, pp. 602-616

[Enci92]   "Encina Transaction Processing System", Transarc Corp., Pittsburg, pA; USA,, 1992

[Geih93]   K. Geihs: "OMG Object Request Broker", Praxis der Information und Kommunikation, K.G. Saur-Verlag, München, Band 15, Nr. 4, Dezember 1992

[GJLRS88]   L. Ge, W. Johannsen, W. Lamersdorf, K. Reinhardt, J.W. Schmidt: "Database Application Support in Open Systems: Language Concepts and Implementation Architectures", Proc. 4th Conference on Data Engineering, Los Angeles, CA, USA, Februar 1988, pp. 556-563

[Gotz93]   R. Gotzhein: "Open Distributed Systems", Verlag Vieweg, Braunschweig/Wiesbaden, 1993

[Gray81]   J. Gray: "The Transaction Concept: Virtues and Limitation", Proc. 7th International Conference on Very Large Databases (VLDB), 1981, pp. 44-154

[GrRe93]   J. Gray, A. Reuter: "Transaction Processing: Concepts and Techniques", Morgan Kaufmann, San Mateo, CA, USA, 1993

[HäRe83]   T. Härder, A. Reuter: "Principles of Transaction-Oriented Database Recovery", ACM Computing Surveys, vol. 15. no. 4, 1983, pp. 287-317

[HeHo89]   R.G. Herrtwich, G. Hommel: "Kooperation und Konkurrenz", Springer-Verlag, Heidelberg, 1989

[HeLe85]   D. Heimbigner, D. McLeod: "Federated Architecture for Information Management", ACM Transaction on Office Information Systems, vol. 3, no. 3, Juli 1985, pp. 253-278

[HKMN88]   J. Howard, M. Kazar, S. Menees, D. Nichols, M. Satayanarayanan, R. Sidebotham, M. West: "Scale and Performance in a Distributed File System, ACM Trans. on Computer Systems, vol. 6, no. 1, Feb. 1988, pp. 51-81

[IBM-CICS]   "Customer Information Control System (CICS), General information", IBM Corporation, GC33-0155, Hursley Park, Hampshire, England,1991

[IBM-DB2]   "Database 2 AIX/6000 (DB2): Call Level Interface Guide and Reference", IBM Corporation, SC09-1626-00, First Edition, North York, Ontario, Canada, 1993

[IBM-DDM]   "Distributed Data Managerment Architecture (DDM), General Information/Reference", IBM Corporation, GC21-9527/SC21-9526, San Jose, CA, USA

[IBM-DRDA]   "Distributed Relational Database Architecture (DRDA), Reference", IBM Corporation, SC26-4651-01, San Jose, CA, USA

[IBM-FD]   "Formatted Data Object Content Architecture (FD:OCA), Reference", IBM Corporation, SC31-6806, San Jose, CA, USA

[IBM-LU62]   "SNA Transaction Programmer's Reference Manual for LU Type 6.2", IBM Corporation, GC30-3084, Research Triangle Park, NC, USA, 1991

[IBM-SAA]   "Systems Application Architecture (SAA), Technical Overview", IBM Corporation, GC30-3073, San Jose, CA, USA, 1991

[IBM-SNA]   "Systems Network Architecture (SNA), Logical Unit 6.2 (LU6.2)", IBM Corporation, GC30-3084, Research Triangle Park, NC, USA, 1991

[IBR93]   J. Indulska, M. Bearman, K. Raymond: "A Type Management System for an ODP Trader", Proc. 'International Conference on Open Distributed Processing' (ICODP '93), J. de Meer/ B. Mahr/ O. Spaniol (Hrsg.), Elsevier Science Publishers B.V. (North-Holland), Amsterdam London New York Tokyo, 1993

[ISO-ACSE] "Service Definition and Protocol Specification for the Association Control Service Element" (ACSE), International Organization for Standardization, Information Technology, Open Systems Interconnection, International Standards 8649/50, ISO/IEC JTC1/SC21, 1988

[ISO-ALS] "Application Layer Structure" (ALS), International Organization for Standardization, Information Technology, Open Systems Interconnection, International Standard 9545, ISO/IEC JTC1/SC21, 1990

[ISO-ASN] "Specification of Abstract Syntax Notation One" (ASN.1), International Organization for Standardization, Information Technology, Open Systems Interconnection, International Standard 8824, ISO/IEC JTC1/SC21,1990

[ISO-BER] "Specification of ASN.1-Encoding Rules", International Organization for Standardization, Information Technology, Open Systems Interconnection, International Standard 8825, ISO/IEC JTC1/ SC21,1993

[ISO-BRM] "Basic Reference Reference Model" (BRM), International Organization for Standardization, Information Technology, Open Systems Interconnection, International Standard 7498, ISO/IEC JTC1/SC21, 1984 (Part 3: Naming and Addressing, 1989)

[ISO-CCR] "Service Definition and Protocol Specification for the Commitment, Concurrency and Recovery Service Element" (CCR), International Organization for Standardization, Information Technology, Open Systems Interconnection, International Standards 9804/5, ISO/IEC JTC1/SC21, 1990

[ISO-CLI] "Database Language SQL - Part 3: Call Level Interface" (SQL/CLI), International Organization for Standardization, Information Technology, Committee Draft 9075-3, ISO/IEC JTC1/SC21/WG3 N8436, 1994

[ISO-Dir] "The Directory", International Organization for Standardization, Information Technology, Open Systems Interconnection, International Standard 9594, ISO/IEC JTC1/SC21, 1988

[ISO-ETr] "Database Language SQL - Part W: Encompassing Transactions", International Organization for Standardization, Information Technology, Committee Draft 9075-W, ISO/IEC JTC1/SC21/WG3, Doc. N1690, 1994

[ISO-Man] "OSI - Systems Management Overview", International Organization for Standardization, Information Technology, Open Systems Interconnection, International Standard 10040, ISO/IEC JTC1/SC21, 1991

[ISO-ODP]   "Basic Reference Model of Open Distributed Processing": Part 1:
             'Overview and Guide to Use of the Reference Model', Part 2: 'De-
             scriptive Model', Part 3: 'Prescriptive Model', Part 4: 'Archtectural
             Sematics', International Organization for Standardization, Informa-
             tion Technology, Comittee Draft 10746, ISO/IEC JTC1/SC21/WG7,
             1993

[ISO-PSM]   "Database Language SQL - Part 4: Persistent Stored Modules"
             (SQL/PSM), International Organization for Standardization, Infor-
             mation Technology, Committee Draft 9075-4, ISO/IEC JTC1/SC21/
             WG3, 1994

[ISO-RDA]   [ISO-RDAa] (Teil 1) und [ISO-RDAb] (Teil 2)

[ISO-RDAa]   "Remote Database Access (RDA) - Service and Protocol", Internati-
             onal Organization for Standardization, Information Technology,
             Open Systems Interconnection, International Standard 9579-1,
             ISO/IEC JTC1/SC21, 1993

[ISO-RDAb]   "Remote Database Access (RDA) - SQL Specialization", Internatio-
             nal Organization for Standardization, Information Technology, Open
             Systems Interconnection, International Standard 9579-2, ISO/IEC
             JTC1/SC21, 1993

[ISO-RDAc]   PDAM 1 for "Remote Database Access - Part 2: SQL Specializa-
             tion", Information Processing Systems - Open Systems Intercon-
             nection, Proposed Draft Amendment #1 for 9579-2, Working Draft
             #2, ISO/IEC JTC1/SC21/WG3, 1993

[ISO-RMDM]   "Reference Model for Data Management" (RMDM), International Or-
             ganization for Standardization, Information Technology, Open Sy-
             stems Interconnection, International Standard 10032, ISO/IEC
             JTC1/ SC21, 1992

[ISO-ROSE]   "Remote Operations: Part1: Model, Notation and Service Definition,
             Part 2: Protocol Specification" (ROSE), International Organization
             for Standardization, Information Technology, Open Systems Inter-
             connection, International Standards 9071/2, ISO/IEC JTC1/SC21,
             1989

[ISO-SQL]   "Database Language SQL", International Organization for Standar-
             dization, Information Technology, International Standard 9075, ISO/
             IEC JTC1/SC21, 1989 ("SQL2": 1992)

[ISO-TP]   "Distributed Transaction Processing (TP): Parts 1/2/3: Model/ Ser-
             vice/ Protocol", International Organization for Standardization, In-
             formation Technology, Open Systems Interconnection, International
             Standards 10026-1/2/3, ISO/IEC JTC1/SC21, 1992

[ISO-Trad]   "ODP Trader", International Organization for Standardization, Infor-
             mation Technology, Working Document on Topic 9.1, N 8192, ISO/
             IEC JTC1/SC21/WG7, 1993

[JaAg90]   B. Jain, A. Agrawala: "Open Systems Interconnection, Its Architecture and Protocols", Elsevier Science Publ. B.V. (North-Holland), Amsterdam London New York Tokyo, 1990

[Jabl90]   S. Jablonski: "Datenverwaltung in verteilten Systemen: Grundlagen und Lösungskonzepte", Informatik-Fachberichte, Band 233, Springer-Verlag, New York Berlin Heidelberg, 1990

[JoLa90]   W. Johannsen, W. Lamersdorf: "An Open Systems Architecture for Transaction Supported Distributed Database Applications", Proc. Second IEEE Workshop on Future Trends of Distributed Computing Systems, Kairo, Ägypten, IEEE Computer Society Press, Los Alamitos, CA, USA, 1990

[KaTa91]   M.F. Kaashoek, A.S: Tanenbaum: "Group Communication in the Amoeba Distributed Operating System", Proc. 11th Int. Conf. on Distributed Computing Systems, Arlington, TX, USA, IEEE Computer Society Press, Los Alamitos, CA, USA, pp. 222-230

[Kova92]   E. Kovacs: "Effizienter Zugriff auf dynamische Information im MELODY-Trader", Interner Bericht, Universität Stuttgart, IPVR, 1992

[Lame90]   W. Lamersdorf: "Data-Intensive Applications in Open Networks: Extending the Modelling, Programming, and Communication Support", in: A M. Tjoa, R.R. Wagner (Hrsg.): 'Database and Expert Systems Applications', Proc. Intern. Conf. DEXA90, Wien, Österreich, Springer-Verlag, Wien New York, 1990, pp. 138-145

[Lame94]   W. Lamersdorf (Hrsg.): "Systemtechnische Unterstützung verteilter Multimedia-Anwendungen", gemeinsames Fachgespräch der GI-Fachgruppen 'Datenbanken', 'Betriebssysteme' und 'Kommunikation und Verteilte Systeme', in: B. Wolfinger (Hrsg.): 'Innovationen bei Rechen- und Kommunikationssystemen', Proc. 24. GI-Jahrestagung/13.IFIP-Weltkongreß, Informatik-Aktuell, Springer-Verlag, Berlin Heidelberg ,1994, pp. 151-241

[LaNe78]   H.C. Lauer, R.M. Needham: "On th Duality of Operating System Structures", Proc. 2nd Intern. Symp. on Operating Systems, INRIA, 1978; Reprint in: ACM Operating Systems Review, vol. 13, April 1979, pp. 3-14

[LCN90]   L. Liang, S.T. Chanson, G.W. Neufeld: "Process Groups and Group Communications", IEEE Computer, vol. 23, no. 2, Feb. 1990, pp. 56-66

[Lind83]   B. Lindsay et al.: "Computation and Communication in R*: A Distributed Database Manager", ACM Transactions on Computer Systems, vol. 2, no. 1, 1984, pp. 24-38.

[LKK93]   P.C. Lockemann, G. Krüger, H. Krumm: "Telekommunikation und Datenhaltung", Hanser Studienbücher der Informatik, Hanser-Verlag, München Wien, 1993

[LoSc87]   P.C. Lockemann, J.W. Schmidt (Hrsg.): "Datenbank-Handbuch", Springer-Verlag, Berlin Heidelberg, 1987

[MaBl92]   A. MacCartney, G. Blair: "Flexible Trading in Distributed Multimedia Systems", Computer Networks and ISDN Systems, vol. 25, no. 2, 1992, pp. 145-157

[Mars91]   D.S. Marshak: "ANSA: A Model for Distributed Computing", Network Monitor, vol. 6, no. 11, Nov. 1991

[Matt93]   F. Matthes: "Persistente Objektsysteme: Integrierte Datenbankentwicklung und Programmerstellung", Springer-Verlag, Berlin Heidelberg New York, 1993

[MeLa93]   M. Merz, W. Lamersdorf: "Generic Interfaces to Remote Applications in Open Systems", in: Proc. Intern. IFIP 'Workshop on Interfaces in Industrial Production and Engineering Systems', North-Holland, 1993, pp. 267-281

[MeLa94]   M. Merz, W. Lamersdorf: "Cooperation Support for an Open Service Market", Proc. 'International Conference on Open Distributed Processing', J. de Meer/ B. Mahr/ S. Storp (Hrsg.), IFIP-Transactions C: Communication Systems, vol. C-20, Elsevier Science Publishers B.V. (North-Holland), Amsterdam London New York Tokyo, 1994, pp. 329-340

[MeWe88]   K. Meyer-Wegener: "Transaktionssysteme: Funktionsumfang, Realisierungsmöglichkeiten, Leistungsverhalten", Leitfäden der angewandten Informatik, Teubner-Verlag, Stuttgart, 1988

[MJM94]   K. Müller, K. Jones, M. Merz: "Vermittlung und Verwaltung von Diensten in offenen Systemen", Proc. 24. GI-Jahrestagung/13. IFIP-Weltkongreß 1994, Fachgespräch 'Systemtechnische Unterstützung verteilter Multimedia-Anwendungen', Informatik-Aktuell, Springer-Verlag, Berlin Heidelberg, 1994, pp.119-226

[MML94a]   M. Merz, K. Müller, W. Lamersdorf: "Service Trading and Mediation in Distributed Computing Systems", Proc. 14th 'International Conference on Distributed Computing Systems' (ICDCS), L. Svobodova (Hrsg.), Poznan/Polen, IEEE Computer Society Press, Los Alamitos, CA, USA,1994, pp. 450-457

[MML94b]   M. Merz, K. Müller, W. Lamersdorf : "Der TRADE-Trader: Ein Basisdienst offener verteilter Systeme", in: 'Neue Konzepte für die Offene Verteilte Verarbeitung', C. Popien/ B. Meyer (Hrsg.), Aachener Beiträge zur Informatik, Band 7, 1994, pp. 35-44.

[MS-ODBC]   D. Pietrzyk, M. Radic: "ODBC in der Praxis", Datenbank-Focus, Nr. 01/02-1994, it-Verlag, Höhenkirchen, 1994

[MüSc93]   M. Mühlhäuser, A. Schill: "Software-Engineering für verteilte Anwendungen", Springer-Lehrbuch, Springer-Verlag, Heidelberg, 1992

[Mull93]   S. Mullender (Ed.): "Distributed Systems", ACM Press Frontier Se-
                ries, Addison-Wesley Publishing Company, New York, 2nd Ed.,
                1993

[NeMa92]   J. Nehmer, F. Mattern: "Framework for the Organization of Coopera-
                tive Services in Distributed Client/Server Systems", Computer Com-
                munications, vol. 15, no. 4, 1992, pp. 261-269

[OMG-OMAG]   R. Soley (Ed.): "Object Management Architecture Guide", 2nd Revi-
                sion, Object Management Group, Framingham, MA, USA, 1992

[OMG-COR]   "The Common Object Request Broker: Architecture and Specifica-
                tion", OMG Document No. 91.12.1, Object Management Group, Fra-
                mingham, MA, USA, 1991

[Oppl93]   R. Oppliger: "Computersicherheit: Eine Einführung", Verlag Vieweg,
                Braunschweig/Wiesbaden, 1992

[OSF-DCE]   "OSF DCE Application Development Reference", vol. 1+2, rev. 1.0,
                Open Software Foundation Inc., Cambridge, Mass., USA, Prentice-
                Hall International, Englewood Cliffs, NJ, USA, 1993

[ÖsVa91]   T. Özsu, P. Valduriez: "Principles of Distributed Database Systems",
                Prentice-Hall International, Englewood Cliffs, NJ, USA, 1991

[Papp90]   S. Pappe: "Datenbankzugriff in offenen Rechnernetzen", Springer-
                Verlag, Berlin Heidelberg New York Tokio, 1990

[Pawl92]   P. Pawlita: "Das X.500-Directory - ein Kernbaustein heterogener
                Kommunikationsnetze", Praxis der Informationsverarbeitung und
                Kommunikation, K. G. Saur-Verlag, München, Band 15, Nr. 2,
                1992, pp. 84-89

[PEL87]   S. Pappe, W. Effelsberg, W. Lamersdorf: "Database Access in Open
                Systems", Proc. IBM Europe Institute, G. Müller, R. Blanc (Hrsg.):
                'Networking in in Open Systems', Lecture Notes in Computer
                Science, vol. 248, Springer-Verlag, Berlin Heidelberg New York
                Tokyo, März 1987, pp. 148-164

[PLE88]   S. Pappe, W. Lamersdorf, W. Effelsberg: "Specification and Imple-
                mentation of a Standard Protocol for Remote Database Access",
                Proc. Workshop 'Experiences in Distributed Systems', J. Nehmer
                (Hrsg.), Lecture Notes in Computer Science, vol. 309, Springer-
                Verlag, Berlin Heidelberg, 1988, pp. 253-270

[Rein88]   R. Reinsch: "Distributed Databases for SAA", IBM Systems Journal,
                vol. 27, 1988, pp. 362-369

[Rein93]   B. Reinwald: "Workflow-Management in verteilten Systemen",
                Teubner-Texte zur Informatik, Band 7, Teubner-Verlagsgesellschaft,
                Stuttgart/Leipzig, 1993

[Reut89]   A. Reuter: "ConTracts: A Means for Extending Control Beyon Tran-
            saction Boundaries", Third International Workshop on High Perfor-
            mance Transaction Systems, 1989

[Reut90]   A. Reuter: "Verteilte Datenbanksysteme", Vortragsunterlagen DE-
            College, Fachseminar Datenbanken, Digital Equipment Corpora-
            tion, 1990

[RoPa90]   K. Rothermel, S. Pappe: "Open Commit Protocols for the Tree of
            Processes Model", Proc. 10th International Conference on Distribu-
            ted Computing Systems, Paris, 1990, pp. 236-244

[Rose90]   M.T. Rose: "The Open Book", Prentice-Hall International, Engle-
            wood Cliffs, NJ, USA, 1990

[Schi92]   A. Schill: "Namensverwaltung in verteilten Systemen: Ein Über-
            blick", Praxis der Informationsverarbeitung und Kommunikation,
            K.G. Saur-Verlag, München, Band 15, Nr. 1, 1992, pp. 11-21

[Schi93a]   A. Schill: "DCE: Das OSF Distributed Computing Environment:
            Grundlagen und Anwendung", Springer-Verlag, New York Berlin
            Heidelberg, 1993

[Schi93b]   A. Schill (Hrsg.): "DCE: The OSF Distributed Computing Environ-
            ment: Client/Server Model and Beyond", Proc. Intern. DCE Work-
            shop, Karlsruhe, Lecture Notes in Computer Science, vol. 731,
            Springer-Verlag, New York Berlin Heidelberg, 1993

[Schn93]   W. Schneider: "Open Database Connectivity (ODBC): Eine Stan-
            dard-Schnittstelle für den Zugriff auf heterogene Datenquellen",
            Vortrag DEColleg Symposium 'Datenbanktechnologie', Digital
            Equipment Co., Freising, 1993

[ScMa93]   J.W. Schmidt, F. Matthes: "Lean Languages and Models: Towards
            an Interoperable Kernel for Persistent Object Systems", Proc.
            IEEE/RIDE 'Workshop on Interoperability', Wien, Österreich, IEEE
            Computer Society Press, Los Alamitos, CA, USA, 1993

[Sher93]   M. Sherman: "Architecture of the Encina Distributed Transaction
            Facility", Proc. ACM SIGMOD Intern. Conf. on Management of Data,
            P. Buneman/ S. Jajodia (Hrsg.), ACM Press, Order No. 472930,
            1993, pp. 460-463

[Shir92]   J. Shirley: "OSF Distributed Computing Environment - Guide to Wri-
            ting DCE Applications", O'Reilly & Associates Inc., 1992

[SNS88]   J.G. Steiner, C. Neuman, J.I. Schiller: "OSF Distributed Computing
            Environment - Guide to Writing DCE Applications", O'Reilly & Asso-
            ciates Inc., 1992

[SPM94]   O. Spaniol, C. Popien, B. Meyer: "Dienste und Dienstvermittlung in
            Client/ Server-Systemen", B. Mahr/ A. Schill/ G. Vossen (Hrsg.):
            'Thomson's Aktuelle Tutorien' Nr.1, International Thomson Publi-
            shing, Bonn, 1994

[SPG91]   A. Silberschatz, J. Petterson, P. Galvin: "Operating System Concepts", 3rd. Edition, Addison-Wesley Publishing Company, 1991

[SSU90]   A. Silberschatz, M. Stonebraker, J.D. Ullman: "Kerberos: An Authentication Service for Open Network Systems", Proc. Usenix Winter Conf., Berkeley, CA, Jan. 1988, pp. 191-202

[Sun90]   SUN Microsystems Incorporated: "Network Programming Guide", 1990

[Svob85]   L. Svobodova: "Client/Server Model of Distributed Processing", Proc. GI/ITG-Konf. 'Kommunikation in verteilten Systemen', Informatik-Fachberichte, Band 95, Springer-Verlag, Berlin Heidelberg New York, 1985, pp. 485-498

[TAN-PW]   "Pathway Transation Processing System, Introduction", 82339, Tandem Computers Inc., Cupertino, CA, USA, 1991

[Tane89]   A. Tanenbaum: "Computer Networks", Prentice-Hall International, Englewood Cliffs, NJ, USA, 1989

[Tane93]   A. Tanenbaum: "Betriebssysteme", Carl Hanser-Verlag, München/ Wien, und: Prentice-Hall International, Englewood Cliffs, NJ, USA, 1993

[Tolk93]   R. Tolksdorf: "Laura: A Coordination Language for Open Distributed Systems", Proc. 13th International Conference on Distributed Computing Systems (ICDCS), IEEE Computer Society Press, Los Alamitos, CA, USA, 1993, pp. 39-46

[TWH90]   V. Tschammer, A. Wolisz, J. Hall: "Support for Cooperation and Coherence in an Open Service Environment", Proc. Second IEEE Workshop on Future Trends of Distributed Computing Systems, Kairo, Ägypten, IEEE Computer Society Press, Los Alamitos, CA, USA, 1990, pp. 222-228

[Wäch93]   H. Wächter: "Verteilte Transaktionsverwaltung mit X/Open DTP", Proc. Workshop 'Betriebssysteme und Datenbanken', Heidelberg, Datenbank-Rundbrief, GI Fachgruppe Datenbanken, Ausgabe 11, Mai 1993

[Will82]   R. Williams et al.: R*: "An Overview of the Architecture", Proc. International Conference on Database Systems, Jerusalem, 1982

[XO-DTP]   X/Open "Distributed Transaction Processing", Dokumente
             - G120: 'DTP: Reference Model',
             - S214: 'DTP: The Peer-to-peer Specification',
             - S216: 'DTP: The XATMI Specification',
             - S218: 'DTP: The TxRPC Specification',
             - C193: 'DTP: The XA Specification',
             - S201: 'DTP: The XA+ Specification',
             - P209: 'DTP: The XT (Transact. Demarc.) Specification',
             The X/Open Company Ltd., Reading, U.K.,1993

Rechnerarchitektur

von John L. Hennessy und David A. Patterson

Aus dem Amerikanischen übersetzt und bearbeitet von Dieter Jungmann.

1994. XXVIII, 746 Seiten Kartoniert.
ISBN 3-528-05173-6

Das Buch macht den Leser mit den wichtigsten „Werkzeugen" zur Analyse moderner Computersysteme vertraut. Es verdeutlicht, wie sich Technologien mit der Zeit verändern und stellt die wesentlichen Grundlagen heraus, die bei der Entwicklung von Rechnersystemen erforderlich sind. Für den Vergleich und die Analyse von Computersystemen haben die Autoren ein Bewertungsraster erarbeitet, das schlüssige Aussagen über die Leistungsfähigkeit unterschiedlicher Rechnerklassen zuläßt. Hierbei werden insbesondere die wichtigsten Computersysteme einer speziellen Klasse vorgestellt: Für den Großrechnerbereich die IBM 360, für den Bereich der Minicomputer die DEC VAX und für den Bereich der Mikro- bzw. Personalcomuter die 80 x 86-Architektur. Auf dieser Grundlage zeigen die Autoren die Konzepte zukünftiger Technologien wie die der Parallelprozessoren auf. Das Buch richtet sich an alle diejenigen, die mit der Konzeption und Entwicklung von Hardware, einschließlich Chipkonstruktion und Systementwicklung zu tun haben. Es ist auch für solche Softwareentwickler ausgesprochen wichtig, die Programme für moderne Rechnerkategorien schreiben.

Über die Autoren: David A. Patterson hat für verschiedene Firmen gearbeitet und ist an der University of Berkeley tätig, wo er u.a. die Entwicklung und Implementierung von RISC I leitete. Seit 15 Jahren hält er Vorlesungen über Rechnerarchitektur.

John L. Hennessy ist Direktor des Computer Systems Laboratory der Stanford University. Der Schwerpunkt seiner Arbeit ist die Entwicklung und optimale Ausnutzung von Multiprozessoren.

Der Übersetzer Professor Dieter Jungmann lehrt an der TU Dresden mit Schwerpunkt Rechnerarchitektur und steht mit den Autoren in direktem Kontakt.

Verlag Vieweg · Postfach 58 29 · 65048 Wiesbaden

Theorie und Praxis relationaler Datenbanken

von René Steiner

1994. VIII, 156 Seiten mit Diskette. Gebunden.
ISBN 3-528-05427-1

Dieses Buch ist eine praxisorientierte Einführung in das Design relationaler Datenbanken. Es eignet sich für den Informatikunterricht (Informatiklehre) und das Selbststudium ebenso wie als Nachschlagewerk. Das Buch beinhaltet das notwendige Wissen, um Daten strukturieren und Datenbankapplikationen entwickeln zu können. Die hier vermittelten Grundlagen gelten für alle relationalen Datenbanksysteme (z.B. Oracle, dBASE IV, MS-Access usw.) gleichermaßen. Außerdem wird der Leser in die Datenbanksprache SQL eingeführt und erhält Einblicke in die tägliche Arbeit eines Datenbankadministrators. Am Ende eines jeden Kapitels hat der Leser die Möglichkeit, das erworbene Wissen anhand von Fragen und Aufgaben zu vertiefen.

Über den Autor: René Steiner, Jahrgang 1964, absolvierte nach einer Lehre ein Ingenieurstudium in Chemie und Informatik. Seit 1989 arbeitet er als Ingenieur in der chemischen Industrie und ist dort mit der Automatisierung von technischen und administrativen Prozessen in der Produktion beschäftigt. Er entwickelt u.a. Datenbankapplikationen für die Prozessdatenerfassung und die Büroautomation. Nebenbei unterrichtet er als Informatikdozent an einer Technikerschule das Fach Datenbanken.

Verlag Vieweg · Postfach 58 29 · 65048 Wiesbaden